ZHUHE YANJIU
YU YINGYONG

珠核研究与应用

童银洪 刘 永 梁飞龙 编著

中山大学出版社
SUN YAT-SEN UNIVERSITY PRESS
·广州·

版权所有　翻印必究

图书在版编目（CIP）数据

珠核研究与应用/童银洪，刘永，梁飞龙编著. —广州：中山大学出版社，2023.12

ISBN 978-7-306-07708-0

Ⅰ.①珠… Ⅱ.①童… ②刘… ③梁… Ⅲ.①珍珠核—研究 Ⅳ.①S966.23

中国国家版本馆 CIP 数据核字（2023）第 240803 号

ZHUHE YANJIU YU YINGYONG

出 版 人：	王天琪
策划编辑：	曾育林
责任编辑：	曾育林
封面设计：	曾　斌
责任校对：	刘　丽
责任技编：	靳晓虹
出版发行：	中山大学出版社
电　　话：	编辑部 020 - 84113349，84110776，84110283，84110779，84111997
	发行部 020 - 84111998，84111981，84111160
地　　址：	广州市新港西路 135 号
邮　　编：	510275　传　真：020 - 84036565
网　　址：	http://www.zsup.com.cn　E-mail: zdcbs@mail.sysu.edu.cn
印 刷 者：	广州市友盛彩印有限公司
规　　格：	787mm×1092mm　1/16　17 印张　335 千字
版次印次：	2023 年 12 月第 1 版　2023 年 12 月第 1 次印刷
定　　价：	78.00 元

如发现本书因印装质量影响阅读，请与出版社发行部联系调换

作 者 简 介

童银洪，男，1966年3月出生，博士，广东海洋大学珍珠研究所教授。主要从事珠核研究、珍珠加工和质量检测的教学与科研工作。重点对广东、广西、江西和河北等地的白云岩的化学成分、颗粒粒度、密度、热膨胀系数、显微硬度和抗弯强度等进行了测定，筛选出河北涉县粉晶－细晶白云岩作为可能的珠核材料；首次在国内采用"平板珍珠"（flat pearl）研究方法，动态系统地研究了珍珠分泌细胞与珠核的界面识别作用和珍珠的形成机理；发明了一种利用失衡丽蚌贝壳制备珠核的方法；通过高纯锗能谱仪对常见珠核材料进行了 ^{226}Ra、^{232}Th 和 ^{40}K 的放射性比活度定量检测，证明了常见珠核具有安全性，不会对人体产生辐射危害；开展了珠核标准化生产研究，优化了珠核抛光工艺，提高了珠核质量和生产效率；采用钴60-γ射线对珠核进行辐照处理，提出了优化珠核色泽并准确地鉴别海水和淡水珠核的方法；开展了光学相干层析成像技术（optical coherence tomography，OCT）在珍珠研究中的应用，提出了使用OCT无损测定珍珠层厚度的方法。主持完成了国家级和省部级珠核及珍珠相关科研课题20多项，并作为主要起草人，编制了珠核生产、珍珠养殖、加工与质量检测方面的技术标准20多项。作为主要完成人获得了广东省科技进步奖一等奖2项和国家海洋局科技创新二等奖1项。获授权中国发明专利10项。出版专著2部，公开发表学术论文50多篇。

刘永，男，1968年7月出生，广东海洋大学珍珠研究所教授。主要研究方向为珠核处理、植核育珠和珍珠培育。主持和参加各类珍珠科研项目近20项，包括广东省科技厅农业攻关项目2项（提高大珠母贝植核留核率的研究、优质白蝶贝附壳珍珠培育技术的研究）、广东省科技厅星火计划项目1项（大珠母贝创新植核育珠技术研究与应用示范）和广东省海洋渔业科技推广专项重大项目1项（磁性保健珍珠生产技术的研发与应用）。开发的一种负压式送核器植核技术，大大降低了植核手术难度；发明的一种强制留核技术，可确保植入大珠母贝体内的每一个珠核都形成珍珠；研制的一种磁性珠核可以培育功能性的磁性保健珍珠；开发的吸盘珠核技术，大大提高了附壳珍珠的植核效率；开发的核片同送技术，适合于有核珍珠的生产。获授权发明专利13项、实用新型专利6项，申请PCT专利1项。主持完成的"养殖有核珍珠的强制留核方法及其所用的固核器"项目成果获得了2014年度湛江市科学技术奖专利优秀奖。

梁飞龙，男，1963年11月出生，硕士，广东海洋大学珍珠研究所教授。主要从事珍珠贝类人工育苗、养成和植核育珠的研究工作。主持广东省科技厅项目4项，其中农业攻关项目1项（企鹅珍珠贝游离珠培育技术研究）、产学研合作项目3项（企鹅珍珠贝一体两用高效育珠技术、海洋生物功能制品的研发及产业化、河蚌有核珍珠培育技术体系成果转化与示范推广）。主持广东省海洋渔业科技推广专项项目5项（淡水池塘养殖高品质有核珍珠研究、河蚌内脏囊大型优质珍珠培育技术的研究、河蚌内脏囊植核培育优质大珍珠的研究与应用、河蚌培育大珍珠的公益养殖模式研究与示范应用、马氏珠母贝超厚层优质珍珠培育技术研究与示范）。公开发表学术论文20多篇。获得了广东省科学技术奖一等奖和广东省农业技术推广奖二等奖各2项，国家海洋局海洋创新成果奖和海洋科学技术奖二等奖各1项。

内 容 简 介

本书结合作者团队十多年的科学研究和国内外相关的研究成果，对珠核研究历史、原料来源、生产工艺、特异珠核、植核育珠、珠核质量评价、珠核溯源等的科学原理与应用和珍珠产业品牌建设进行了系统阐述，以期提高我国珠核产品的质量和附加值，促进珍珠产业的高质量发展。

本书主要内容共分8章，围绕珠核生产和质量提升环节的热点和难点问题展开阐述，包括珠核概述、珠核加工、白云岩珠核、特异珠核（磁性珠核、钢灰色珠核、墨绿色珠核、蓝紫色珠核和发光珠核）、植核育珠、珠核溯源、珠核质量评价和珍珠产业品牌建设等。本书采用现代测试技术，着重论述了珍珠分泌细胞－珠核界面识别作用的内在机理，提出了非生物珠核研制原理，开发了珠核表面处理方法，建立了珠核加工和质量评价体系，创立了珍珠层厚度的测定方法。

本书可供高等院校、科研院所、企业等单位从事珠核、珍珠研究和开发工作的教师、学生、生产人员、市场销售人员和管理工作者参考使用。

前　言

按照养殖水域，珍珠可分为海水和淡水养殖珍珠。世界上的海水养殖珍珠都是有核珍珠，珠核是进行海水珍珠生产必不可少的原材料。根据中国渔业年鉴可知，我国是世界上珍珠生产大国，我国的珍珠产量占世界珍珠总产量的95%以上，其中98%以上是淡水珍珠。但我国的珍珠产业大而不强，是因为之前的淡水珍珠主要是价值较低的无核珍珠，近年来由于技术进步，淡水有核珍珠的养殖规模不断增加，珍珠质量和产量也不断提高，已经在质量、数量上对全球名特优珍珠，如日本Akoya珍珠、大溪地黑珍珠和南洋珍珠构成了巨大挑战。随着全球珍珠产业的发展，对珠核的需求也在持续走高。

20世纪80年代以来，我国生产珠核的原料主要是淡水背瘤丽蚌和海水砗磲的贝壳，这二者都是国家保护动物物种。20世纪90年代后期，为了合法地获取珠核原料，不少珠核研究单位和生产企业探索采用非保护动物物种的贝壳和非生物的岩石矿物制作珠核，取得了一些进展。珠核是利用非保护淡水蚌贝壳，通过切条、切块、磨平、打角、研磨和抛光等工序生产，既可以保护野生贝（蚌）资源，又能减少采珠后贝壳固废的产生和浪费，有利于保护自然资源和生态环境。此外，还可以通过粘结拼合生产大型珠核，满足三角帆蚌（俗称水蚌，生产淡水有核珍珠）、珠母贝（俗称黑蝶贝，生产黑珍珠）和大珠母贝（俗称白蝶贝，生产南洋珍珠）等珍珠养殖所需大规格珠核的质量需求。

珠核的质量直接制约着珍珠的质量和产量。中国已成为国际上最大的珠核生产国，近年来珠核的年产量超过了1000吨。由于缺乏科学理论和生产技术、质量评价和分级标准，珠核原料来源混杂、质量不稳定，严重影响了珍珠质量和产业效益。

本书针对我国珠核产业加工技术落后、效益低下的现状，立足于我国自然资源优势，采用现代测试技术，着重论述了珍珠分泌细胞-珠核界面识别作用的内在机理，提出了珠核抛光原理与非生物珠核研制理论，建立了数字化表征珠核质量的评价体系，提出了磁性保健珠核，钢灰色珠核，墨绿色、蓝紫色玻璃陨石珠核和发光珠核等特异功效珠核的制备与珠核表面改性、植核育珠、珠核溯源的科学方法，论述了珍珠产业品牌建设的发展策略。这对于进一步丰富珍珠品种，提高产品附加值，全面提高珠核产品的质量和市场竞争力，促进我国珍珠产业的高质量发展具有重要的理论和现实意义。

本书涉及的各项科学研究工作是在国家科技部农业科技成果转化资金项目"海水珍珠高值化加工产业化与示范"、广东省科技厅农业攻关项目"提高大珠母贝植核留核率的研究"、广东省科技厅产学研合作项目"企鹅珍珠贝一体两用高效育珠技术"、海南省科技厅工程技术研究中心专项项目"珍珠珠核加工技术研究与应用"和广东省海洋渔业科技推广专项项目"海水珍珠形成机理和新型珠核材料的研究与应用""磁性保健珠核的研究与应用"和广东省渔业地方标准编制项目"珠核生产技术规范"等资助下完成的，是对广东海洋大学珍珠研究团队长期珠核研究工作的总结。

本书由童银洪、刘永和梁飞龙共同完成，童银洪负责第一、二、三、六、七和八章，刘永负责第四章，梁飞龙负责第五章。在科学研究和本书的撰写过程中，广东海洋大学鄢奉林副教授做了大量工作，付出了辛勤的劳动，并参与撰写了第四章的内容；蒲月华硕士协助开展了珠核抛光工艺的研究工作，取得了一些创新性成果。在对科学问题的探讨过程中参考和引用了有关专家、学者的大量文献，已尽可能在书后一一列出，但受篇幅所限，没有在书中逐一标注，对此敬请原作者谅解。在本书出版之际，谨向以上单位和个人致以最真诚的谢忱！

由于笔者水平有限，书中难免有不足之处，恳请读者批评指正。

童银洪　刘永　梁飞龙
2023 年 7 月 18 日于广东海洋大学

目　　录

第一章　珠核概述 ·· 1
第一节　珠核定义与分类 ·· 1
一、珠核定义 ·· 1
二、珠核分类 ·· 1
第二节　珠核历史与现状 ·· 2
一、曾经珠核 ·· 2
二、蚌壳珠核 ·· 2
三、大理石珠核 ·· 3
四、砗磲珠核 ·· 4
第三节　珠核发展方向 ·· 7
一、发挥蚌壳珠核优势，不断提高生产效率 ···················· 7
二、开发白云岩等碳酸盐岩珠核，保护生态环境和生物资源 ······ 8
三、研制特异功效珠核，满足个性化市场需求 ·················· 10
四、加强植核育珠和珠核溯源技术研究，提高珍珠质量和产量
　　···13
参考文献 ·· 15

第二章　珠核加工 ·· 19
第一节　珠核原料与加工过程 ···································· 19
一、珠核原料 ·· 19
二、珠核加工过程 ·· 20
第二节　珠核抛光工艺 ·· 22
一、材料与方法 ·· 22
二、结果与分析 ·· 23
三、珠核抛光机理 ·· 26

第三节　珠核钻孔刻槽 …………………………………………… 27
　一、超声波加工原理 ……………………………………………… 28
　二、实验设备、材料与方法 ……………………………………… 29
　三、结果与分析 …………………………………………………… 31
　四、结论 …………………………………………………………… 35
参考文献 …………………………………………………………… 35

第三章　白云岩珠核 …………………………………………… 37
第一节　白云岩珠核原料的筛选 …………………………………… 37
　一、白云岩概述 …………………………………………………… 37
　二、白云岩的成分和结构 ………………………………………… 39
　三、白云岩的物理性质 …………………………………………… 43
第二节　平板珍珠的制备 …………………………………………… 47
　一、插入前的准备 ………………………………………………… 47
　二、平板珍珠的培育 ……………………………………………… 48
第三节　平板珍珠的研究 …………………………………………… 50
　一、扫描电子显微镜（SEM）研究 ……………………………… 50
　二、X射线衍射（XRD）分析 …………………………………… 58
　三、红外光谱（FT-IR）分析 …………………………………… 62
第四节　珍珠分泌细胞-白云岩的界面识别作用 ………………… 67
　一、插入平板材料后马氏珠母贝的生理反应 …………………… 67
　二、光学显微镜下外套膜细胞的形态变化 ……………………… 69
　三、透射电镜下外套膜细胞的超微结构 ………………………… 78
第五节　白云岩珠核制备 …………………………………………… 85
　一、原料和设备 …………………………………………………… 85
　二、工艺过程 ……………………………………………………… 86
　三、珠核质量要求 ………………………………………………… 86
　四、结论与讨论 …………………………………………………… 87
第六节　白云岩珠核育珠 …………………………………………… 88
　一、材料和方法 …………………………………………………… 89
　二、培育过程 ……………………………………………………… 90

三、实验结果 …………………………………………………… 91
　　　四、白云岩珠核养殖珍珠的微结构 …………………………… 92
　参考文献 …………………………………………………………… 97

第四章　特异珠核 ……………………………………………… 100
　第一节　磁性珠核 ………………………………………………… 100
　　　一、研究背景 …………………………………………………… 100
　　　二、磁性珠核制备 ……………………………………………… 101
　　　三、磁性珠核育珠 ……………………………………………… 101
　　　四、结果与讨论 ………………………………………………… 104
　第二节　辐照（钢灰色）珠核 …………………………………… 105
　　　一、研究背景 …………………………………………………… 105
　　　二、钢灰色珠核制备 …………………………………………… 106
　　　三、结论与讨论 ………………………………………………… 107
　第三节　玻璃陨石（雷公墨）（墨绿色、蓝紫色）珠核 ……… 108
　　　一、研究背景 …………………………………………………… 108
　　　二、墨绿色雷公墨珠核制备 …………………………………… 113
　　　三、蓝紫色雷公墨珠核制备 …………………………………… 114
　第四节　发光（荧光）珠核 ……………………………………… 116
　　　一、研究背景 …………………………………………………… 116
　　　二、耐酸碱荧光珠核制备 ……………………………………… 117
　第五节　珠核安全性 ……………………………………………… 122
　　　一、研究背景 …………………………………………………… 122
　　　二、材料与方法 ………………………………………………… 123
　　　三、结果与分析 ………………………………………………… 123
　　　四、结论与讨论 ………………………………………………… 124
　参考文献 …………………………………………………………… 125

第五章　植核育珠 ……………………………………………… 128
　第一节　珍珠养殖概述 …………………………………………… 128
　　　一、海水珍珠养殖 ……………………………………………… 128

二、淡水珍珠养殖 …………………………………………… 130
第二节　珠核表面处理 ………………………………………………… 131
　　一、原理与目的 …………………………………………………… 131
　　二、营养抗菌和小片保养 ………………………………………… 132
　　三、材料与方法 …………………………………………………… 133
　　四、结果与分析 …………………………………………………… 134
　　五、结论与讨论 …………………………………………………… 137
第三节　术前处理 ……………………………………………………… 138
　　一、原理与目的 …………………………………………………… 138
　　二、材料与方法 …………………………………………………… 139
　　三、结果与分析 …………………………………………………… 141
　　四、结论与讨论 …………………………………………………… 143
第四节　植核部位与珠核大小、数量 ………………………………… 144
　　一、淡水有核珍珠培育 …………………………………………… 145
　　二、海水有核珍珠培育 …………………………………………… 148
第五节　植核操作 ……………………………………………………… 149
　　一、原理与目的 …………………………………………………… 149
　　二、材料与方法 …………………………………………………… 151
　　三、结果与分析 …………………………………………………… 153
　　四、结论与讨论 …………………………………………………… 155
第六节　术后休养 ……………………………………………………… 157
　　一、原理与目的 …………………………………………………… 157
　　二、材料与方法 …………………………………………………… 157
　　三、结果与分析 …………………………………………………… 159
　　四、结论与讨论 …………………………………………………… 161
参考文献 ………………………………………………………………… 163

第六章　珠核溯源 …………………………………………………… 166

第一节　珠核射频识别 ………………………………………………… 166
第二节　珠核光电效应无损识别 ……………………………………… 167
第三节　珠核检查 ……………………………………………………… 174

第四节　珍珠层厚度检测 …………………………………… 177
　　参考文献 …………………………………………………………… 190

第七章　珠核质量评价 …………………………………………… 192
　第一节　珍珠分级 …………………………………………………… 192
　　一、珍珠评价体系 …………………………………………… 192
　　二、珍珠鉴定分类 …………………………………………… 194
　　三、珍珠质量因素 …………………………………………… 195
　第二节　珠核分级 …………………………………………………… 199
　　一、珠核质量因素 …………………………………………… 199
　　二、珠核分级的目的意义 …………………………………… 200
　　三、珠核分级的技术内容 …………………………………… 201
　参考文献 …………………………………………………………… 203

第八章　珍珠产业品牌建设 ……………………………………… 205
　第一节　品牌概念与内涵 …………………………………………… 205
　　一、品牌定义 ………………………………………………… 205
　　二、品牌内涵 ………………………………………………… 206
　　三、品牌分类 ………………………………………………… 207
　　四、品牌理念 ………………………………………………… 208
　　五、珍珠产业概况 …………………………………………… 208
　第二节　珍珠产业品牌现状 ………………………………………… 210
　　一、各级党委、政府重视品牌工作，形成了珍珠产业品牌
　　　　建设的良好局面 …………………………………………… 210
　　二、构建了品牌建设评价和珍珠产业标准体系，为珍珠品牌
　　　　建设奠定了基础 …………………………………………… 211
　　三、开展了形式多样的珍珠品牌推广活动，发布了两次珍珠
　　　　品牌排行榜 ………………………………………………… 212
　　四、珍珠产品多种多样，专利、商标等知识产权和品牌保护
　　　　意识逐渐增强 ……………………………………………… 213

五、珍珠文化涵养品牌，文化与旅游结合，线上销售新模式
　　　不断涌现，提高了珍珠产业影响力和认知度……………… 214
第三节　珍珠产业品牌建设存在的问题……………………………… 215
　　一、顶层设计缺乏，品牌建设合力不够，缺乏体制机制保障
　　　……………………………………………………………… 215
　　二、政府投入不足，企业重视不够，品牌专业人才缺乏……… 215
　　三、产品同质化普遍，品牌正面宣传不足，网络销售较
　　　混乱，假冒伪劣屡禁不止…………………………………… 215
　　四、科技支撑、检测鉴定、品牌评价落后，品牌榜单发布
　　　存在不合理…………………………………………………… 216
第四节　珍珠产业品牌发展策略……………………………………… 216
　　一、加快制定珍珠产业品牌发展战略规划，做好顶层设计…… 216
　　二、大力培训珍珠产业品牌知识，提高从业人员的品牌
　　　意识…………………………………………………………… 217
　　三、打造珍珠地理标志区域品牌，传承珍珠文化，树立品牌
　　　信心…………………………………………………………… 217
　　四、增强珍珠企业发展能力，锻造卓越珍珠企业品牌………… 219
　　五、提升科技含量，提高产品附加值，创新珍珠产品品牌…… 220
　　六、构建珍珠品牌评价、检测检验和监管服务体系，维护
　　　市场秩序……………………………………………………… 221
参考文献……………………………………………………………… 222

附录…………………………………………………………………… 223

第一章 珠核概述

第一节 珠核定义与分类

一、珠核定义

珠，即圆粒，就是指珍珠。

据《说文》，核，实也。朱骏声曰："凡物包覆其外，坚实其中曰核。"

核心，即中央、中心、重心、中枢、焦点。

珠核就是珍珠的核心。

按照国家标准《珍珠分级》（GB/T 18781—2008），珠核是指珍珠中的人工植入物或天然珍珠中的混入物[1]。

二、珠核分类

按照原材料分为贝壳珠核、岩石珠核、陶瓷珠核、玻璃珠核、金属珠核、塑料珠核。

按照加工工艺分为天然珠核和拼合珠核。天然珠核是指利用淡水贝类贝壳为原料，通过传统的切条、切块、打角、研磨、抛光等工序生产的珠核，适于制作各种规格，但珠核粒径由原料贝壳的厚度决定。拼合珠核是指利用养殖珍珠的贝壳，通过切条、切块、磨平、胶水黏合、打角、研磨、抛光等工序生产的珠核，适于制作直径 6 mm 以上规格的珠核。拼合珠核中可以置入射频识别（radio frequency identification，RFID）标签，详细叙述见第六章。

按规格，即珠核直径大小（单位为 mm），珠核可以分为细厘核（<3.0）、厘核（3.0～4.0）、小核（4.0～5.0）、中核（5.0～7.0）、大核（7.0～9.0）、特大核（≥9.0）。

按照特殊功效分为磁性珠核、钢灰色珠核、墨绿色珠核、蓝紫色珠核、发光珠核和溯源珠核。

按照外形分为圆形珠核、近圆形珠核、非圆形珠核、造型珠核、象形珠核和随意性（巴洛克）珠核。

第二节　珠核历史与现状

一、曾经珠核

到目前为止，海水养殖珍珠都是有核珍珠，而淡水有核珍珠在近十年发展得很快，年产量达500 t以上。培育珍珠除了要有珍珠贝类作为母贝之外，珠核是必不可少的。珠核是培育珍珠最重要的原料之一，珠核决定着所培育珍珠的质量。

珠核是珍珠层形成的物质基础。[2]珠核的成分、结构和性质与珍珠质量关系密切。使用质量低劣的珠核会生成质量低劣的珍珠，用表面有缺陷的珠核养殖的珍珠则大多会有表面缺陷。珍珠养殖初期，曾经出现过用铅、银、黏土、陶瓷、珊瑚、玻璃、大理石和植物的种子等各种原料制成的珠核。早在1908年日本人西川藤吉曾以蚌壳制成珠核使用，1909年一度被铅珠核所代替，但在1911年又用回到蚌壳珠核，后来还曾出现将合成树脂珠核用于养殖珍珠，1956年日本人迁内近三发明了一种用钙盐粉末和合成树脂融合而成的珠核，并取得了日本专利。[3]

过去使用的珠核存在不少问题，主要有：用铅质珠核养成的珍珠，钻孔时产生的粉末不易排出，往往导致断针；硬石蜡质、合成树脂质等珠核的热膨胀系数与珍珠层差别较大，在加工过程中珍珠层容易发生爆破；陶瓷质和玻璃质珠核硬度太大，不易钻孔；黏土、植物种子和动物卵子等珠核密度与珍珠有较大差异，在珠宝行业中引起了很大争议，得不到认可。由于存在上述问题，除贝壳珠核外，其他材料在生产上都没有得到实际应用。[3]

二、蚌壳珠核

世界养殖珍珠产业的成功归功于20世纪50年代早期日本珍珠养殖业主的一个发现：来自美国密西西比河流域的淡水蚌壳非常适宜于制作珍珠养殖所需要的珠核。日本人的这一发现促进了美国中西部每年几百万美元的蚌壳出口产业的兴起，当时大约有1万人从事蚌壳贸易。后来，由于珍珠养殖业的迅猛发展以及直径超过14 mm大型珠核的需求，过度开采使淡水蚌壳资源出现了濒临枯竭的状况。另外，一些非自然因素，如筑坝、挖掘卵石、引渠，特别是由于外来物种——斑贝（zebra mussel）蚌的侵害，这些用于珠核制作的淡水蚌的数量骤减，美国淡水蚌类处于危机状况[4]，因此美国蚌类出口产业逐渐萎缩。此外，由于民众对于本土资源状况危机的意识越来越强，美国许多组织呼吁要减少蚌类采集并限制甚至禁止出口到海外，美国许多州官方当局已立法禁止蚌壳的采集。有专家预测，这会导致整个世界珍珠产业的衰退。

蚌壳用于制作珠核也存在一些缺点，主要表现在以下三个方面：

（1）蚌壳是层状构造物质，具有色带，在加工、钻孔和使用过程中常常发生分层裂开。

（2）蚌壳的硬度具有方向性，其钻孔速率在垂直和平行珍珠层方向有所不同，在珍珠钻孔时珠核容易发生破裂。

（3）难以获得足够多的蚌壳来生产各种尺寸的珠核，也难以得到较大直径的珠核，导致珠核的价格昂贵。

三、大理石珠核

我国历来使用丽蚌类贝壳珠核，在贝壳原料渐感不足的情况下，国内学者谢玉坎等于1980年和1984年开展了大理石（$CaCO_3$）珠核的试制，实验结果表明：用白色大理石制作珠核具有一定的可行性[3]。

白色大理石珠核不但具有类似珍珠和贝壳的密度（约 2.8 g/cm^3）、硬度大于3且小于4的性质，而且还有表面同贝壳珠核同样光滑和形状比贝壳珠核更圆等优点。此外，白色大理石珠核不存在像贝壳那样的分层构造，由出其结构颇为均匀，所养成的珍珠在任何方向钻孔加工时，都无须担心会出现热胀后分裂的现象，这更是一个优点。它的成分绝大部分也是钙盐，同样是钙核，和贝壳珠核的基本成分是相同的，并不存在像合成树脂等化学制品珠核的那些缺点。

我国盛产各种大理石，不难选用适合于制造珠核的白色大理石原料，这也是一个有利的条件。但出于多种原因，其中主要是大理石珠核植入珍珠母贝后的界面作用和排异反应，导致尚未开展大规模的育珠实验，白色大理石珠核在生产上没有得到应用。

四、砗磲珠核

砗磲是 20 世纪 90 年代至 2015 年制作珠核的主要原材料。砗磲属于软体动物门（Phylum Mullusca）、瓣鳃纲（Class Lamellibranchia）、异齿亚纲（Subclass Heterodonta）、帘蛤目（Order Veneroida）、鸟蛤总科（Cardiacea）、砗磲科（Family Tridacnidae），包括砗磲属和砗蚝属，其中砗磲属又分成 8 种，分别为大砗磲（*Tridacna gigas*，又名库氏砗磲）、鳞砗磲（*Tridacna squamosa*）、无鳞砗磲（*Tridacna derasa*，又名扇砗磲）、番红砗磲（*Tridacna crocea*）、长砗磲（*Tridacna maxima*）、诺瓦砗磲（*Tridacnanova*）、罗氏砗磲（*Tridacna rosewateri*）、魔鬼砗磲（*Tridacna tevoroa*）；砗蚝属包括砗蚝（*Hippopus hippopus*）和瓷口砗蚝（*Hippopus porcellanus*）2 种。贝壳市场上常见的有磷砗磲［*Tridacna squamosa*（Lamarck）］、大砗磲［*Tridacna gigas*（Linnaeus）］和砗蚝［*Hippopus hippopus*（Linnaeus）］[5]。

砗磲的外形、分布、物理和化学性质[6-7]：砗磲是一种大型的海洋双壳类生物，一般壳长 20～30 cm 厘米，重量为 5 kg 左右。最大的壳长达 1.8 m，重量达 250 kg。主要分布在红海、印度洋及西太平洋赤道水域的热带海洋珊瑚礁上，在我国则分布于台湾岛、海南岛、西沙群岛及南海诸岛。壳厚、白且光润，适用于制作珠核。外壳呈黄褐色，似三角形，具有隆起的放射肋纹和肋间沟，有的肋上有粗大的鳞片。化学成分：含碳酸钙 86.65%～92.57%、壳角蛋白 5.22%～11.21%、水 0.69%～0.97%。矿物成分：文石。颜色：有白色、牙白色、棕黄色，半透明到不透明。光泽：瓷质光泽。摩氏硬度：大多为 2.5～3.0，个别可达 4.0。密度：2.8 g/cm^3。

砗磲贝壳呈多层结构，层与层之间有明显的分界线，看起来很像树木的生长年轮。普遍认为贝壳外部的生长线与季节温度有关，具有年度性[8]。砗磲贝壳生长线的形成与吸收自海水中的碳酸钙量的变化有关。一般情况下，砗磲活体白天壳体开启，外界水流入，沉积碳酸钙（文石）；晚上壳体关闭，一段时间内沉积作用中断，仅沉积薄层有机质。因此，在壳体上就形成了碳酸钙（文石）层和薄层有机质，两者交互成层，形成了生长线。砗磲贝壳生长线还可揭示历史时期气候的季节性变化。在寒冷的冬季它们的生长变慢或暂时停止，碳酸钙（文石）沉积的速率变慢。因此，一年中季节变化明显表现在生长层的厚薄上。砗磲贝壳的这种多层现象很可能与吸收和沉积碳酸钙（文石）的量的周期性变化有关。

砗磲以其奇异的形状、坚固的质地、艳丽的色彩和精美的花纹，跻身于最迷人的自然造物之列。砗磲是大自然献给人类的宝贵的物质财富和精神财富。砗磲具有以下价值。

1. 药用功效

《本草纲目》中记载，砗磲有镇心、安神和解毒等功效。在中医药中，因含有一定的微量元素、壳角蛋白和氨基酸，砗磲被认为有与珍珠同样的疗效，具有保健、抗衰老和防止骨质疏松的功效。[7]

2. 科学价值

通过测定砗磲壳中的碳、氮同位素，我们可以获得有关生物的生长条件、食物来源和营养级等诸多重要信息,[9]根据磷砗磲壳中的碳、氧、锶同位素，可以推测砗磲生活地域附近大陆的降雨量和河流排放量，进一步探讨古生态、古环境和古气候的变化[10-11]。研究古砗磲化石表面的沉积物，可以探讨环境演化过程，揭示海陆相互作用过程、不同区域生物地球化学过程以及海底生态系对环境的适应和对环境的改变。砗磲的生长层反映了环境变化的年周期[12]，其颜色生长带是有色物质成分的季节性变化形成的，其中，暗色带形成于较高温的夏季至秋季，浅色带形成于较低温的冬季至春季。砗磲的形貌包含着许多几何曲线，这些曲线极大地丰富了数学家的研究视野，也给建筑学家的设计思想以极大的启迪，成为现代建筑设计（特别是薄壳式建筑）模仿的重要对象。砗磲经过亿万年的进化成就了其能适应生存环境的优秀性状和品质，为人类科技的发展提供了取之不尽的知识宝库，"环境友好"的制造业是人类技术发展的必然。砗磲贝壳内部的微结构以及由此产生的材料性能，更是材料学家最现实的实验对象。近年来，其生物材料微结构及其仿生设计研究得到了多数发达国家的高度重视，以期增强军用装甲的抗穿击能力和改善航天飞行器的机械性能。[13]

3. 收藏价值

砗磲因体积大、形态美、内壳颜色白，且具有科学价值，常作为观赏品和装饰品，被人们收藏。海南省人民政府曾将砗磲作为礼品赠送给香港特别行政区政府。砗磲原料在贝雕领域中也显示出无穷魅力和似锦前程。利用砗磲贝壳的天然颜色和花纹雕刻、刻磨、塑造成的各种工艺品[14]，有大有小，有简有繁，既能描绘气象万千的祖国新貌，又可缀出奇峰异彩的名山秀水；既可筑成气魄雄伟的楼堂殿阁，又可雕出小巧玲珑的花鸟鱼兽；既能塑造威武崇高的当代英雄，又可刻画脉脉含情的古装佳人。由砗磲制作的工艺品中，建筑玲珑剔透，花卉丰雍多姿，鱼虾回游动荡，人物千姿百态。

此外，砗磲贝肉是琼、粤两省沿海城市的名菜肴之一，砗磲的闭壳肌和足块很肥大，是味鲜质优的烹饪原料。砗磲贝肉一般作主料或配料使用，可与多种原料相配。砗磲贝肉通过油爆、清蒸、烤、炸、煮、烧铁板、扒等烹调方式成菜，味型多样，可用于冷菜、热菜、大菜、汤羹火锅及馅料等，而且砗磲贝肉含呈鲜物质，如谷氨酸、酰胺、肽类和琥珀酸等，可作为鲜味剂[15]。

海南的砗磲加工业已有30多年的发展史，经历了从小到大、由简入繁的过程。新中国成立前，渔民到南海捕捞砗磲，只割取贝肉晒干出售，而将砗磲空壳丢弃在海中。20世纪90年代，海南省琼海市潭门镇陆续出现了一些专门从事砗磲加工的企业，多数以生产佛珠为主，普遍采用的是切割、抛光等简单工艺。当时的市场需求量不大，采捞砗磲也只是当地渔民的副业。进入21世纪，随着博鳌亚洲论坛的成立运行和国际旅游岛建设战略的出台实施，来琼的外地游客明显增多，市场对砗磲工艺品的需求与日俱增，首饰、礼佛、瑞兽、文房及手玩把件等新型产品不断推出，同时利用砗磲贝壳或者其工艺品加工后留下的边角末料加工珠核也蓬勃发展起来，收藏、囤积砗磲原材料的情况日益普遍，砗磲市场不断分化，产业链条逐步延伸。20世纪90年代，琼海市潭门镇开始出现专门采捞砗磲的渔船，数量仅两三艘，年采捞量为500 t左右。但发展至2015年，采捞船达到了80艘左右，每年平均3~4个航次，采捞量20000 t左右，采捞船和采捞量都增加至原来的近40倍。据海南省海洋环保协会统计，西沙海域的大型砗磲已难寻觅，只有中沙与南沙海域尚有少量存在。

对砗磲资源的掠夺性利用方式，严重破坏了海洋生态环境，砗磲资源面临枯竭，为保护这一生物资源，1983年国际上将砗磲列为世界稀有海洋生物加以保护，《华盛顿公约》规定禁止天然砗磲的出口[16]。2022年我国将所有种类的砗磲列入国家重点保护野生动物名录。

生物多样性是指生命有机体及其赖以存在的生态复合体的多样性和变异性。生物多样性包括基因多样性（又称遗传多样性）、物种多样性和生态系统多样性三个层次。砗磲与藻类（虫黄藻）共生，共生藻进行光合作用获取的能量可以供给砗磲，砗磲与藻类是非常典型的互惠互利的共生关系。在海洋世界里，砗磲死后留下的空壳往往是某些蟹类寄居的场所。生物多样性的丰富程度通常以物种数量的多少来衡量，因为生物种类越丰富，它们所包含的基因差异就越大，所要求的生态系统条件的差异也越大。生物多样性是实现人类可持续发展的物质基础，自1972年联合国人类环境会议召开以来，国际社会对生物多样性的保护问题进行了积极的回应。到20世纪80年代后期，生物多样性的保护问题演变成为国际环境政治中的重要议题之一。如何持续地保护和利用全球生物多样性资源，促进人类的可持续发展，已成为国

际社会关注的焦点之一。[16-17]

自 2016 年起,海南大学王爱民教授的团队和中国科学院南海海洋研究所喻子牛研究员的团队开展了砗磲生物学、生态学的科学研究,已取得了鳞砗磲、无鳞砗磲和番红砗磲规模化繁育和苗种培育成功,为今后砗磲的产业化发展增加了新的种类,也为岛礁砗磲资源种群的恢复与重构提供了坚实的技术支撑。

喻子牛研究员的团队采用海洋生物技术中的贝类苗种繁育技术,建立了一套观赏性砗磲的人工繁育技术体系:构建了无鳞砗磲、鳞砗磲、番红砗磲等物种原种群;建立了砗磲岸基繁育、培育的研发基地;分析了砗磲性腺发育规律及其相关表达基因特性;建立了砗磲人工繁育、中培技术体系,为其规模化苗种生产提供了技术保障。构建了一套虫黄藻培育与植入技术:建立了虫黄藻分离、纯化、规模化培养技术体系,批量化地培养出砗磲幼虫需要的虫黄藻;研究了不同类型虫黄藻(A~E类型)对砗磲早期生活史的影响,发现这几种虫黄藻均可以促进幼虫变态,形成稚贝,但是对后期生长、存活造成了一定影响;建立了虫黄藻"无应激"投喂模式,将其变态率由国际上的不足 1% 提高至 30% 以上。研发了一套岸基苗种中间培育、水族饲养的技术工艺:构建了半封闭式循环水模式的砗磲幼贝高效中培技术工艺,将其存活率提高至近乎 100%,生长速度提高了 2~3 倍;研发了生物+物理方法去除幼贝丝状藻技术工艺,有效地遏制了丝状藻对幼贝发育的影响;研发了污水零排放模式的观赏砗磲贝循环水饲养工艺,为砗磲观赏性养殖提供了技术储备;同时,比较了两个品系砗磲外套膜颜色的发生、形成规律,为其新品系培育奠定了基础。但从培育到长大至可用于制备珠核,需要几十年的时间,值得期待。

研发新的珠核替代材料,必然会减少砗磲的采捕和浪费。相较用于制造珠核来说,砗磲用于观赏、收藏和科学研究,可较大地实现其价值。从保护生物多样性和海洋生态环境的角度来看,研发新的珠核替代材料,具有更大的现实意义。

第三节 珠核发展方向

一、发挥蚌壳珠核优势,不断提高生产效率

目前,全世界大多采用来自中国江西省九江市都昌县周溪镇加工生产的珠核养殖珍珠。该地具有丰富的贝壳资源、悠久的贝壳加工历史、成熟的珠核加工技术，已经形成了一个完整的珠核产业，其产品销往全世界各地。

日本 Akoya 珍珠是马氏珠母贝珍珠中质量品种优良的代表，基本上都采用中国淡水蚌壳珠核。南洋珍珠来自南太平洋，有法属波利尼西亚的大溪地黑珍珠，菲律宾、印度尼西亚、泰国和缅甸的南洋金珠，以及澳大利亚的南洋白珍珠，采用的是来自美国密西西比河的淡水蚌珠核和中国淡水蚌珠核，根据珍珠的颜色采用白色珠核或者油花珠珠核。南洋珍珠在珍珠品种中是品质最高的珍珠，若妥善保管，可以一直永葆光泽，具有收藏价值。每 100 个珠贝中，只有 50 个能成功孕育出珍珠，而当中只有 5 颗完美无瑕。珍珠规格较大，最小直径是 8 mm。

2012 年 3 月，江西省工商行政管理局宣布，都昌县鄱湖珍珠核工艺有限责任公司申报的"鄱湖珠核"牌珍珠（珠宝）被成功认定为 2011 年度江西省著名商标。都昌县鄱湖珍珠核工艺有限责任公司成立于 2001 年 6 月，注册资金为 200 万元，现拥有厂房面积 8000 m^2，珍珠养殖水域面积为 1.3 万亩，是一家集珍珠养殖及珠贝加工、销售为一体的综合性企业，其生产的珠核及淡水有核珍珠远销东南亚、法国、伊朗、意大利、澳大利亚等国家和地区。2011 年，该公司生产的超大珍珠最大直径达到了 19.6 mm，填补了国内同类空白。

都昌县周溪镇一直致力于为国内外珍珠养殖场生产加工珠核，原材料主要为美国密西西比河的贝壳和部分优质的中国淡水贝壳。客户群体主要是：国内淡水/海水有核珍珠养殖公司、日本 Akoya 珍珠养殖公司、澳大利亚/印度尼西亚/菲律宾/缅甸/越南南洋珍珠养殖公司、大溪地黑珍珠养殖公司。今后应在节能减排、规范化生产、数字化加工方面加强科技攻关，提高珠核质量和生产效率。

二、开发白云岩等碳酸盐岩珠核，保护生态环境和生物资源

由于长期过度开采，中国及至世界上的主要珠核供应资源——美国的丽蚌已经到了濒临灭绝的境地[20]。20 世纪的 70—80 年代，美国每年可提供蚌壳 10000 t 左右，而现在美国许多州已立法禁止采捕蚌壳，由此引发全球的珍珠核材短缺，许多国家转向中国寻求出路，从而造成我国的丽蚌资源需求急剧增长。20 世纪 90 年代我国很多个体企业开始使用砗磲贝壳作为珠核材料，并大量地在海洋中使用各种方法采集收购。但是，砗磲都是国家保护动物[21]，若用于制作珠核，是动物保护法所不容许的，也必然会对生物资源

和环境造成极大的破坏。

珍珠层几乎可以在任何一种固体材料上生长。珠核材料的基本要求为:理化性能稳定、机械性能合适、易加工制造、无毒、无副作用[3]。圆形珠核需要具备3个主要性质:①由于商业重量的因素,必须具有与珍珠非常接近的密度。②具有性质稳定且优良的抛光性能。③具有良好的钻孔性能,不过多地磨耗钻孔针,具有与珍珠层相近的钻孔速度,可以采用同样的钻孔设备。关键是圆形珠核材料必须具有与珍珠层相当的热膨胀系数。若珠核的热膨胀系数太高,珍珠层容易发生脱落。自然产出的碳酸盐岩能满足上述条件。

值得一提的是,澳大利亚一位具有创造性的祖母绿制造商和宝石经销商,名叫拜伦,他于1995年涉足珍珠产业,并开始研制新型白云岩珠核材料。这种材料被称为拜伦石,目前正在各类养殖场进行实验[22]。据商业广告,最近一些韩国和日本公司向珠农出售的白云岩珠核,价格比贝壳珠核低一些。

珍珠业十分偏爱白色珠核,珠核材料一般要求是白色的。珍珠分级体系是建立在颜色为白色的基础之上的,对于珍珠层较薄的中国南珠来说,这一点尤为重要。白云岩是一种自然产出的白云石 $[CaMg(CO_3)_2]$ 的矿物集合体。[23]其颜色大多为灰白色至白色,没有色带,不像贝壳那样具有方向性,热膨胀系数在蚌壳的范围之内,因此在制作或钻孔过程中不易裂开。白云岩是粒状结构。作为均质体,没有方向性,正常使用可较少产生破裂,白云岩的原料块度大,可制成各式大小的珠核,抛光性质好,且密度与贝壳密度相近,因而可被市场接受。

2006年以来,童银洪等[24]对于白色白云岩珠核的取材、制作方法与工艺等进行了初步的研究,研究结果表明,白云岩用于制作珠核是完全可行的。重点对广东、广西、江西和河北这4个地方的白云岩的化学成分、颗粒粒度、密度、热膨胀系数、显微硬度和抗弯强度等进行了测定,筛选出河北涉县粉晶细晶白云岩作为可能的珠核材料。首次在国内采用"平板珍珠(flat pearl)"研究方法,动态、系统地研究了马氏珠母贝外套膜细胞-白云岩界面识别作用。采用扫描电子显微镜(scanning electron microscope,SEM)研究插入珠核平板后不同阶段平板珍珠的结构特征。采用光学显微镜研究马氏珠母贝外套膜细胞的形态变化特征,并采用透射电子显微镜(transmisson electron microscope,TEM)研究马氏珠母贝外套膜细胞超微结构的变化规律。结论为:马氏珠母贝外套膜细胞对白云岩和砗磲材料的平板界面产生了十分相近的反应。采用红外光谱分析(Fourier transform infrared spectroscopy,FT-IR)及粉晶X衍射分析(X-ray diffraction,XRD)等现代测试方法研究了平板珍珠的矿物物相特征。棱柱层的结晶体都为 $CaCO_3$ 方解石，而珍珠层的结晶体都为 $CaCO_3$ 文石。棱柱层与珍珠层之间为突变关系，这与马氏珠母贝贝壳相应的特点是一致的。全面总结了沉积在珠核材料上的生物矿化体（即平板珍珠）的分布特征，白云岩和砗磲珠核材料上平板珍珠的矿化序列与马氏珠母贝贝壳及其养殖珍珠（即南珠）的矿化序列完全一致，显示了马氏珠母贝生物矿化的一致性。养殖南珠的对比实验和钻孔对比测试结果表明了白云岩珠核的有效性。采用扫描电子显微镜研究白云岩和砗磲珠核培育的南珠的微结构特征，发现两种珠核培育的南珠的微结构特征完全一致。通过高纯锗能谱仪对砗磲和白云岩珠核材料进行了 ^{226}Ra、^{232}Th 和 ^{40}K 的放射性比活度定量检测，结果表明了白云岩珠核具有安全性，不会对人们构成辐射危害。关于白云岩珠核在珍珠生产上的应用，迄今仅有商业广告，尚未见到公开的研究报告。为了在竞争激烈的国际珍珠市场上取得一席之地，我国需要科技工作者开展珠核材料的深入研究。

淡水丽蚌和海水砗磲都是非常珍贵的生物资源，一旦遭到破坏，其损失是难以估量的。因此，无论是从保护生物多样性和生态环境的角度，还是从珍珠产业发展的长期需求来看，珠核材料的来源必然要走向非生物的岩石矿物材料的开发利用，则研究开发得越早越能在国际珍珠市场上取得先机。

其他岩石珠核材料，如碳酸盐岩珠核、玻璃陨石珠核、翡翠珠核和琥珀珠核等，近年来有不少相关专利公开和报道。

碳酸盐岩是自然界广泛分布的一种岩石，我国各地都有，资源丰富，又称为阿富汗玉。经过调查和实验研究可知，碳酸盐岩具有颜色白、无毒无害、性能优良和价格低廉等特点，适合于制备珠核。2018 年 12 月 4 日公开了发明专利"一种利用碳酸盐岩制备珠核的方法：CN201710366036.5"，珠核原材料为自然界的碳酸盐岩，呈白色至灰白色，结晶粒度小于 10 μm，密度为 2.65～2.75 g/cm³，块度大于 30 mm。经过切块、倒角、磨圆和抛光等工序，制备的珠核物化性能与现有贝、蚌壳珠核相近，特别是具有颜色白、光泽强、外形圆、性能好和成本低等特点，且所采用的工艺流程简明，具有广阔的市场前景和良好的经济效益，有利于珍珠产业的可持续发展。

三、研制特异功效珠核，满足个性化市场需求

我国是发现磁现象和使用磁石治病最早的国家，至今已有两千多年的历史。《千金方》《神农本草经》《本草纲目》《中药大辞典》等医药典籍都有磁石治病的记载。现代磁生物学认为，磁场像阳光、空气、水分和营养一

样，是生命体赖以生存、不可缺少的基本元素。乔志恒等的研究认为，磁场作用于人体时会产生六大功效：促进血液循环，改善颈、腕、肩、背微循环；调节血压、降低血黏度；消炎、镇痛；提高机体的免疫力、延缓衰老；调节神经系统的功能，消除疲劳；排毒[25]。人体佩戴具有磁性的珍珠首饰，能达到装饰和保健的双重功效。广东海洋大学发明了一种磁性珠核的制作方法，将磁粉、色粉以无毒塑料为介质在熔融的条件下混合均匀制作基料，利用基料、采用注塑的方法生产原型珠核，再在表面包覆一层生物兼容性物质（生物蜡）制成覆膜珠核，最后充磁使其具有磁性，即可制成用于生产磁性保健珍珠的磁性珠核。[26]所述无毒塑料为聚氯乙烯（PVC）、聚碳酸酯（PC）、聚酰胺（PA）、聚丙烯（PP）、聚乙烯（PE）。原型珠核为生产游离珍珠的球形、椭球形、水滴形珠核或生产附壳珍珠的象形、半球形、椭球形、心形珠核。所述生物蜡为组织相容性好的植物蜡或动物蜡：巴西棕榈蜡、虫白蜡、蜂蜡的一种或几种的混合物。

玻璃陨石是地外物体剧烈撞击地球时，地表靶物质熔融后快速凝结成的天然玻璃。地表发现的玻璃陨石多呈块状，颜色为棕黑色到浅绿色，一般为厘米级大小，表面多具空气动力学熔蚀刻痕，并常具有撞击成因的结构构造特征。雷公墨是我国雷琼地区人民对当地一种散布状分布的黑色玻璃质岩石的俗称，即玻璃陨石。因其常于雷雨天后被雨水从泥土中冲刷出来，以致古人误以为其与雷电有关，传说此物为雷公画符遗漏的墨块，因此被称为"雷公墨"。雷公墨具有迷人的成因、神奇的功效，一直受到人们的追捧。随着人们文化生活水平的不断提升，雷公墨日益受到市场的青睐，已成为当今珠宝玉石界的新宠。[27-29]2020年12月24日公开了发明专利"一种墨绿色珍珠的培育方法：CN202011543552.9"，选择具有如下性质的雷公墨原料：墨绿色，隐晶质-玻璃质结构，微透明，摩氏硬度为5～6，密度为2.20～2.40 g/cm^3，玻璃光泽，块度大于20 mm。经过开石、出坯、倒棱、磨圆珠和抛光等工艺，可以制备墨绿色珠核。所述抛光工艺为：将所述珠核放进震桶中，加入600～1000目的合成碳化硅和水，珠核：合成碳化硅：水的体积比为1:1:2～1:1.5:2.5，在震桶中震动6～8 h，使珠核达到镜面效果。[30]在上述墨绿色珠核的基础上进行加热处理，可以制备一种蓝紫色珠核。2023年7月2日公开了发明专利"一种蓝紫色珠核的制作方法：CN202310512327.6"，具体制作方法为：将黑色玻璃陨石珠核置于箱式电炉中加热，然后在5～10 min内继续升温至930～980 ℃，保温20～30 min，再关闭电源，自然缓慢降温，可使墨绿色玻璃陨石的珠核颜色变成蓝紫色，得到蓝紫色珠核。[31]玻璃陨石获得的珠核不仅具有墨绿色、蓝紫色的颜色，光泽强等优点,而且可以为后续植核育珠培育墨绿色和蓝紫色珍珠提供珠核材料,培育出独特的墨绿色和蓝紫色珍珠。这种珠核材料制作工艺简单,能够丰富珍珠的颜色品种,满足人们对特殊色泽珍珠的需求,促进我国珍珠产业的高质量发展。

针对市场需求,采用活性染料将贝壳珠核染成红色、绿色、金黄色和黑色,制备彩色珠核。[32] 染色后,贝壳珠核的虹彩、光亮度、丰满度显著提高,经植核育珠,控制适合的养殖时间,可让珠核颜色透过珍珠层显示出来,制备出彩色珍珠,给人以珠光闪烁、晶莹夺目之感。活性染料,又称反应染料,由母体和活性基两部分组成。母体是活性染料发色体的主要部分,决定了染料的颜色。活性基主要决定染料的反应性能,能够与被染物质直接起反应。将贝壳珠核浸入染液中,珠核的碳酸钙分子和有机物分子与染料分子结合,则染料固着在珠核上,达到染色效果。但由于染料不稳定,珠核颜色的鲜艳度和饱和度会发生变化,珍珠的色泽亦会受到影响,目前此类彩色珠核在市场上并不多见。

辐照加工是一种高效、绿色、安全并涉及多门学科的综合性技术,已广泛应用于农产品、食品和医药的保鲜贮藏。辐照加工的安全性早已得到联合国粮农组织(Food and Agriculture Organization of the United Nations,FAO)、国际原子能机构(International Atomic Energy Agency,IAEA)、世界卫生组织(World Health Organization,WHO)等国际组织的确认。将白色正常贝壳珠核送入辐照装置中(辐照源为钴60-γ射线,装源量为100万~200万居里),辐照时长为3~6 h,实际吸收剂量为6~9 kGy。按照我国有关规范,辐照后的产品的吸收剂量在10 kGy以下,不会有放射性污染或残留。广东海洋大学进行了珍珠辐照改色技术的研究,通过实验发现,白色的淡水珍珠或蚌壳珠核在3~10 kGy辐照剂量范围内颜色变化为浅灰、灰、钢灰、深灰,剂量越小颜色越淡,剂量越大颜色越深。[33] 通过反复实验验证,6~9 kGy的辐照剂量可使白色珠核变为钢灰色。

广东尊鼎珍珠有限公司发明了一种发光珠核及其制备方法,以及培育夜光珍珠的方法。制备发光珠核的方法包括:将荧光粉和任选的其他组分混合均匀并置入坩埚中;将坩埚装入还原气氛炉中加热,经5~8 h使炉温缓慢升温至1150~1600 ℃,并且加压至两个大气压以上,恒温恒压2~3 h;将熔融状态下的荧光粉直接用模具压制成发光珠核形状,或者在恒温恒压2~3 h后自然冷却至凝结,取出气氛炉冷却至室温,再将凝结体打磨成发光珠核形状。使用该发光珠核培育出的夜光珍珠可耐酸和碱等化学品腐蚀且可以长时间发出高亮度光。[34]

四、加强植核育珠和珠核溯源技术研究，提高珍珠质量和产量

二十多年来，广东海洋大学在珠核材料的成分、结构、性质、历史、现状和安全性等方面开展了系统研究，发表了多篇学术论文。还承担了广东省海洋渔业科技项目"海水珍珠形成机理和新型珠核材料的研究与应用"、海南省工程技术研究中心专项"珠核生产技术的研究与应用"，对插入珠核材料后不同阶段马氏珠母贝外套膜细胞分泌沉积在珠核材料表面上的生物矿化体（即平板珍珠）的结构特征与物相特征，马氏珠母贝外套膜细胞的显微特征，珠核的生产技术、抛光工艺、超声波钻孔以及珠核的安全性研究等进行了系统研究与应用。[35-40]广东海洋大学和广东荣辉珍珠养殖有限公司在查阅大量文献和生产技术资料的基础上进行广泛的调查研究和必要的实验验证工作，掌握了目前珠核的生产实际情况和技术水平，主持编制了广东省地方标准《珠核生产技术规范》，对珠核生产的环境条件、机器设备、原料和生产工艺过程进行规定，有利于提高产品质量和经济效益。[41]

二十多年来，广东海洋大学、上海海洋大学、海南大学、绍兴文理学院、浙江省淡水水产研究所等高等学校和科研院所开展了大量植核育珠技术研究，关于术前处理、植核操作、植核位置、大小数量、术后修养、育珠管护（检测珠核是否脱离珍珠母贝贝体）等研究阐明了珠核与育珠质量和数量的内在关系，发表了一批学术论文，获得了多项科技成果。[42-47]

浙江中医药大学总结了现有的淡水珠蚌养殖中所使用的抗菌手段，重点讨论抗菌珠核的应用与发展，提出了一种新型的抗菌珠核制备技术，通过表面涂药处理珠核。在淡水有核珍珠的培育中，经植核手术后的育珠蚌的高死亡率和高吐核率一直影响着珍珠的品质和珍珠养殖户的收益。研究包药珠核药物的最佳浓度，可以提高珍珠的品质。实验组的成活率、留核率和优质珠率明显优于对照组；经留一法交叉验证后，选取含有 3 个隐层神经元的神经网络进行训练，最终得到的最优药物浓度为：黄芪生药的浓度为 1.55 g/mL，黄霉素的浓度为 7.9 mg/mL，土霉素的浓度为 9.48 mg/mL。包药珠核能够明显提高育珠蚌的成活率、留核率和优质珠率，从而提高珍珠的品质，为制定药用珠核的质量标准和淡水有核珍珠培育技术的研究提供科学的依据。[48]

2019 年 10 月中国香港的王俊杰公开了一个发明专利——用于珍珠养殖的珠核及其生产方法，其采用射频识别技术对珠核进行识别。[49]先在珠核偏离中心的位置钻出一个孔口，将 RFID 标签置于孔口中，再进行植核育珠，

生产珍珠。RFID能够与证实珍珠品质和来源的独立记录相匹配,可使用RFID读取器检测来自珍珠内部的RFID标签的信号,从而确定珠核来源、植核人员的技术等信息。近年来,桂林电子科技大学北海校区的朱名日教授的团队开展了可溯源高免疫珠核制备、珍珠溯源识别方法及装置的研究与开发,获得了多项中国专利授权,还通过了育珠实验,效果明显。[50]可溯源高免疫珠核制备方法,包括以下步骤:根据编码需求将硅矿物、钙元素与其他金属元素混合均匀,经高温熔炼,获得液态基质,在液态基质中加入文石粉,并搅拌均匀熔炼,获得硅胶水;将所述硅胶水浇注到珠核成型模具中成形,待冷却固化后研磨抛光,即得。由于珠核中的离子组织构型不同,每一颗珠核具有唯一的身份信息,如同人眼睛的"虹膜",因而制备的珠核插核养殖出来的珍珠也具有唯一的身份信息,这就使得生产的珍珠具有防伪溯源标签。

从珠核外层到养殖珍珠表面的垂直距离称为珍珠层厚度。珍珠质量因素包括珍珠的大小、形状、颜色、光泽、光洁度和珍珠层厚度等,珍珠层厚度是衡量珍珠价值最重要的指标,亦是决定珍珠作为珠宝是否有使用长久性的主要指标。珍珠母贝品种、矿化基因调控、养殖环境、植核育珠和管护技术对珍珠层厚度都有影响。广东海洋大学提出了采用OCT快速检测珍珠层厚度的方法,对于规范市场秩序、提升珍珠品牌形象、促进珍珠产业发展都具有重要意义。[51]珍珠层厚度的检测方法,目前主要有X射线成像技术和光学相干层析成像技术(OCT),这两种方法都被珍珠分级国家标准采用。国家珍珠及珍珠制品质量监督检验中心的何锦锋团队、上海火逐光电科技有限公司赵彦牧的团队和深圳市莫廷影像技术有限公司王辉的团队不断完善检测方法,取得了多项发明和实用新型专利,推动了珍珠层厚度检测技术的进步。[52-54]广东海洋大学主持编制了广东省地方标准《南珠珍珠层厚度的测定方法》,采用光学相干层析成像技术测定珍珠层厚度。作为一种无损的高分辨率检测手段,OCT可用来鉴别真假珍珠、区别海水有核珍珠与淡水无核珍珠、测定珍珠层厚度,已被国家标准所纳入,[1,55]并可用于探讨珍珠生长的动力学规律,在珍珠研究中具有广阔的应用前景。

当今世界已经进入品牌经济时代,珍珠产业的国际市场(包括珠核产业)已由价格竞争、质量竞争上升到品牌竞争。新时代对中国珍珠品牌的建设提出了新的更高要求,迫切需要根据形势的发展变化,立足自身优势,转变发展理念,加强统筹协调,从产地、质量、创新、文化等方面入手,倾力打造一批既有中国特色又有国际水准的珍珠区域和企业品牌,加快建设珍珠品牌强国。

参 考 文 献

[1] 国家质量监督检验检疫总局，国家标准化管理委员会.珍珠分级：GB/T 18781—2008［S］.北京：中国标准出版社，2008.

[2] VENTOURAS G. Nuclei alternatives—the future for pearl cultivation［J］. SPC pearl oyster information bulletin, 1999, 13: 24 – 25.

[3] 广西浪潮海洋技术开发所，三亚珍珠研究所.谢玉坎贝类科学文选［M］.北京：海洋出版社，2002：97 – 103.

[4] FASSLER C R. The American mussel crisis: effects on the world pearl industry［J］. SPC pearl oyster information bulletin, 1996, 9: 46 – 47.

[5] 蔡英亚，张英，魏若飞.贝类学概论［M］.上海：上海科学技术出版社，1995：217 – 218.

[6] 金旺.海洋之宝：砗磲［J］.珠宝科技，2000，2（4）：39.

[7] 林蒿山.砗磲——海洋之宝［J］.宝石和宝石学杂志，2000，2（2）：31 – 32.

[8] 蔡德陵.大西洋扇贝贝壳生长年轮的氧同位素研究［J］.海洋与湖沼，1990，21（6）：550 – 559.

[9] 郭卫东，杨逸萍，吴林兴，等.南沙渚碧礁生态系营养关系稳定碳同位素研究［J］.台湾海峡，2002，21（1）：94 – 101.

[10] 何勇，杨杰东，徐士进，等.现代砗磲壳的碳、氧、锶同位素的变化［J］.矿物学报，1999，19（2）：148 – 153.

[11] 何勇，杨杰东.现代砗磲壳体锶同位素与其生活环境的关系［J］.海洋地质与第四纪地质，2000，20（1）：35 – 37.

[12] 苏瑞侠，朱照宇，孙东怀，等.海生贝类壳体生长层的高分辨率同位素记录研究——以南海北部典型贝类为例［J］.自然科学进展，2005，15（9）：1080 – 1085.

[13] 刘家伟.贝壳生长的奥秘启迪材料学家［J］.国外科技动态，1999，358（5）：28 – 31.

[14] 徐莉，周树礼.贝壳镶嵌首饰的设计与开发［J］.珠宝科技，2002，45（2）：34 – 38.

[15] 王兰.海鲜老大数砗磲［J］.四川烹饪高等专科学校学报，2000，2（4）：16 – 17.

[16] 徐再荣.生物多样性保护问题与国际社会的回应政策（1972—1992）

[J]. 世界历史, 2006 (3): 31-38.

[17] 郭中伟, 李典谟. 生物多样性的经济价值 [J]. 生物多样性, 1998, 6 (3): 180-185.

[18] 喻子牛. 砗磲人工繁育、资源恢复与南海岛礁生态牧场建设 [J]. 科技促进发展, 2020, 16 (2): 231-236.

[19] 董杨, 李向民. 砗磲资源保护、开发利用及其产业化发展前景 [J]. 水产科学, 2015, 34 (3): 195-200.

[20] 魏青山, 王玉凤. 论丽蚌资源的保护与增值 [J]. 水产科技情报, 1994, 21 (1): 38-39.

[21] 北京市渔政监督管理站. 中国国家重点保护水生野生动物名录 [J]. 北京水产, 2000 (2): 60.

[22] SNOW M. BironiteTM: a new source of nuclei [J]. SPC pearl oyster information bulletin, 1999, 13: 19-21.

[23] 郑水林. 非金属矿加工与应用 [M]. 北京: 化学工业出版社, 2003: 33-38.

[24] 童银洪, 陈敬中. 新型白云岩珠核的研究 [J]. 岩石矿物学杂志, 2007, 26 (3): 275-279.

[25] 乔志恒, 范维铭. 物理治疗学全书 [M]. 北京: 科学技术文献出版社, 2001.

[26] 刘永, 张春芳. 一种磁性珠核的制作方法: CN201610491392.5 [P]. 2016-11-16.

[27] 张宗言, 李响, 张楗钰, 等. "天外来石"雷公墨 [J]. 华南地质与矿产, 2018, 34 (3): 257-260.

[28] 廖香俊. 海南玻璃陨石 (雷公墨) 的宝石学特征 [J]. 珠宝科技, 1994, 6 (4): 50-51.

[29] 李东升, 宁广蓉, 黄萌, 等. 天然玻陨石的优化处理和款式设计与加工 [J]. 宝石和宝石学杂志, 2000, 2 (4): 47-50.

[30] 廖晓芹, 童银洪. 一种墨绿色珍珠的培育方法: CN202011543552.9 [P]. 2020-12-24.

[31] 纪德安, 童银洪, 刘永, 等. 一种蓝紫色珠核的制作方法: CN202310512327.6 [P]. 2023-08-15.

[32] 张艳苹. 海水珍珠染色机理及染色工艺优化研究 [D]. 湛江: 广东海洋大学, 2011.

[33] 童银洪, 尹国荣, 刘永. 辐照加工优化珍珠蚌贝壳板材色泽的研究

[J]．农业研究与应用，2020，33（1）：31-34．

[34] 何德边．发光珠核及其制备方法、培育夜光珍珠的方法：CN201210006758.7［P］．2013-07-17．

[35] 童银洪，杜晓东，黄海立．珍珠珠核材料的历史、现状和发展［J］．中国宝玉石，2008（6）：44-49．

[36] 童银洪，张珠福．珍珠珠核材料的安全性研究［J］．现代农业科技，2011（13）：16-17，19．

[37] 师尚丽，杜晓东，童银洪，等．白云石珠核对马氏珠母贝外套膜表皮细胞作用的研究［J］．水产科学，2013，32（1）：15-20．

[38] 鄢奉林，童银洪．珍珠珠核超声波钻孔实验研究［J］．机械研究与应用，2014，27（6）：98-101．

[39] 蒲月华，童银洪，尹国荣．淡水贝壳珠核抛光工艺的研究［J］．农业研究与应用，2015（3）：39-44．

[40] 卢传亮，童银洪．珍珠珠核生产技术标准的编制［J］．现代农业科技，2017（14）：256-257．

[41] 广东省质量技术监督局．珠核生产技术规范：DB44/T 1280—2013［S］．广州：广东省标准化研究院，2013：1-5．

[42] 王爱民，阎冰，苏琼，等．马氏珠母贝珍珠囊体外培养及插囊育珠［J］．广西科学，2000，7（1）：70-74．

[43] 钱伟平，许梓荣，张明霞，等．注射法培育三角帆蚌有核珍珠的研究［J］．浙江农业学报，2002，14（2）：82-86．

[44] 黄惟灏，沈智华，童建民．育珠细胞小片擦片方式对有核珍珠影响的实验［J］．浙江海洋学院学报（自然科学版），2007，26（4）：410-412．

[45] 靳雨丽．三角帆蚌外套膜细胞培养的改进与大型有核珍珠的培育研究［J］．上海海洋大学学报，2011，20（5）：705-711．

[46] 李文娟，黄凯，李倩，等．三角帆蚌内脏团不同部位插核育珠对珍珠囊形成的影响［J］．中国水产科学，2014，21（6）：1098-1107．

[47] 符韶，梁飞龙，邓岳文．影响马氏珠母贝植核育珠绩效的关键技术研究［J］．水产养殖，2016，37（7）：45-50．

[48] 李晓红，詹毅，虞立，等．包药珠核对提高淡水有核珍珠育珠效果的初步研究［J］．淡水渔业，2022，52（2）：98-104．

[49] 王俊杰．用于珍珠养殖的珠核及其生产方法：CN201310359278.3［P］．2019-12-10．

[50] 广西诸宝科技开发有限公司.可溯源高免疫珠核制备方法：CN202210365796.5［P］.2022-08-16.

[51] 童银洪，陈敬中，杜晓东.OCT在珍珠研究中的应用［J］.矿物学报，2007，27（1）：69-72.

[52] 广西质量技术监督局珍珠产品质量监督检验站.一种珍珠珠层厚度的无损检测方法：CN201310477360.6［P］.2016-05-18.

[53] 上海火逐光电科技有限公司.一种基于X射线的珍珠层厚度测量装置及测量方法：CN202010573340.9［P］.2020-09-11.

[54] 深圳市莫廷影像技术有限公司.OCT扫描主观显示珍珠内部结构及珍珠外径测试方法：CN201410073529.6［P］.2016-04-20.

[55] 国家质量监督检验检疫总局，国家标准化管理委员会.珍珠珠层厚度测定方法 光学相干层析法：GB/T 23886—2009［S］.北京：中国标准出版社，2009.

第二章　珠核加工

第一节　珠核原料与加工过程

一、珠核原料

当前海水养殖珍珠都是有核珍珠，部分淡水养殖珍珠也是有核珍珠。珠核是不可或缺的，它是珍珠层形成的物质基础。[1]珠核的性质、形状和大小显著地影响珍珠的质量，其中珠核表面的光洁度和光泽强度是两个重要因素。[2]光泽强的珠核能提亮珍珠的光泽，存在表面缺陷（如裂隙、平头）的珠核所养殖的珍珠大多会有表面缺陷。[3]因此，制作表面光洁度高、光泽强、颜色洁白和无瑕疵的珠核具有实际生产意义。

淡水丽蚌和海水砗磲贝壳具有壳厚、体大、细腻和结实等特性，多年来一直被用于制作珠核材料。由于长期过度开采，三十多年前作为世界上主要珠核供应地的美国的丽蚌资源已经到了濒临灭绝的境地，美国许多州立法禁止采捕蚌壳，由此引起全球的珠核材料的短缺，转向中国寻求出路，从而造成我国丽蚌资源的需求急剧增长。20世纪90年代我国很多珠核加工企业开始使用砗磲贝壳做珠核材料，并大量地捕捞、采集和收购。但是，大多数砗磲是国家一级保护动物，大多数丽蚌是国家二级保护动物，若用于制作珠核，是动物保护法所不容许的。[4]

值得特别注意的是，国家林业和草原局、农业农村部联合发布了《国家重点保护野生动物名录》公告（2021年第3号），自2021年2月1日起实施，指明所有砗磲都是国家保护动物。长期的生产实践经验表明，丽蚌科的蚌壳密度和热膨胀系数与珍珠质层相似，适宜制作珠核。但丽蚌科的佛耳丽蚌、丝绢丽蚌、背瘤丽蚌、多瘤丽蚌和刻裂丽蚌等为国家二级野生保护动物，不能用于生产加工珠核。其他非保护野生蚌科动物还有许多，由于珠核加工过程中需要磨去蚌壳的1/4～1/3的厚度，选择蚌壳原料时，只要其厚度不小于5 mm，即可。

失衡丽蚌［*Lamprotula tortuosa*（Lea）］为蚌科丽蚌属的动物，是中国特有物种，多栖息于水深、冬季不干枯的湖泊河流以及泥底或泥沙底的流水环境中，主要分布于江苏、安徽、江西、湖北和湖南等地。失衡丽蚌属于中型丽蚌，呈斜卵圆形，其贝壳资源丰富，壳质坚厚，壳内面颜色白，[5]见本章第二节图2-1。失衡丽蚌是非保护动物品种，实验表明，目前生产上是制备珠核的理想原材料，既可解决珠核原材料来源和珠核质量等方面存在的问题，也可达到既能保护水生生物资源，又能满足珍珠产业发展需要的目的。以失衡丽蚌贝壳为原料，经过切条、切块、倒角、磨圆成型、抛光等加工工序可制备圆形珠核。最后的抛光可使珠核具有光泽，提高表面光洁度，是珠核加工的主要工序。

李松荣、谢忠明等论述了珠核的抛光，即在木质滚筒中加入一定量的盐酸，不停地滚动木桶进行贝壳珠核抛光，但未有详细的报道。[6-7]目前，广东海洋大学编制了广东省地方标准《珠核生产技术规范》，也公开发表了多篇珠核加工的学术论文。[8-10]

二、珠核加工过程

以下是广东省地方标准《珠核生产技术规范》中涉及珠核加工生产环境、机器设备、原料要求和生产工艺的相关内容。

1. 生产环境

生产车间要光线明亮，通风良好；切片车间要有吸尘装置，需配备供生产人员使用的眼镜、口罩和头巾等防尘劳保用品；切片、倒角和磨圆车间要有自来水供给和循环使用系统。

2. 机器设备

切割机，配置转盘锯，配备排尘装置；倒角机，转速为2800 rpm；磨圆机，配置SiC同心沟磨盘，转速为1400 rpm；抛光机，配置木质或塑料抛光桶，转速为40～50 rpm。

3. 原料要求

珠核生产原料为海水砗磲贝、淡水丽蚌类贝壳（经过管理部门批准，可使用边角末料），或粒径小于0.1 mm的白色白云岩。

4. 生产工艺

切块：用切割机，将珠核生产原料依次切割为片、条和方块。工序余量为1.2±0.3 mm。用筛机分选方块大小，筛片的规格间隔为0.5 mm。

倒角：对淡水丽蚌类贝壳珠核生产原料，通过磨削倒角，制得毛胚；对海水砗磲贝类贝壳珠核生产原料，将之切成方块后，装入倒角机中进行倒角。方块体积占倒角机桶的 1/5～1/4，开启倒角机，2～3min 后，取出，制得毛胚。

磨圆包括粗磨、中磨和细磨，工艺分别如下。

粗磨：将毛胚均匀铺满在 40 目（SiC 粒径为 0.640 mm）的磨盘上。将上、下磨盘合上，用手转动活动磨盘（即上盘）1～2 圈，开启磨圆机，2～3 min 后，关闭电源，取出粗磨后的珠核。工序余量为 0.8±0.2 mm。

中磨：将粗磨后的珠核均匀铺满在 80 目（SiC 粒径为 0.178 mm）的磨盘上。将上、下磨盘合上，用手转动活动磨盘（即上盘）1～2 圈，开启磨圆机，2～3min 后，关闭电源，取出中磨后的珠核。工序余量为 0.3±0.1 mm。

细磨：将中磨后的珠核均匀铺满在 200 目（SiC 粒径为 0.074 mm）的磨盘上。将上、下磨盘合上，用手转动活动磨盘（即上盘）1～2 圈，开启磨圆机，2～3min 后，关闭电源，取出细磨后的珠核。工序余量为 0.1±0.1 mm。

抛光包括漂光和上光，工艺分别如下。

漂光：将细磨后的珠核倒入抛光桶中（珠核体积不超过抛光桶的 2/3），加入温度为 65±5 ℃的自来水，自来水的水面高于珠核所在平面约 1 cm；开启抛光机电源，抛光桶的转速为 40～45 rpm，采用点滴方式，不断地将 0.1 mol/L 的 HCl 溶液加入抛光桶中，40～50 min 后，关闭抛光机电源。重复进行 3～4 次。

上光：将漂光后的珠核倒入抛光桶中（珠核体积不超过抛光桶的 2/3），加入温度为 80±5 ℃的自来水，自来水的水面高于珠核所在平面；开启抛光机电源，抛光桶的转速为 40～45 rpm，采用点滴方式，不断地将 1 mol/L 的 $FeCl_3$ 溶液（先将 $FeCl_3$ 溶解于适量 HCl 饱和溶液中）加入到抛光桶中，20～30 min 后关闭抛光机电源。

5. 晾干

将抛光后的珠核，洗净，铺着在塑料膜上，自然晾干。

6. 分选

采用玻璃平板，挑出有平头的珠核，重复磨圆、抛光至晾干的工艺过程；再按大小、颜色、表面瑕疵等进行分选和分类。

7. 质量要求

商品珠核，要求为正圆、洁白、光滑、无裂纹、无平头，核面无凹凸线纹和斑纹。珠核性状、颜色和表面瑕疵的描述和检测按照 GB/T 16552 和 GB/T 18781 的相关规定。

第二节 珠核抛光工艺

珠核加工过程中，珠核抛光是重点和关键。进行了有关抛光工艺中盐酸的用量、滚筒的转速以及抛光过程中温度、时间等工艺条件对珠核品质的影响的相关研究。以失衡丽蚌贝壳制备的珠核为原材料研究其抛光工艺（见图2-1），先用点滴式的方法加入盐酸进行漂光，然后用三氯化铁进行上光，优化珠核漂光、上光过程中的温度、时间、转速、盐酸用量等工艺参数，旨在制备品质较高的珠核，为实际珠核加工提供理论指导。[11]

图2-1 失衡丽蚌贝壳示意

一、材料与方法

采用失衡丽蚌贝壳为珠核原材料，经过切条、切块、倒角、磨圆，粒径为6.9 mm左右。

化学试剂：37%盐酸，衡阳市凯信化工试剂有限公司；三氯化铁，广东华光科技有限公司；均属分析纯。

仪器与设备：JJ200电子天平，常熟市双杰测试仪器厂；自制抛光机，木质内壁，抛光桶斜置成45°角与电机相连，连接速度控制器调控抛光桶转速。

工艺步骤按照第一节的工艺过程进行，具体如下。

清洗，将细磨后的珠核，用自来水冲洗，至表面无粉末为止。

漂光，称取200 g珠核倒入抛光桶中（珠核体积不超过抛光桶的2/3），加入温度为65±5℃的自来水，自来水的水面高于转动时珠核所在平面约1 cm；开启抛光机电源，抛光桶的转速为40～45 rpm，采用点滴方式，不断地将0.1 mol/L的HCl溶液加入抛光桶中，30～40 min后关闭抛光机电源。重复进行4次。

上光，将漂光后的珠核倒入抛光桶中（珠核体积不超过抛光桶的2/3），加入温度为85±5℃的自来水，自来水的水面高于转动时珠核所在平面；开启抛光机电源，抛光桶的转速为40～45 rpm，采用点滴方式，不断地将1 mol/L的$FeCl_3$溶液（先将$FeCl_3$溶解于适量HCl溶液中）加入抛光桶中，20～30 min后关闭抛光机电源。

使用Canon IXUS130数码相机在标准光源箱标准日光灯D65下拍摄珠核抛光前后图片。

采用PHILIPS-XL30扫描电子显微镜对珠核表面进行微结构观察。仪器性能：分辨率为3.5 nm，电子能量为5～30 kV（连续可调），放大倍数为100～10万倍。

二、结果与分析

1. 漂光工艺中温度变化对珠核品质的影响

细磨后的贝壳珠核表面粗糙，无光泽，且光洁度差，因此需对珠核进行漂光处理。贝壳珠核的主要成分是碳酸钙，滴入低浓度HCl溶液时会发生化学反应，使珠核表面光洁且有光泽。温度是该化学反应的关键因素，选取不同温度进行漂光处理，结果见表2-1。

表2-1 温度变化对珠核品质的影响

温度（℃）	珠核品质
20	光泽弱，表面光洁度差
30	光泽弱，表面光洁度差
40	光泽强，表面光洁，颜色白，通透性较差
50	光泽强，表面光洁，颜色白，通透，无裂痕
60	光泽强，表面光洁，颜色白，通透，无裂痕

依据实验结果可知，温度对漂光过程中失衡丽蚌珠核品质有较大的影响。温度低（20～30℃）时其反应速度慢，珠核表面光洁度差，光泽弱；

弱；在温度为40 ℃时，珠核表面光洁，光泽强，但通透性仍然不够；当温度达到50 ℃时，珠核表面光洁，光泽强，通透性好。通过比较，确定漂光处理时温度为50 ℃，即可得到高品质的失衡丽蚌珠核。

2. 转速对珠核品质的影响

旋转抛光桶使珠核表面相互摩擦，增加表面光洁度，转速是其关键因素。转速的快慢直接决定了珠核在抛光桶内的滚动摩擦以及珠核与珠核之间的相互摩擦。调整不同转速对失衡丽蚌珠核进行漂光实验，结果见表2-2。

表2-2 转速对珠核品质的影响

转速（rpm）	珠核品质
30	光泽强，表面光洁度差
35	光泽强，表面光洁，颜色白，通透，无裂痕
40	光泽强，表面光洁，颜色白，通透，无裂痕
45	光泽强，表面不光洁，颜色白，通透，部分有裂痕

由表2-2可以看出，转速为30 rpm时，由于珠核之间摩擦力小，使得珠核光洁度差；转速为35～40 rpm时，珠核在抛光桶内的滚动摩擦与珠核间的相互摩擦同时进行，且摩擦力达到最大，珠核表面光洁，品质高；当转速达到45 rpm时，珠核在抛光桶内的滚动摩擦力变小，引起珠核光洁度差，且珠核在离心力的作用下，从抛光桶高处抛落，造成部分珠核出现裂痕。因此，转速35～40 rpm为漂光处理中的最佳转速。

3. 漂光时间对珠核品质的影响

漂光时间直接影响珠核与HCl的反应程度以及珠核在抛光桶内的相互摩擦作用。本实验设置漂光过程中每次重复的时间，通过观察珠核品质的变化，确定失衡丽蚌珠核的最佳漂光时间，结果见表2-3。

表2-3 漂光时间对珠核品质的影响

每次重复时间（min）	珠核品质
5	无光泽，与未漂光前相差不大
10	光泽弱，表面不光洁
20	光泽强，表面光洁，颜色白，通透性较差，无裂痕
30	光泽强，表面光洁，颜色白，通透性好，无裂痕
40	光泽强，表面光洁，颜色白，通透性好，无裂痕

由表2-3可以看出，漂光时间为5～10 min时，珠核表面碳酸钙与HCl的反应时间短，导致珠核无光泽，表面光洁度差；随着漂光时间的增加，珠核的光洁度变好，且光泽变强，通透性变好，当时间达到30 min时，珠核的光泽强，表面光洁，通透性好；继续延长实验时间，其通透性更好，表明延长漂光时间能增加其通透性。但生产中应该考虑生产效率，不宜将时间拖得过长，确定最佳漂光时间为30 min。

4. HCl溶液用量对珠核品质的影响

在珠核的漂光过程中，HCl的用量对珠核的品质有重要的影响。前期预实验表明，HCl浓度过大会导致珠核重量损失严重，且最终产品通透性差。为了解决该问题，本实验将HCl的用量进行梯度的改变，在前两次重复漂光时使用较高浓度的HCl，使HCl与珠核表面的碳酸钙充分反应，后两次降低其浓度为0.1 mol/L进行再次漂光。本实验以100 g珠核为准，滴入HCl溶液的流速为每分钟60滴，调整前两次HCl的用量进行实验，其结果见表2-4。

表2-4 HCl的用量对珠核品质的影响

前两次HCl用量（mol/每100 g珠核）	珠核品质
0.01	无光泽，表面不光洁
0.02	光泽弱，表面不光洁
0.03	光泽强，部分表面不光洁
0.04	光泽强，表面光洁，颜色白，通透，无裂痕
0.05	光泽强，表面光洁，颜色白，通透性较差

由表2-4看出，每100 g珠核在前两次重复漂洗时共用HCl的量为0.01 mol时，珠核表面无光泽，光洁度差；当HCl的量增加到0.02 mol时，珠核表面出现微弱光泽，光洁度仍然差；当HCl的量为0.03 mol时，珠核光泽变强，但有部分珠核表面光洁度不够；而0.04 mol的HCl，则使得漂光后的珠核光泽强，表面很光洁，且通透性好、无裂痕；当HCl的量过大（0.05 mol）时，珠核表面变得不够通透。在后期，同比例加大珠核的重量与HCl的用量，依然得到光泽强、表面光洁、颜色白、通透、无裂痕的珠核。因此，可以确定每100 g珠核的HCl用量为0.04 mol。

5. 上光工艺中$FeCl_3$对珠核品质的影响

谢忠明认为抛光过程中加入少量的$FeCl_3$会达到上光的效果，使得珠核的光泽更强。但本实验研究发现,加入少量的 $FeCl_3$ 会使珠核表面呈现出红褐颜色,影响珠核品质。因此,本实验研究确定不宜有上光这一加工工艺,经过漂光后的珠核即具备很好的光泽、光洁度和通透性。

三、珠核抛光机理

光泽强、光洁度高、颜色白、通透、无痕的失衡丽蚌贝壳珠核具有很高的使用价值和欣赏价值。抛光可维持研磨加工所得到的形状精度,并且提高珠核品质,达到镜面化。通过滚筒抛光与化学作用相结合,制作色白、光泽强,外形圆和加工不易破裂的珠核。抛光前后珠核表面的变化见图2-2和图2-3,效果明显。

图2-2 失衡丽蚌珠核抛光前后示意

 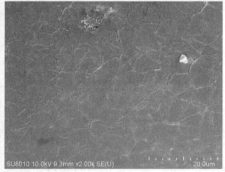

图2-3 失衡丽蚌珠核抛光前后表面 SEM 二次电子像

抛光时珠核在化学介质中表面微观凸出的部分较凹部分优先溶解,从而得到平滑面。温度与时间是漂光时化学作用的关键因素,其最佳温度为

50 ℃，维持该温度即可获得高品质的失衡丽蚌珠核，温度过低会影响 HCl 对 $CaCO_3$ 的溶解速率；其最佳时间为每次重复 30 min，重复 4 次，共需 2 h 即可完成一次珠核抛光。抛光初期，由于珠核表面的粗糙度较大，表面存在较大凸起，在抛光时相互摩擦以及化学作用下，凸起部分被削掉得很快，因此光泽度的提高也很快。到了一定程度后，已接近珠核所能达到的极限光泽度，再延长抛光时间已没有太大的意义。

  抛光桶的转速是抛光处理的另一关键工艺参数，如果转速太慢，离心力小，珠核在桶内提升的高度不够，滚动摩擦力作用不强，则珠核光洁度不够；35～40 rpm 为最佳转速，抛光桶内珠核被提升至适当高度，在自身的重力作用下，珠核从顶部滑滚下来，呈散落状态，则滚动抛光的效果最好，并且珠核之间存在相互摩擦作用，此时珠核品质高；如果增加转速，珠核被提升的高度增高，珠核会脱离桶壁，沿抛物线轨迹下落，处于抛落工作状态，在落点会有较大的冲击作用，珠粒容易开裂，而且转速过快，珠核在离心力的作用下会紧贴桶壁，不能做滚动运动，影响珠核表面的光洁度。

  在抛光过程中 HCl 溶液使珠核表层微凸起部分溶解，其添加量与珠核的表面凸起量密切相关，间接与漂光珠核的总重量相关。HCl 的用量少，则经抛光的珠核表面凸起未完全溶解，致使珠核表面光洁度不够；其用量大，则 HCl 在溶解完珠核表面凸起部分后，会继续溶解珠核表面，造成珠核重量损失。研究发现，HCl 的添加量与被抛光珠核重量存在一定的关系，即每 100 g 珠核需要 0.04 mol 的 HCl。

  $FeCl_3$ 与碳酸钙可以在一定条件下形成具有矿物光泽的络合物，在本实验中发现，经漂光后的珠核在加入 $FeCl_3$ 上光后，其品质有所下降。因此，舍弃了 $FeCl_3$ 上光工艺，具体原因有待进一步研究。

  确定漂光处理时的最佳温度为 50 ℃，时间为每次重复 30 min，重复 4 次，抛光桶的最佳转速为 35～40 rpm，确定 HCl 的用量与珠核的重量之间的关系为每 100 g 珠核需要 0.04 mol 的 HCl，实验结果表明可舍弃 $FeCl_3$ 上光这一工艺步骤，最终所得失衡丽蚌贝壳珠核光泽强、表面光洁、颜色白、通透、无裂痕。该工艺参数可为实际贝壳珠核抛光生产提供理论依据。

第三节 珠核钻孔刻槽

  钻孔是珍珠加工前处理工艺的重要环节之一。[12]珍珠钻孔的目的首先是串珠、固定等加工的需要；其次是便于在去污漂白和染色等后续工序中，化学液体更好地渗进珍珠层中去；最后，孔打在某些珍珠的瑕疵上面，如平头、小突起和小黑点，能极大地改观珍珠的外貌。[13]

目前珍珠钻孔的方式主要是机械式，典型的结构是由小型电机驱动钨钢针旋转，利用脚踏夹珠、手推进针的方法实现钻孔。在珍珠产业中这种加工设备和技术一直没有变化，而且生产效率低下，迫切需要改进钻孔加工方式。[14]更为严重的是这种钻孔方式常常导致珍珠珠核破裂。南珠珠核常用的制作材料是淡水丽蚌和海水砗磲，由于蚌（贝）壳是层状构造物质，具有色带，硬度和热膨胀系数具有各向异性，机械钻孔过程中机械力直接作用在珍珠上，伴随生热，珠核容易发生分层裂开或破裂。淡水丽蚌和海水砗磲都是非常珍贵的生物资源，因过度采捕，资源濒临灭绝，为保护生物多样性和海洋生态环境，研发新的珠核替代材料已是必然趋势[4]。

国内童银洪等[4]在率先研制白云岩等非生物岩矿材料珠核的同时，积极寻求珍珠钻孔新方法。超声波加工技术是一种新颖且前沿的加工技术，它利用超声振动冲击工作液中的悬浮磨料，通过磨料颗粒对工件表面撞击和抛磨，从而对工件进行加工。[15]作为一种特种加工技术，超声波加工特别适合对玻璃、陶瓷、石材和石英等脆硬材料的加工[16-17]，但在珍珠钻孔中的应用至今还没有报道。

一、超声波加工原理

超声波加工基本原理见图2-4。在工件和工具间加入磨料悬浮液，由超声波发生器将工频交流电能转变为有一定功率输出的超声频电振荡，换能器将超声频电振荡转变为超声机械振动，通过变幅杆（振幅放大棒）使固定在变幅杆端部的工具产生超声振动，迫使磨料悬浮液中的磨粒不断地高速撞击、抛磨被加工样品的表面，把加工区中脆且硬的材料粉碎成很细的微粒，并从材料上脱离。与此同时，悬浮液受工具端部的超声振动作用，交替产生的正压冲击波和负压空化作用，强化了加工过程。超声波加工实质上是磨料的机械冲击与超声波冲击及空化作用的综合结果。[18]当工具为细丝或细管时就能实现钻孔加工。

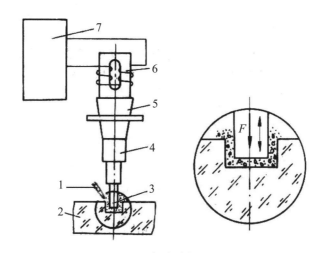

图2-4 超声波加工原理
(1：磨料悬浮液喷嘴；2：工件；3：工具；
4、5：变幅杆；6：超声波换能器；7：超声波发生)

超声波加工范围广，适合于各种脆硬材料，金属如淬硬钢、钛及其合金等，非金属如玻璃、陶瓷、石材和石英等。超声波加工主要靠瞬时的局部冲击作用，故工件表面的宏观作用力很小，加工应力也小，加工生热少，消耗功率低。超声波加工获得了较高的加工精度，尺寸精度可达0.005～0.020 mm，表面粗糙度Ra值可达0.63～0.08 μm，被加工表面无残余应力、烧伤等现象。[19]超声波加工适合脆硬材料的加工，但加工工具并不需要硬质材料，可用较软的材料做成较复杂的工具形状。

二、实验设备、材料与方法

1. 实验设备

制作的实验装置见图2-5，主要设备为450D型超声波单针打孔机，工作频率为15～20 kHz，输出功率为80～450 W，磨料为碳化硅，磨料粒度为180目，工具振幅为8～20 μm。钻孔钢针有空心和实心两种，长度均为35～40 mm，外径均为φ0.8 mm，空心钢针内径为φ0.4 mm。

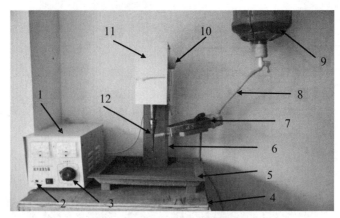

图2–5 超声波钻孔实验装置
(1:超声波发生器;2:电流调节旋钮;3:电压调节旋钮;4:工作台;
5:砂水池;6:立柱;7:砂斗;8:水管;9:水容器;
10:超声波信号开关;11:换能器;12:钻孔工具头)

2. 实验材料

圆形珠核,用丽蚌贝壳、白云岩与硬玉岩3种材料制作而成。3种实验珠核的性质与特征列在表2–5中。

表2–5 3种珠核的性质与特征

性质参数	丽蚌贝壳	白云岩	硬玉岩
密度($g \cdot cm^{-3}$)	2.80	2.82～2.87	3.33
维氏硬度HV($kgf \cdot mm^2$)	135～223	172～250	700～1300
热膨胀系数($1 \cdot ℃^{-1}$)	14～35($\times 10^{-4}$)	15～25($\times 10^{-4}$)	4～13($\times 10^{-4}$)
平均直径φ(mm)	φ6.5	φ6.8	φ6.4
外观	珍珠光泽	油脂光泽	玻璃光泽
颜色	白色至浅灰色	白色至灰绿色	淡绿至暗绿
构造	层状构造	块状构造	块状构造

3. 实验方法

对3种材料制作的珠核分别用实心钢针和空心钢针进行钻孔实验。

贝壳材料制作的珠核,根据其层状分布,钻孔实验时钻孔方向选择垂直于层、平行于层、与层相交一定的角度等多个方向进行钻孔,白云岩与硬玉岩制作的珠核则随机方向进行钻孔。记录每次钻孔加工的时间，钻孔操作按如下步骤进行：

（1）将钢针焊接在工具头上。焊接采用高强度焊锡，除油、除锈，用助焊剂，选用 50～75 W 的电烙铁或火枪进行焊接，要焊牢，焊点要求光滑。

（2）关闭工作电源，清理工具头接触端面，要保持干净，把工具头旋进变幅杆螺纹头中，用弯头加力旋紧。

（3）把选好的磨料与水配成悬浮液，水与磨料的比例约为 4∶1，悬浮液要能流动，不可太干；将磨料悬浮液浇在工具头上。

（4）先打开超声波发生器电源开关后再开工作开关，调整功率输出旋钮使电路谐振，此时钻孔针头可使水雾化。

（5）手持圆珠，接触针头进行钻孔，保持一个适当的静压力，直至孔钻透。

三、结果与分析

1. 实验结果

（1）3 种材料的珠核，都能通过超声波实现钻孔。钻孔后串珠见图 2-6（照片采用 SUMSUNG 数码相机拍摄，像素为 800 万，放大了 2～4 倍，下同）。

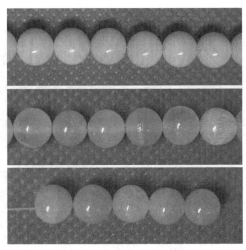

图 2-6　3 种珠核材料超声波钻孔效果

（从上至下：丽蚌贝壳、白云岩与硬玉岩）

(2) 本实验中钻孔方向选择垂直于层、平行于层、与层相交一定的角度等多个方向进行，结果表明：无论从哪个方向钻孔都没有出现层裂或破裂。图2-7为贝壳珠核上不同方向的钻孔。

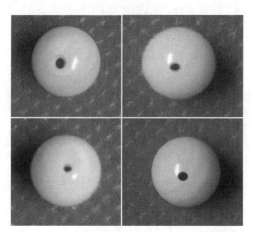

图2-7 贝壳珠核上不同方向的钻孔

(3) 边崩现象。3种材料的珠核钻孔出现了不同程度的边崩，边崩主要出现在钻孔出口端。其中贝壳珠核和硬玉岩珠核边崩现象极少，且边崩程度很轻微，肉眼几乎看不出来。白云岩珠核钻孔出口端都出现了不同程度的边崩，边崩范围在以钻孔为中心、直径为 $\varphi 2\,mm$ 的圆内。图2-8为两颗白云岩珠核钻孔出现的边崩，右边珠核上染为黑色的区域为出口端的边崩区域。

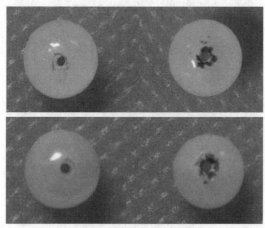

图2-8 两颗白云岩珠核钻孔出现的边崩
（左：入口端；右：出口端）

(4) 空心针和实心针钻孔的比较。本实验采用的空心针和实心针长度均相同,外径均为 $\varphi 0.8$ mm,空心钢针内径为 $\varphi 0.4$ mm。实验结果表明空心针和实心针在钻孔的质量上(如边崩)基本没有区别,但在钻孔的速度上差别较大。表2-6列出了3种珠核分别用空心针和实心针钻孔所用时间。钻孔速度可用材料去除率来衡量,材料去除率这里用单位时间钻孔去除的材料体积大小表示(mm^3/min)。图2-9为2种钢针钻孔3种材料的最大去除率。可以看出:无论哪种材料,实心针钻孔材料的去除率都比空心针高;无论是实心钢针还是空心针,白云岩材料的钻孔去除率都最高,贝壳材料次之,硬玉岩材料去除率比较低。

表2-6 3种珠核的钻孔用时

珠核材料	平均直径(mm)	空心针钻孔(s)	实心针钻孔(s)
贝壳珠核	$\varphi 6.5$	33～55	15～18
白云岩珠核	$\varphi 6.8$	26	13
硬玉岩珠核	$\varphi 6.4$	550	190

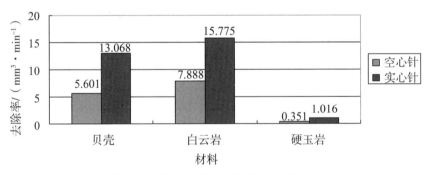

图2-9 2种钢针钻孔3种材料的材料去除率

(5) 加工效率。以贝壳珠核为例,珠核的平均直径为 $\varphi 6.5$ mm,在实验条件下,实心针钻孔用时为15～18 s。如果考虑钻孔辅助时间,平均加工1颗珠核的时间按20 s计算,每天8 h可加工1440颗珠核。

(6) 偏心与喇叭口。一些珠核钻孔没有打在珠核中心,发生了偏心;部分珠核钻孔入口和出口大小会发生偏差,孔呈喇叭形。

2. 分析与讨论

(1) 用超声波可以实现贝壳、白云岩、硬玉岩3种材料珠核的钻孔。超声波钻孔可以防止机械式钻孔经常出现的层裂或破裂问题;硬玉岩这种高硬度材料用普通机械式钻孔很困难，用超声波钻孔则很有效。这是由超声波加工的机理所决定的，超声波加工最适合于脆硬材料。

(2) 白云岩珠核钻孔出现了边崩现象，它与材料的脆性和受力有关。

超声波加工时有静压力、磨粒对材料的冲击力。静压力和冲击力过大会使材料破裂。实验表明，减少边崩可采取的措施有：适当减小静压力、采用较细的钢针，从而减小总的作用力；用粒度较细的磨料，减小局部冲击力。

根据应力状态和强度理论，脆性材料一般抗拉能力差、抗压能力强。钻孔时出口端材料处于拉应力状态，很容易发生脆性破坏导致边崩。如果改变出口端的应力状态，使其处于压应力状态，可有效克服脆性破坏问题。具体可采取在出口端施加垫片等措施来减少或克服边崩问题。

白云岩珠核钻孔边崩主要出现在出口端，入口端无边崩，如果钻半孔或3/4孔，就不会出现边崩现象，可获得很好的钻孔质量，更重要的是这种材料易加工，效率非常高。因此，目前用超声波对白云岩珠核钻半孔具有更大的潜力和优势。

(3) 在磨料粒度、磨料悬浮液浓度、静压力、孔径大小相同的条件下，钻直径为 $\varphi 0.8$ mm 的孔，本次实验实心针的材料去除率比空心针高。中空的钻头机械钻孔时，孔中间部分的材料被整体切削出来，但本次实验使用空心针钻 $\varphi 0.8$ mm 的孔，并没有发现孔中间有被整体切削出来的材料，而是都被粉碎，跟实心针钻孔是相同的。实心针比空心针截面积大，引起的振动冲击也大，粉碎相同的材料，实心针的去除率要更高。若空心针能使中间材料被整体切削，粉碎的材料体积小，其材料去除率理论上讲就应该比实心针高。这有待进一步的实验进行证实。

在钢针相同的情况下，材料去除率还与磨料粒度、磨料悬浮液浓度、静压力等因素有关，具体的材料去除率还需实验测定。

(4) 钻孔出现偏心和喇叭口的原因主要是手持操作不稳定。解决这个问题要从设备和辅助工具上进行改进，如设计珍珠钻孔专用模具、提高设备定位精度、提高工具的刚性等。

(5) 本次钻孔实验主要是以手工操作为主，加工贝壳珠核的生产效率达到了 8 h 钻孔 1440 颗。超声波钻孔效率还有很大的提升空间。超声波钻孔设备可实现数控化，使设备操作简单方便；工具和模具可设计为一次同时加工多颗珠核，效率将极大增加；设备自动化可减轻劳动强度、实现一人看管多台设备，可减少人工成本、提高效益。

四、结论

超声波钻孔是珍珠钻孔加工的一种新方法,与普通机械式钻孔加工相比,它具有质量好和效率高等特点,特别适合由非生物形成的岩石矿物新型珠核材料。开发研制珍珠超声波钻孔专用设备,将有助于该技术在珍珠加工行业中的推广和应用,同时可促进新型珠核材料的研究和应用。

参 考 文 献

[1] VENTOURAS G. Nuclei alternatives—the future for pearl cultivation [J]. SPC pearl oyster information bulletin, 1999, 13: 24 - 25.

[2] FASSLER C R. The American mussel crisis: effects on the world pearl industry [J]. SPC pearl oyster information bulletin, 1996, 9: 46 - 47.

[3] 童银洪, 杜晓东, 黄海立. 珍珠珠核材料的历史、现状和发展 [J]. 中国宝玉石, 2008 (6): 44 - 49.

[4] 童银洪, 陈敬中. 新型白云岩珠核的研究 [J]. 岩石矿物学杂志, 2007, 26 (3): 275 - 279.

[5] 刘月英, 王耀先, 张文珍. 我国的丽蚌及其经济意义 [J]. 生物学通报, 1965 (1): 16 - 23.

[6] 李松荣. 淡水珍珠培育技术 [M]. 北京: 金盾出版社, 1997: 56 - 58.

[7] 谢忠明. 人工育珠技术 [M]. 北京: 金盾出版社, 2004: 30 - 35.

[8] 广东省质量技术监督局. 珠核生产技术规范: DB44/T 1280—2013 [S]. 广州: 广东省标准化研究院, 2013: 1 - 5.

[9] 卢传亮, 童银洪. 珍珠珠核生产技术标准的编制 [J]. 现代农业科技, 2017 (14): 256 - 257.

[10] 鄢奉林, 童银洪. 珍珠珠核超声波钻孔实验研究 [J]. 机械研究与应用, 2014, 27 (6): 98 - 101.

[11] 蒲月华, 童银洪, 尹国荣. 淡水贝壳珠核抛光工艺的研究 [J]. 农业研究与应用, 2015 (3): 39 - 44.

[12] 童银洪, 邓陈茂, 杜晓东, 等. 南珠加工前处理技术规范的研究与制订 [J]. 现代农业科技, 2010 (17): 27 - 28, 30.

[13] 童银洪, 谢绍河, 邓陈茂, 等. 珍珠研究理论与应用技术 [M]. 广州: 广东科技出版社, 2010.

[14] 童银洪,尹团,卢传亮.海水珍珠加工技术现状和发展趋势[J].中国宝玉石,2013(2):78-84.

[15] 刘晋春,赵家齐,赵万生.特种加工[M].北京:机械工业出版社,2000.

[16] 王军,万珍平.基于玻璃小孔的超声波加工实验研究[J].机械制造,2009,47(1):61-63.

[17] 秦勇,王霖,吴春丽,等.大理石的超声波加工实验研究[J].新技术、新工艺,2001(2):17-19.

[18] 林书玉.超声换能器的原理及设计[M].北京:科学出版社,2004.

[19] 张建华.精密与特种加工技术[M].北京:机械工业出版社,2011.

第三章 白云岩珠核

第一节 白云岩珠核原料的筛选

一、白云岩概述

1. 白云岩的基本性质

白云岩又称苦灰岩，主要由以白云石 [$CaMg(CO_3)_2$] 为主要组分的碳酸盐岩组成，白云石占95%以上。白云石的理论化学组成为30.4%的CaO、21.7%的MgO、47.9%的CO_2。白云石属三方晶系。在形成过程中由于受到不同地质作用和环境的影响，白云岩常常混入一些方解石、黏土矿物、燧石、菱镁矿等杂质，有时含有石膏、硬石膏、天青石、重晶石、黄铁矿和有机质等。白云岩的颜色有白色、灰白色、浅灰色、浅黄色、浅褐色，具贝壳状断口，性脆，硬度为3.5～4.0，密度为2.85 g/cm³左右。常温常压下，白云岩是稳定的。加热到800～950 ℃，白云岩分解为新的组分MgO和CaO；当煅烧至1500 ℃时，氧化镁成为方镁石，氧化钙成为α-CaO，结构致密，耐火度可达2300 ℃，抗渣性较强。[1]

白云岩是地球上重要的钙镁资源，在我国分布广泛，蕴藏丰富，其分布地常为裸露的高地，有利于大规模开采。

白云岩对油气具有一定的储集性，是油气勘探的一个重要的目的层。白云岩的形成机理是碳酸盐岩岩石学中最复杂、争论时间最久且又难以解决的问题之一。Friedman等在1967年研究现代热带地区潮上带表层碳酸钙沉积物的粒间准同生白云岩化作用时，首次提出了毛细管浓缩作用。在其后30多年的研究中，随着对现代和古代沉积物中白云化岩作用研究的深入，加上先进的测试仪器的应用、测试精度的提高，众多学者不仅在显微镜下观察，更重要的是通过X射线衍射、酸不溶物分析、碳氧同位素分析、微量元素、电子探针、阴极发光、扫描电镜、包裹体测温等多种测试数据，从整块白云岩到单个白云石晶体，从岩石学特征到地球化学特征，从定性到定量，对白云岩的形成机理进行了系统的研究。[2]因为各个时代白云岩的生成条件不同，而且生成之后，在漫长的地质历史演化过程中经历的成岩改造更是千差万别，因此世界各地迄今仍没有一个圆满的解决其成因的学说和观点。白云岩成因的研究还处于假说阶段，主要包括蒸发、渗透回流、海水、混合水以及埋藏白云岩化作用5种模式。前4种模式基本上发育于近地表成岩环境，最后1种模式则出现于埋藏成岩环境。目前，中国对白云岩的研究也取得了一定的进展。总之，对白云岩的系统深入研究有利于白云岩的综合开发与利用。

2. 白云岩的用途

白云岩是一种用途非常广泛的非金属矿产。白云石系列产品已在冶金、化工、建材、农业、环保和畜牧行业中得到了广泛应用。[3-8]

在冶金行业，原矿粒度为30～120 mm的白云石通过电解法和硅热还原法可生产金属镁；白云石作为碱性耐火材料的重要原料之一，其重要性仅次于菱镁矿，主要用于炼钢转炉炉衬、平炉炉膛、电炉炉壁等热工设备；白云石还可直接作为高炉铁水堵孔材料。

在化工行业，白云石可用于生产轻质碳酸镁，用作油漆、涂料、牙膏、化妆品和医药的填充剂；用白云石循环法从白云石中提取氧化镁，可广泛应用于橡胶、搪瓷和电线电缆等行业；采用白云石做原料，通过硫酸法能制备硫酸镁晶体（又称泻利盐），可应用于医药、农业、水泥、印染和食品等领域；白云石经过拣选、破碎、磨细到325～1250目就成为白云石粉，作为添加剂可用于橡胶和造纸生产中。

在建材行业，通过煅烧白云石得到MgO，进而生产镁质胶凝材料，可配制具有良好的抗压、抗挠曲强度和抗腐蚀的含镁水泥；结构致密、质地细腻的白云石作为装饰材料和工艺材料得到了很快发展，在制造玻璃过程中加入一定量的白云石粉，可以有效降低玻璃的高温黏度，提高制品的化学稳定性和机械强度；利用白云石做原料，还可生产微晶玻璃，并可用于陶瓷坯料和釉料。

在农业行业，白云石可用于中和土壤中的酸性，提高除草剂的药效，还能补偿土壤中镁含量的损失；白云石冶炼金属镁后的尾矿可用于生产镁钾多元复合肥。

在环保行业，白云石粉做过滤材料可用于水处理，除铁、锰和硅酸盐等，保持水的pH值；白云石细粉还可用于改善煤矿井下尘埃的飞扬，防止及延缓煤尘爆炸。

在畜牧行业，由于钙、镁是动物体内所必需的营养元素，在饲料中添加适量的白云石粉，可促进畜、禽的生长发育，减少疾病。日本鸟取大学已开发出一种对流感病毒有明显预防效果的白云石新材料。

随着现代科学技术的发展，白云岩的开发、应用将深入到社会发展的各个领域，白云岩成为一种极具经济价值的矿产资源。然而，目前我国许多地区对白云岩矿的开发利用，仍停留在初级产品的加工阶段。要提高我国的矿业产值，增加矿山企业的经济收益，就必须开发新产品，增加产品的科技含量，提高产品的附加值。

研制白云岩珠核材料，是拓展白云岩用途的有益尝试。

3. 白云岩的产地

白云岩在我国分布广泛。选择目前正在开采利用的储量达百万吨，白色或灰白色，微晶至细晶的白云岩，无杂质，来源于江西瑞昌、广西临桂、广东阳春和河北涉县。这 4 个地方的白云岩矿体都出露地表，层位稳定，开采条件好，均可以进行大规模的露天开采。

二、白云岩的成分和结构

1. 化学成分

不同产地的白云岩的化学成分见表 3-1。从化学成分来看（表 3-1），4 种白云岩都是纯的白云岩[1]。

表 3-1 白云岩的化学成分

单位：wt%

编号	来源产地	MgO	CaO	SiO_2	Al_2O_3	Fe_2O_3
1	江西瑞昌	20.45	28.93	0.61	0.39	0.34
2	广西临桂	21.68	30.16	0.90	0.52	0.40
3	广东阳春	20.73	31.52	1.02	0.18	0.26
4	河北涉县	21.09	30.28	0.83	0.45	0.22

2. 偏光显微镜下观察

1 号样品为来源于江西瑞昌的中晶白云岩。

手标本特征：白色，结晶程度好，由白云石组成，中晶糖粒状变晶结构，块状构造，呈贝壳状断口，锤击发出硫化氢臭味。

偏光显微镜下特征：无色，晶体大小为 0.25～0.50 mm，明显的闪突起，菱形解理发育，具高级白干涉色，可见双晶带，双晶带平行于菱面体短对角线方向。以半自形晶、自形晶为主，晶体间呈直线形、凹凸形接触，有的具镶嵌结构,见图3-1。

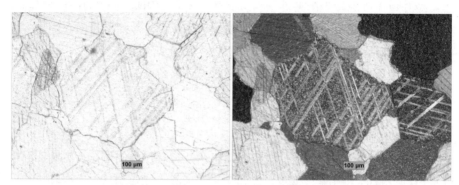

图3-1 江西瑞昌白云岩的偏光显微镜下特征
(左:单偏光;右:正交偏光)

2号样品为来源于广西临桂的细晶白云岩。

手标本特征:灰白色,由白云石组成,风化面呈灰绿色、褐黄色,细晶糖粒状变晶结构,块状构造,呈贝壳状断口,锤击发出硫化氢臭味。

偏光显微镜下特征:无色,有的晶体表面是浑浊的,带灰褐色调,含土状物。晶体大小为0.05~0.25 mm,明显的闪突起,菱形解理发育,具高级白干涉色。以半自形晶、它形晶为主,晶体间呈凹凸形接触,见图3-2。

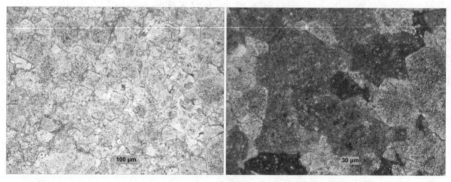

图3-2 广西临桂白云岩的偏光显微镜下特征
(左:单偏光;右:正交偏光)

3号样品为来源于广东阳春的细晶白云岩。

手标本特征:白色,结晶程度好,由白云石组成,细晶糖粒状变晶结构,块状构造,呈贝壳状断口,锤击发出硫化氢臭味。

偏光显微镜下特征:无色,晶体大小为0.05~0.25 mm。以自形晶、半自形晶为主，多数晶体表面比较明亮，少数较浑浊。白云石解理有的弯曲，双晶变薄，有弱的应力作用。晶体间呈直线形、凹凸形接触，有的具镶嵌结构，见图3–3。

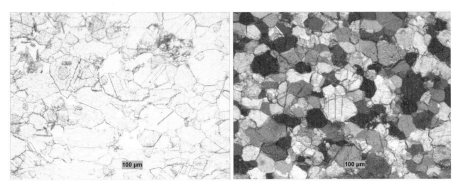

图3–3　广东阳春白云岩的偏光显微镜下特征
（左：单偏光；右：正交偏光）

4号样品为来源于河北涉县的粉晶细晶白云岩。

手标本特征：白色，结晶程度好，由白云石组成，粉晶细晶糖粒状变晶结构，块状构造，呈贝壳状断口，锤击发出硫化氢臭味。

偏光显微镜下特征：白云石的晶体十分细小，粒径为0.03～0.15 mm左右，一般为粉晶级至细晶级。以半自形晶、它形晶为主，晶体间呈直线形、凹凸形接触，有的具镶嵌结构，晶体表面是洁净明亮的，见图3–4。

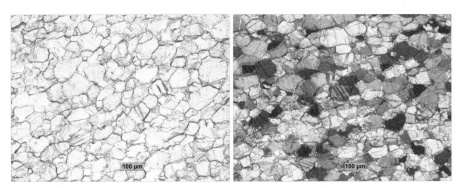

图3–4　河北涉县白云岩的偏光显微镜下特征
（左：单偏光；右：正交偏光）

4种样品结构明显不同，从一个侧面反映了白云石结构的复杂性，这与其成因的多样性有关。

3. 粉末 X 射线衍射（XRD）分析

粉末 X 射线衍射（XRD）实验采用 D/Max – RC 型衍射仪，CuKa 靶，电压为 40 kV，电流为 80 mA。样品的粉末 X 射线衍射特征见图 3 – 5，4 个样品的 X 射线粉末衍射图谱近于一致，表明为白云石[9]。但不同样品的 d015、d110、d104 和 d116 的值及各自相对应的衍射强度（I）值是有差异的，这种差异反映在不同白云石的结构有序度及 $CaCO_3$ 含量的差异上。

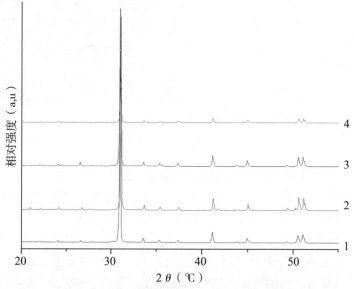

图 3 – 5　白云岩粉末 X 射线衍射（XRD）图

4. 红外光谱（FT-IR）分析

红外光谱分析采用美国的 NEXUS470 FT-IR 红外光谱仪，KBr 压片法，扫描范围为 4000～400 cm^{-1}，扫描次数为 32，分辨率为 4 cm^{-1}，结果见图 3 – 6。4 个样品的红外光谱图形态基本相同，为白云石的红外光谱[10]。谱带分布特点是：1440 cm^{-1}（强、宽）、881 cm^{-1}（强、锐）、729 cm^{-1}（中、锐）。

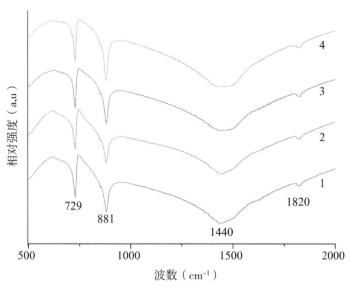

图3-6 白云岩傅里叶红外光谱（FT-IR）图

三、白云岩的物理性质

白云岩样品分别来源于江西瑞昌、广东阳春、广西临桂和河北涉县4个地方。砗磲贝壳材料（以下简称"砗磲"）来源于海南省琼海市潭门贝壳市场。分别对白云岩样品和砗磲贝壳材料进行了密度、显微硬度、抗弯强度和热膨胀系数等性能参数的测试。

1. 密度

原理：排水法。仪器：电子天平。操作步骤：在室温下，先调整电子天平至水平位置；分别测量样品在空气中的质量（m）和在水中的质量（m_1）。

代入下列密度计算公式：

$$\rho = m/(m - m_1) \times p_0$$

其中：ρ 为样品在室温时的密度，g/cm³；m 为样品在空气中的质量，g；m_1 为样品在水中的质量，g；ρ_0 为测定温度下水的密度，g/cm³。

2. 显微硬度

将样品磨平并抛光，用 LEITZS 万能夹具夹持，VICKER 压头，加载 0.5 N 的负荷，持续 10 s，打出一菱形的压痕，先通过光学分析系统测量菱形压痕的垂直方向和水平方向直径的长度，再输入计算机，自动计算出显微硬度值。仪器在每次使用前必须校准，每一个样品测定5点，取其平均值作为该样品的显微硬度值。砗磲贝壳材料具有方向性，为了科学地测定砗磲贝壳的显微硬度，压头方式分为两种，即垂直于生长纹层面方向和平行于生长纹层面方向，见图3-7。

图3-7　砗磲贝壳 VICKER 压头方向示意

（左：压头方向垂直于生长纹层面；右：压头方向平行于生长纹层面）

3. 抗弯强度

采用三点弯曲法，用 AG-201 型电子万能实验机测量抗弯强度，试样尺寸为 3 mm×4 mm×30 mm，跨距为 30 mm，加载速为 0.5 mm/min，按中国国家标准 GB/T 1040—1992 所规定的方法进行测试[11]。砗磲贝壳材料具有方向性，为了科学地测定砗磲贝壳的抗弯强度，加载方式分为两种，即垂直于生长纹层面方向和平行于生长纹层面方向，如图3-8所示。

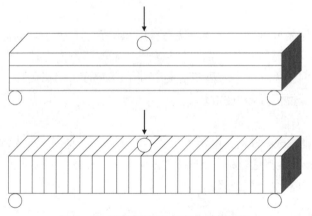

图3-8　砗磲贝壳三点弯曲加载示意

（上：加载方向垂直于生长纹层面；下：加载方向平行于生长纹层面）

4. 热膨胀系数

实验方法：采用 3 mm×4 mm×30 mm 的模具压制测试试条，采用德国 NETZSCH DIL 型热膨胀仪。测试条件：升温速率为 10 ℃/min，膨胀系数计算范围：10～100 ℃。

5. 结果与分析

测试结果见表3-2。

(1) 从密度来看，4 号白云岩样品的密度与砗磲接近，相比之下，其他白云岩样品的密度小一些，这是因为这些样品中白云石结晶的颗粒较大，堆积不如 4 号白云岩样品紧密。中国国家标准 GB/T 16553—1996《珠宝玉石 鉴定》中规定了海水养殖珍珠的密度[12]：$2.272 \sim 2.278$ g/cm^3。海水养殖珍珠由中央的珠核和外圈的珍珠层构成，珍珠层层内部和珍珠层与珠核之间存在有机质，一般来说，海水养殖珍珠的密度低于珠核的密度。因此，选择密度略大一些的珠核有利于海水养殖珍珠的生产。

表 3-2 白云岩和砗磲性能参数测试结果

编号名称	密度 (g/cm^3)	显微硬度 (kgf/mm^2)	抗弯强度 (MPa)	热膨胀系数 (10^{-6}/℃)
1 白云岩	2.71～2.75	131.33～149.15	7.66～12.29	3.045
2 白云岩	2.78～2.79	250.16～295.06	10.85～20.75	3.459
3 白云岩	2.85～2.87	254.30～305.83	18.67～26.13	3.601
4 白云岩	2.86～2.89	319.44～370.00	32.00～38.00	3.855
5 砗磲	2.82～2.87	273.03 (a)～359.33 (b)	20.66 (c)～51.71 (d)	2.767～3.951

注：a. 压头方向平行于生长纹层面；b. 压头方向垂直于生长纹层面；c. 加载方向平行于生长纹层面；d. 加载方向垂直于生长纹层面。

(2) 硬度是指材料抵抗其他较硬物体压入其表面的能力，反映了材料的抗塑性形变的能力。硬度值的大小是表示材料软硬程度的有条件性的定量反应，是由材料的弹性、塑性、韧性等一系列力学性能组成的综合性指标。可通过对硬度的测量间接了解材料的其他力学性能，如磨耗性能和拉伸性能。本实验选择用显微硬度来表征样品的力学性能，负荷小于 1 公斤力（9.8 N）的维氏硬度（Vickers Hardness）称为显微硬度（microhardness）。从显微硬度来看，4 种白云岩样品从 1 号到 4 号，是逐渐增加的，与其微结构和密度的测定结果相一致。珍珠加工过程中需要进行钻孔，但珠核材料太硬，不易钻孔。目前海水珍珠生产所用的钻孔针为一种铁、锰和钨组成的合金。经测试，这种钻孔针的显微硬度（维氏硬度）为 $426 \sim 538$ kgf/mm^2，均大于 4 种白云岩样品。由于砗磲具有层状构造，垂直生长纹层面的显微硬度（平均 359.33 kgf/mm^2）远大于平行生长纹层面的显微硬度（平均 273.03 kgf/mm^2），即显微硬度具有明显的方向性。在钻孔时容易产生钻孔速率不一致的现象，产生断针的概率也较大。从硬度这个角度来看，白云岩适合于目前海水珍珠生产所用的珠核材料。

（3）材料的机械强度是指抵抗外加负荷的能力，是在材料设计和使用时极为重要的特性之一。衡量材料的机械强度常用静态抗折强度。国家标准规定采用的方法是三点弯曲法，即将杆状试样在二支点间加集中载荷，在没有冲击的情况下，逐渐增加载荷一直到试样折断，此时分布在试样上的最大应力为该试样的静态抗折强度（其单位是 MPa）。

抗弯强度从本质上说是由材料内部质点的结合力决定的，反映了材料的组成、显微结构的优劣。如果材料内部存在微裂隙、气孔以及晶粒大小不均匀等缺陷，抗弯强度会很低。

砗磲的抗弯强度值比白云岩样品的抗弯强度值要大一些，即韧性要强一些。究其原因，可从贝壳断裂的增韧机制得到解答。许多学者对贝壳断裂的增韧机制已做过大量实验和成因探讨，主要包括裂纹偏转、纤维拔出、有机质桥联机制。[13-14]

但是，砗磲的抗弯强度具有方向性，这是砗磲珠核材料的固有缺陷。当加载方式垂直于生长纹层面方向时，其抗弯强度值要明显高于加载方式平行于生长纹层面方向时的抗弯强度值。这是因为加载方式垂直于生长纹层面方向，相较于加载方式平行于生长纹层面方向来说，裂纹沿截面扩展时，其扩展路径大大增加，所需的能量也明显增加。

在珠核和珍珠的加工过程中，珠核材料都要承受一定的压力、弯曲力、扭曲力等。从抗弯强度来看，1号、2号和3号白云岩样品的抗弯强度值太小，在珠核和珍珠的加工过程中容易破损和破碎。相对来说，4号白云岩样品的抗弯强度值与砗磲最接近，是理想的砗磲珠核材料的替代者。

（4）热膨胀系数是衡量物体热变形的主要参数。热膨胀是矿物材料的重要物理性质，热膨胀系数是重要的热力学参数之一。矿物的热膨胀是矿物在不同的温度下，键长和键角变化的复合反应。晶体内部化学键的强度和类型对晶体的热膨胀有一定影响。由强键组成的晶体不易发生热膨胀，而由弱键组成的晶体很容易发生热膨胀。热膨胀是由其内部质点的非简谐振动引起的，热膨胀的大小和组成晶体的化学成分、化学键类型、配位数、离子价态、离子大小、电子大小等有关。[15] 目前，热膨胀系数的理论计算还很不完善，适用范围很窄，计算过程也相对复杂。从固体材料的有关理论可知，材料的热膨胀系数受物质质点间的作用力、物质结构的疏密程度等因素的影响较大。对于岩石（矿物集合体）来说，由于结构成分的变化范围很大，而且存在杂质裂隙等缺陷，事实上很难用定量的方式给出某一具体矿物精确的热膨胀数据。由于组成和结构的复杂性，白云岩的热膨胀系数很难从理论上进行计算，需要靠实际测定。目前热膨胀系数的测定方法一般有热膨胀仪法和 X 射线衍射法（XRD）。X 射线衍射法（XRD）主要用于晶体材料，而对于大多数固体材料，一般采用热膨胀仪法。

从热膨胀系数来看，白云岩优于砗磲。在 4 个地方的白云岩样品中，4 号样品为最佳。总之，河北涉县的粉晶细晶白云岩为制备珠核材料的最佳选择，具备下列物化性质：白色至灰白色，结晶粒度 < 150 μm，维氏硬度 < 370 kgf/mm^2，抗弯强度为 32～38 MPa，密度为 2.86～2.89 g/cm^3。

第二节　平板珍珠的制备

一、插入前的准备

1. 平板材料的制备

采用河北涉县的粉晶细晶白云岩为实验组。对照组为砗磲贝壳材料，来源于海南省琼海市潭门贝壳市场。平板材料的制备过程如下：

（1）粗磨：将样品切割成厚约 3 mm 的板状，放在研磨机上用 200$^\#$砂将表面磨平，并用清水洗净。

（2）细磨：先用 600$^\#$砂研磨，直到粗磨留下的痕迹全部清除为止，并用清水洗净；再用 1200$^\#$砂研磨，直到细磨留下的痕迹全部消除为止，并用清水洗净；最后用 2000$^\#$砂研磨，直到表面平坦，放在光亮处观察，隐约可见反光。

（3）抛光：将细磨后的样品放于抛光盘，加上金刚砂研磨膏进行抛光，直到样品表面光亮如镜、反光显微镜下观察无明显划痕为止。

平板材料大小为长 6±1 mm、宽 4±1 mm、厚 1±0.2 mm。

2. 手术贝的预备

采用 1.5～2.0 龄、壳高 6.0±0.5 cm、体质健壮、外形完整、无病害感染的马氏珠母贝作为手术贝。

3. 术前处理

植入平板材料时，如果不经过术前处理，马氏珠母贝手术贝的死亡率高，会造成母贝资源以及人力、财力的严重浪费。植入平板手术时，会在短时间内给手术贝强烈的刺激，必将引起手术贝的自卫反应，其神经系统和内分泌系统便会发生异常的过度反应，破坏全身生理活动的平衡协调，造成手术贝过度衰弱，甚至死亡。

采用常规术前处理的方法进行了术前处理,[16-18]即采用调节吊养密度、改变吊养水层、控制饵料量和阴干等技术手段,将其生理机能调整到最适状态。

二、平板珍珠的培育

1. 手术工具的准备

拴口工具:开口器、木楔。珠核材料平板:按平板材料的制备方法制成。固定工具:手术台、镊子、黏合剂、卫生棉签。

2. 平板材料的插入

选择在春季、水温 25~28 ℃的条件下进行。

首先,用开口器插入壳缝中打开双壳,并用固口塞固定开壳,宽度为 8 mm 左右,放置于手术台。接着,将珠核材料平板,用擦镜纸擦净其表面,放入 75% 酒精中浸泡 20 min。然后,用卫生棉签擦净马氏珠母贝外套膜与贝壳内表面之间的黏液。最后,用灭菌消毒好的镊子夹住平板,放入马氏珠母贝中央部位外套膜与贝壳内表面之间(即外套外腔),并用胶水固定。将一个马氏珠母贝分别插入白云岩和砗磲贝壳材料平板各一片,抛光面朝向外套膜,见图 3-9。

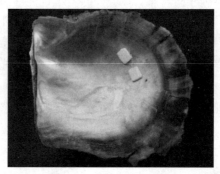

图 3-9 平板在马氏珠母贝贝壳内表面的位置示意

3. 培育环境

平板珍珠培育的海区位于广东省湛江市流沙港,是中国南珠的主要生产海区,地处海南岛、雷州半岛和印支半岛三大屏障的合围之中,面向大海,风浪平静,潮流畅通,浮游生物饵料丰富,底质为砂泥或砂泥小石砾的内湾性海区,其水深在 5 m 以上,常年水温为 13~30 ℃,盐度为 23‰~30‰。流沙港具有适宜马氏珠母贝栖息与生长的海区环境,具体优势如下。

(1) 自然气候条件适宜。地处雷州半岛西南部沿海,属亚热带海洋性季风气候，年平均气温为 23.9 ℃。冬季最低水温为 16 ℃，夏季最高水温为 29.5 ℃，一年四季均为马氏珠母贝生长繁殖的适温范围。在本海区养殖的珍珠母贝，具有生长快、体质健壮、遗传性状稳定和抗逆抗病力强的特点。

（2）养殖水质优良。珠母贝的生长繁殖以及育珠的质量与养殖水质有着最直接的密切关系，除了水温适宜、水质洁净无污染外，海水的盐度、酸碱度、化学因子与重金属离子及各种营养盐的组成都是直接影响马氏珠母贝生长与珍珠培育的关键因素。流沙湾南珠养殖海区海水的化学耗氧量、生物耗氧量、硫化物含量、磷酸盐含量以及重金属离子中镉、铬、锌、铜、汞、铅的含量均符合国家海水水质标准和无公害食品的海水养殖用水水质标准的规定，各种营养盐的组成比例适宜，为马氏珠母贝正常的生命活动和分泌珍珠质的生理活动提供了优良的水环境。

（3）浮游生物饵料丰富。马氏珠母贝及属滤食性双壳贝类，它的滤食对象主要是单细胞藻类和一些小型浮游动物和有机碎屑。流沙港的日照时间较长，年均日照时数在 2000 h 以上，加上内湾性海区有适量的淡水水源补充，营养盐含量丰富，养分充足，非常有利于浮游生物饵料的生长繁殖，从而为培育健康马氏珠母贝和优质珍珠提供了物质保证。

4. 平板珍珠的获取

在插入平板材料不同的时间后，即 2 h、4 h、6 h、8 h、10 h、12 h、14 h、16 h、18 h、20 h、22 h、24 h、28 h、32 h、36 h、40 h、44 h、48 h、52 h、56 h、60 h、64 h、68 h、72 h、4 d、5 d、6 d、7 d、8 d、9 d、10 d、11 d、12 d、13 d、14 d、15 d、16 d、17 d、18 d、20 d、25 d、30 d、60 d、90 d、120 d、150 d、180 d、210 d、240 d、270 d、300 d 和 360 d 后，开贝取出白云岩和砗磲贝壳材料平板表面的生物矿化体，即平板珍珠，每个时间段的同类样品数为 30 个，分别编号。

平板珍珠是由马氏珠母贝外套膜细胞紧贴平板分泌沉积形成的。作为生物体的本能反应，马氏珠母贝会频繁伸缩外套膜，试图将插入贝壳内表面的异物（即平板）排出体外。因此，平板若粘贴不牢固，则会被排出体外。

平板的大小和高度会影响平板珍珠的形成。若平板太大，外套膜要经过较长时间分泌有机质才能完全覆盖平板，而且对外套膜的刺激也较大，使得马氏珠母贝需要较长时间才能适应平板的存在。本文经过实验，选择合适的平板大小为长 6 ± 1 mm、宽 4 ± 1 mm、厚 1 ± 0.2 mm。

平板珍珠的形成与平板位置关系密切。首先，平板要粘贴在贝壳内表面比较平坦之处，在平坦位置，平板与贝壳内表面接触紧密，容易粘贴牢固，黏合剂不易外溢。其次，平板不能粘贴在贝壳腹缘处的内表面，因为马氏珠母贝外套膜边缘部分的外侧上皮细胞所分泌的物质是有机质,形成了贝壳的壳皮层。紧接着,该细胞内缘的另一部分外侧上皮细胞,则分泌方解石型的碳酸钙,形成了贝壳的棱柱层。粘贴在上述腹缘位置的平板,得不到马氏珠母贝生物矿化体的完整沉积序列。平板应粘贴在贝壳内表面珍珠层而且要距离棱柱层(无珍珠光泽)和珍珠层(有珍珠光泽)交界处 $0.5 \sim 1.0$ cm。平板也不能和闭壳肌贴近,否则会对贝体造成较大刺激,贝体通过外套膜的频繁伸缩运动,造成平板脱落或外套膜受到损伤,或者闭壳肌在养殖过程中生长变大,将平板覆盖,造成得不到实验结果。

黏合剂种类和用量会对平板珍珠的形成产生影响。首先粘胶的种类和性质与珠核的粘贴效果之间有直接的关系。合适的黏合剂能在较短时间内粘贴牢固,而且气味平缓,对贝体及操作人员无毒害作用且刺激小。要注意的是,珠核粘贴后,由于外套膜受到刺激会分泌大量黏液,因此粘胶必须在短时间内将珠核粘牢,否则在黏液的浸润下,珠核粘贴得不牢固,容易造成脱核。操作务必做到稳、准、一次完成。其次,粘胶用量以占珠核粘贴面 2/3 的内圆部分涂上粘胶为宜。不要在整个粘贴面涂上粘胶,否则粘贴时粘胶会溢出粘贴面外,对贝体外套膜造成强烈刺激,在珠核周围形成黄褐色的非珍珠质分泌物。最后,粘胶的气味必须平缓,强烈的气味不但对实验人员造成影响,还会对贝体造成伤害。经实验可知,广东佛山强力神粘胶制品厂生产的丙烯酸快速固化胶(AB 型)效果较好。

采用国际上最新的平板珍珠研究方法,将平板材料插入马氏珠母贝中央部位外套膜与贝壳内表面之间(即外套外腔),经过一定时间的培育,得到平板珍珠。平板珍珠是由马氏珠母贝外套膜细胞紧贴平板材料分泌沉积形成的,是马氏珠母贝的生物矿化产物,从而可以研究马氏珠母贝外套膜细胞 - 白云岩的界面识别作用,探讨南珠的形成机理。

第三节 平板珍珠的研究

一、扫描电子显微镜(SEM)研究

1. 平板珍珠表面形貌的观察

(1)样品及测试条件。选取不同阶段沉积在白云岩和砗磲平板材料上的生物矿化体,用 75% 的酒精擦净表面,喷碳 150Å,用日本产 JSM - 6380LV 型扫描电子显微镜进行观察和照相,加速电压为 5 kV,每张图片的

测试条件见图片下注解。本实验在原桂林工学院（现桂林理工大学，下同）有色金属及材料加工新技术教育部重点实验室完成。

（2）平板珍珠沉积序列。有机质的沉积：在表面光滑（经过粗磨、细磨和抛光）的白云岩平板和砗磲平板表面上，首先沉积的都是有机质，如图3-10所示为白云岩光滑平板上的有机质的二次电子像。

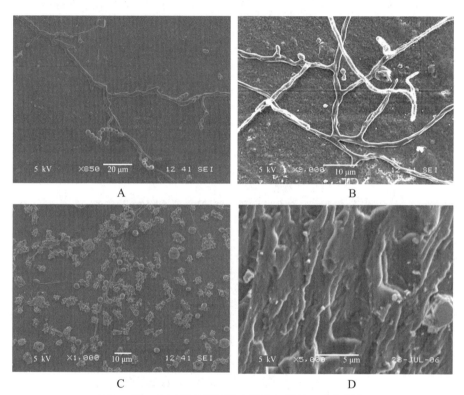

图3-10　白云岩光滑平板上的有机质的二次电子像
(A：插入2 h后；B：插入10 h后；C：插入24 h后；D：插入48 h后)

有机质的沉淀：插入白云岩平板2 h后，马氏珠母贝外套膜外表皮细胞开始分泌颗粒状有机质，沉积在平板表面上，逐渐聚集形成"主干"直径约1 μm的"树枝"状有机质。"树枝"上还有串珠状有机质集合体，呈螺旋状扩张（图3-10 A、图3-11）。

10 h后，马氏珠母贝外套膜外表皮细胞分泌大量有机质沉积在平板上，"树枝"分叉，"主干"变粗，直径增至3 μm（图3-10B）。

24 h后，马氏珠母贝外套膜外表皮细胞继续分泌有机质，"树枝"变得茂密，每个"颗粒"分化为许多"小颗粒"、生成许多突起（图3-10C、

图 3 – 12）。

48 h 后，有机质的大量沉积使"树枝"之间融合，"树枝"上的"分支"数目减少，"颗粒"之间的相互融合导致"颗粒"基本消失（图 3 – 10D）。

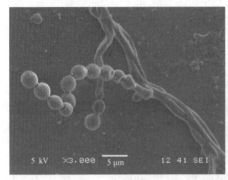 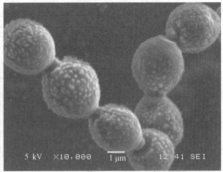

图 3 – 11　串珠状有机质的二次电子像

（左：图 3 – 10A 中间部分的放大；右：左图中间部分的放大）

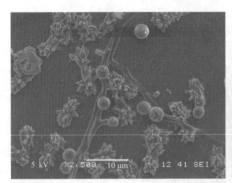 

图 3 – 12　有机质的表面突起的二次电子像

（左：图 3 – 10C 中间部分的放大；右：左图中间部分的放大）

方解石晶体的沉积：2 d 后，有机质完全覆盖在白云岩光滑的平板上后，开始有晶体沉淀（图 3 – 13A）。根据粉末 X 射线衍射分析（XRD）和傅里叶红外光谱分析（FT-IR）结果，这种晶体为方解石。随后，方解石晶体继续沉积，形成直径为 5～50 μm 的柱状方解石晶体（图 3 – 13B、C），横截面为近四边形、近五边形、近六边形或近圆形。10 d 后，方解石晶体在垂直方向上生长使晶体厚度增加，在水平方向上生长使方解石晶体之间逐渐融合，方解石晶体之间为有机质（图 3 – 13D）。由方解石晶体构成的沉积层称为棱柱层，如图 3 – 14 所示，外观表现为：没有珍珠光泽。

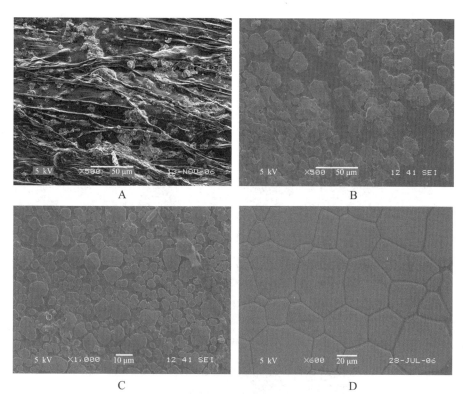

图 3-13 白云岩光滑平板上的方解石的二次电子像

(A：插入 2 d 后；B：插入 3 d 后；C：插入 6 d 后；D：插入 10 d 后)

图 3-14 棱柱层中的方解石集合体（纵剖面）的二次电子像

文石晶体的沉积：12～13 d 后，白云岩光滑平板上开始有另一种晶体沉淀（图 3-15 左），根据粉末 X 衍射分析（XRD）和傅里叶红外光谱分析

(FT-IR)结果可知,这种晶体为文石。随后,文石晶体继续沉积,形成直径为 5~10 μm 的板块状晶体(图 3-15 右),横截面为近六边形状,往往一层文石晶体层尚未完全形成,新的文石晶体层就开始生长了。由文石晶体构成的沉积层称为珍珠层,如图 3-16 所示,外观表现为:珍珠光泽明显。

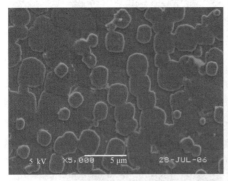 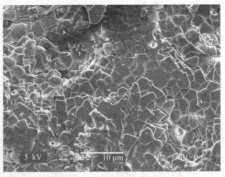

图 3-15 白云岩光滑平板上的文石的二次电子像

(左:插入 12 d 后;右:插入 16 d 后)

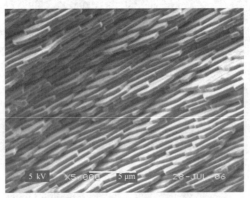

图 3-16 珍珠层中的文石集合体(纵剖面)的二次电子像

方解石晶体的再沉积:在寒冷的冬季,当海水温度低于 13 ℃时,文石晶体的沉积突然转变为方解石晶体的沉积,形成一层柱状的棱柱层(见图 3-17),与第 6 d 沉积的方解石晶体结构类似。当海水温度升高后,又开始沉积文石晶体。最终在白云岩光滑平板上形成了珍珠层中的棱柱层夹层的现象。

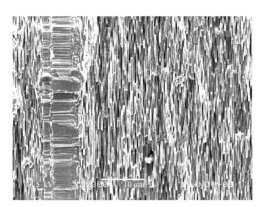

图 3-17 珍珠层中的棱柱层夹层（纵剖面）的二次电子像

(3) 白云岩和砗磲平板表面上的沉积特点。

棱柱层：白云岩和砗磲上的平板珍珠的棱柱层结构基本一致，即方解石晶体集合体在垂直珍珠层面上呈柱状，长度最长可达到 700 μm，柱与柱平行排列，与珍珠层面垂直（表 3-3）。在珍珠层中还可见柱层状棱柱层，即棱柱沿垂直珍珠层面方向呈层状排列。不同层中棱柱的长度差别较大，反映了棱柱层中方解石晶体的生长具有一定的世代。

珍珠层：白云岩和砗磲上的平板珍珠的珍珠层结构也基本一致，即文石在平行珍珠层面方向上排列成层，在垂直珍珠层面上呈叠瓦式堆积，所有平板珍珠的珍珠层皆属砖墙式结构。珍珠层的基本结构组成单元为文石小板片（tablelet），小板片的形状很规则，呈近六边形，且粒径非常均匀，变化范围不大，充分反映了马氏珠母贝生物矿化的特殊性，文石小板片的形状和大小主要受遗传因子控制，并与外套膜外表皮细胞的分泌状态密切相关。

表 3-3 平板表面上的沉积特点

平板情况	沉积特点	
	方解石开始结晶时间 (h)	文石开始结晶时间 (d)
白云岩光滑平板	48～52	12～13
白云岩粗糙平板	56～64	14～17
砗磲光滑平板	44～48	11～12
砗磲粗糙平板	48～56	13～15

砗磲和白云岩平板上平板珍珠的组成和分布特征基本相同，只不过白云岩平板上有机质的厚度略大，插入白云岩 48～52 h 后开始分泌方解石，而

插入砗磲薄片44～48 h后开始分泌方解石,因为砗磲是海水贝类形成的生物矿化体,含有一定的有机质,与马氏珠母贝存在一定的同源性。

2. 平板珍珠断面形貌的观察

(1) 样品及测试条件。用手术刀剥离不同阶段沉积在白云岩和砗磲光滑珠核材料上的生物矿化体,用铁钳小心地将其夹裂,择出断裂面完整的碎片,用75%酒精擦净碎片表面的粉末,喷碳150Å,用日本产JSM-6380LV型扫描电子显微镜进行观察和照相,加速电压为5 kV,每张图片的测试条件见图片下注解。本实验在原桂林工学院有色金属材料及加工新技术教育部重点实验室完成。

(2) 沉积过渡带特征。有机质层与棱柱层之间的过渡带是马氏珠母贝生物矿化的开端,也是棱柱层开始生长的位置,因此研究该过渡带的结构有助于了解马氏珠母贝早期的生物矿化规律。总体上说,白云岩和砗磲上的平板珍珠,其有机质层与棱柱质层呈渐变的关系。方解石晶体外形逐渐趋向规则和整齐,定向性越来越趋于一致,见图3-18。

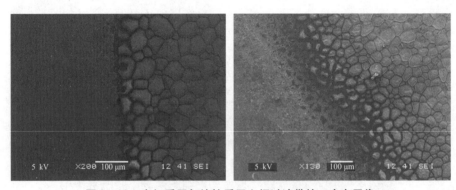

图3-18 有机质层与棱柱质层之间过渡带的二次电子像
(左:光滑白云岩平板上的生物矿化体;右:光滑砗磲平板上的生物矿化体)

棱柱层与珍珠层之间的过渡带是珍珠层文石最初生长的部位,也是棱柱层结束生长的位置,因此过渡带的结构对了解珍珠层的形成具有重要意义。总体上说,白云岩和砗磲上的平板珍珠,其珍珠质层与棱柱质层呈突变的关系(图3-19)。一般可见一明显的过渡带,宽度约为100 μm,过渡带近棱柱层一侧有机质浓度较高,其中的棱柱溶蚀严重,近珍珠层一侧的矿物集合体呈圆形构造,分布有许多小的文石晶体(直径为0.4～0.7 μm),它们长大后即成为成熟的珍珠层。

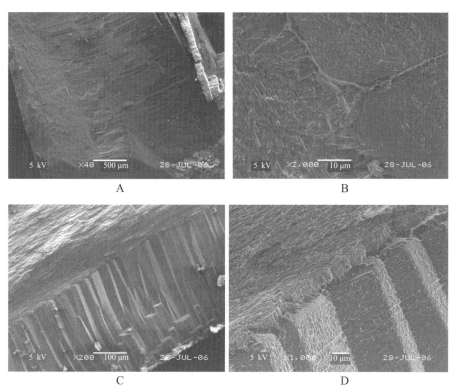

图 3-19 棱柱质层与珍珠质层之间过渡带的二次电子像
（A：光滑白云岩平板上的生物矿化体；B：A 的中央部分的放大；
C：光滑砗磲平板上的生物矿化体；D：C 的中央部分的放大）

3. 结论与讨论

平板珍珠是由 $CaCO_3$ 晶体（主要包括方解石和文石）组成的高度有序的多重微层结构，这种独特的结构特点类似于贝壳。外套膜会分泌平板珍珠生长所需的有机质。外套膜分泌的纤维状的不可溶性有机质组合排列构成了贝壳的基础骨架，分泌的黏性颗粒状的可溶性有机质直接穿越外表皮进入外套膜外腔参与平板珍珠的形成。规则排列的有机质首先在珠核材料平板表面上沉积，刚开始沉积的较细的树枝状结构可能是不可溶性有机质（insoluble matrix，IM）。有机质的形状随着插入时间的延长而逐渐变化，这表明有机质的分泌及其空间排列是受到生物体精确调控的，在不同的时期生物体分泌的有机质的性质不同。

通过平板珍珠表面和纵剖面的扫描电子显微镜（SEM）观察，白云岩和砗磲上的平板珍珠的沉积序列完全一致。一般按有机质层→棱柱层→珍珠层的先后次序沉积。在特殊情况下，如当海水温度低下时，会发生珍珠层→棱柱层→珍珠层的沉积序列。棱柱层中的矿物相为方解石，珍珠层中的矿物相为文石。

棱柱层是马氏珠母贝贝壳中与珍珠层结构明显不同的结构单元，它一般不随软体的增大而增厚。在本来分泌珍珠层的外套膜区插入无机质平板，外套膜会转而分泌大量的有机质，然后形成棱柱层，最后才是珍珠层。

珠核材料的成分、结构和表面的粗糙程度影响着马氏珠母贝的沉积过程。

整体上说，对于方解石开始结晶的时间，光滑平板比粗糙平板早4～8 h，砗磲平板比白云岩平板早；对于文石开始结晶的时间，光滑平板比粗糙平板早2～4 d，砗磲平板比白云岩平板早。有机质沉积铺平平板后，才开始方解石的沉积，待方解石的沉积达到一定的程度后，再开始文石的沉积。因此，对于方解石开始结晶的时间，光滑平板比粗糙平板早几个小时；对于文石开始结晶的时间，光滑平板比粗糙平板早几天。砗磲平板源于砗磲贝壳，是生物矿物材料，与贝壳具有结构和成分的相似性；白云岩为自然矿物集合体（即岩石），在结构和成分方面与马氏珠母贝贝壳差异较大。因此，马氏珠母贝外套膜细胞对砗磲平板的"亲和性"大于对白云岩平板，在白云岩平板上沉积更多的有机质后，才开始沉积方解石，待方解石的沉积达到一定的程度后，再开始文石的沉积。因此，对于方解石开始结晶的时间，砗磲平板比白云岩平板早几个小时；对于文石开始结晶的时间，砗磲平板比白云岩平板早几天。

二、X射线衍射（XRD）分析

1. 样品和测试条件

采用荷兰产X'PERT PRO型X射线衍射仪，选取有代表性的白云岩珠核材料上的生物矿化体，先用手术刀刮取棱柱层、珍珠层，再用玛瑙研磨成小于200目的粉末后进行粉末X射线衍射分析，CuKa，40 kV，室温为25 ℃，扫描角度为10°～60°。本实验在原桂林工学院有色金属及材料加工新技术教育部重点实验室完成。

2. 测试结果

（1）棱柱层的组成。图3-20为棱柱层粉末X射线衍射（XRD）分析图，与JCPDS 24～27对应的$CaCO_3$方解石图谱非常一致，表明棱柱层的矿物为JCPDS 24～27所表征的$CaCO_3$方解石[9]，与珍珠层明显不同，棱柱层有多个晶面与表面平行，与表面平行的晶面有（104）、（116）、（122）、（202）、（018）、（113）、（012）、（110）等，其中以（104）晶面为主。

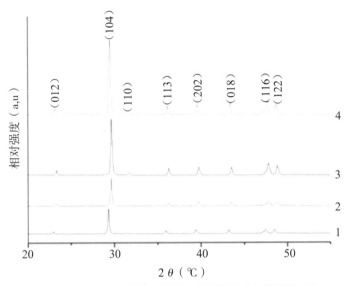

图3-20 平板上棱柱层的粉末X射线衍射（XRD）图
（1：插入3 d后白云岩平板上的棱柱层；2：插入6 d后白云岩平板上的棱柱层；
3：插入3 d后砖碟平板上的棱柱层；4：插入6 d后砖碟平板上的棱柱层）

（2）珍珠层的组成。图3-21为珍珠层粉末X射线衍射（XRD）分析图，与JCPDS 5-0453对应的$CaCO_3$文石图谱非常一致（除带＊号峰为方解石外），表明珍珠层的矿物为JCPDS 5-0453所表征的$CaCO_3$文石[9]，与前人的研究结果一致。图3-22为平板上块状珍珠层的X射线衍射（XRD）分析图。与标准粉末XRD数据JCPDS 5-0453文石相比，尽管各衍射峰的位置一致，但峰的相对强度却变化较大，如珍珠层文石的最强峰为（012）晶面衍射峰，而标准数据的最强峰为（111）晶面，标准数据的（002）峰很弱，但珍珠层的（002）峰达到中等强度。可能的原因是珍珠层中文石存在择优取向，即使磨细到200目，其文石晶体的择优取向依然很强。进行XRD分析时，由于粉末粒度＜200目（＜75 μm），远大于珍珠层的片层厚度，所以每一个粉末颗粒都是由多层珍珠片层组成的，这些片状粉末在压制XRD粉末时，有沿垂直压力方向定向分布的趋势，所以珍珠层粉末衍射呈现出一定的择优取向。珍珠层的块状样品一般可探测到3个衍射峰的存在，即（002）、（111）和（012），表明珍珠层文石晶体沿珍珠层面存在3种定向，即大部分文石晶体以（002）晶面方向平行珍珠层面，部分文石晶体以

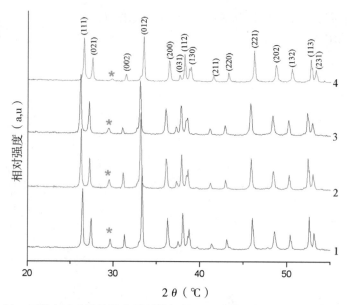

图3-21 平板上珍珠层的粉末X射线衍射（XRD）图（*为方解石的衍射峰）
（1：插入13 d后白云岩平板上的珍珠层；2：插入16 d后白云岩平板上的珍珠层；
3：插入13 d后砗磲平板上的珍珠层；4：插入16 d后砗磲平板上的珍珠层）

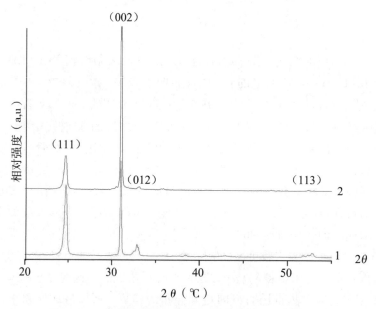

图3-22 平板上块状珍珠层的X射线衍射（XRD）图
（1：插入16 d后白云岩平板上的块状珍珠层；
2：插入16 d后砗磲平板上的块状珍珠层）

(111)晶面方向平行珍珠层面,还有小部分文石晶体以(012)晶面方向平行珍珠层面。可以看出,文石晶体在这3个峰的强度差别很大,表明其择优取向度有所不同,反映出决定3种择优取向的控制因素的复杂性。

3. 结论与讨论

平板珍珠的形成过程,即马氏珠母贝的生物矿化过程,从根本上是受软体动物遗传因素控制的,而且这种控制是直接通过外套膜分泌特定的有机大分子与碳酸钙无机相的界面识别作用来控制无机相的成核、结晶和形貌。有机大分子与无机相的识别作用包括静电作用、晶格几何匹配、立体化学互补等,有机质对无机晶体结晶的控制作用常常是各种因素协同作用的结果[19]。

平板珍珠与马氏珠母贝贝壳的珍珠层结构基本类似,皆属砖墙式珍珠层结构[20],即文石在平行珍珠表面方向上排列成层,其珍珠层具有惊人的相似性,反映了马氏珠母贝贝类动物生物矿化的普遍性。珍珠层的基本结构单元为文石小板片(tablelet),小板片的形状一般呈不规则多边形、近六边形和浑圆形。文石小板片的形状和大小一般较均匀,变化范围不大,表明了马氏珠母贝生物矿化的特殊性。

对于正常生长的马氏珠母贝来说,其矿化结构和矿物组成总是固定的。然而,当受到外界胁迫时,如插入白云岩平板,外套膜细胞会终止原来的矿化序列而启动新的矿化序列,由于外套膜细胞生物矿化的高度忠诚性,新的矿化序列的矿物组成与马氏珠母贝正常的矿物组成相同[19,21]。围绕着异源物质(白云岩和砗磲),经过一系列复杂的生理化学过程,依次沉积有机质层、棱柱层和珍珠层等,形成了生物矿化体(即平板珍珠)。

在长达1年多的育珠养殖过程中,马氏珠母贝育珠贝所处水域的环境可能会发生一些变化,如水温、盐度、吊养水深深度、水质营养状况、透光性等[22],相应地会影响马氏珠母贝外套膜细胞生物矿化的结果,造成珍珠结构的复杂多样,从而产生质量不同的平板珍珠。

棱柱层越厚、越多,越靠近珍珠表面分布,外观表现为珍珠暗淡无光。在珍珠光泽较强的平板珍珠中,细针状方解石棱柱体往往很薄,且仅在平板表面附近有些分布。

小林新二郎等认为,马氏珠母贝珍珠中文石单晶的厚度与生长季节和母贝代谢有关,单晶层的厚度与珍珠光泽有一定的关系。[23]单晶层越薄,珍珠光泽越丰富;而单晶层较厚的珍珠,由于黏合了较多的有机物,这些有机物不利于光线的反射和折射,因而光泽就差一些,显得比较暗淡。

总体上说,棱柱层与珍珠层呈突变关系。过渡带存在初始生长的文石晶体排列较混乱的现象,与成熟珍珠层中的文石小板片的定向排列结构明显不同，推测初始生长的文石晶体是由胶状物质结晶而成的。

关于珍珠层的形成机制，目前较流行的理论是模板理论[20,24]，认为文石晶体是从溶液中直接异相成核结晶的，即由于软体动物分泌的有机质形成了高度有序的结构，正好与文石晶体的（001）面网相匹配，因而诱导出珍珠层文石晶体从溶液中直接异相成核结晶，并在有机质模板的导向作用下沿（001）面网方向定向生长。用模板理论解释成熟壳珍珠层上的文石晶体的生长是可行的，因为它们的初始生长非常有规律，均是小板片沿珍珠层面生长直到相互接触融合，然后生长下一层；但对于与棱柱层相接触的初生珍珠层的生长，模板理论显然不能很好地进行解释。首先，初生的文石晶体排列混乱，其集合体常呈团块状、不规则球状等，与晶体经过了碳酸钙凝胶阶段并在陈化结晶过程中形成的文石相似，与直接从溶液中异相成核结晶的文石晶体结构明显不同，表明初生珍珠层的形成可能经历了2个生长阶段，即矿质液首先富集成凝胶，再进一步陈化结晶，这在体外仿生矿化实验中已得到证实。[25]

Fritz 等在研究珍珠层的形成过程时，亦报道初生珍珠层的文石晶体呈非定向状态，经过了一定时间后，珍珠层的文石晶体才转为完全定向的状态，表明初生珍珠层的文石很可能不是直接从溶液中异相成核生长的。[21]

另外，马氏珠母贝在常温常压的条件下，利用海水环境中极其简单的组分，通过一系列低能耗、无污染的生物矿化作用合成了具有结构且色泽完美的平板珍珠，马氏珠母贝对无机晶体（方解石和文石）的成核、形貌及结晶学定向等的控制是无与伦比的。各层的形貌、矿物组成、晶粒大小和分布特征等对于平板珍珠的质量起到了控制作用，对平板珍珠微结构的深入研究，必将为人工仿生合成优质珍珠及其类似材料提供有益的启示，其发展前景是非常诱人的。

三、红外光谱（FT-IR）分析

1. 样品和测试条件

将平板珍珠样品分别清洗干净后在 60 ℃干燥箱中烘干 8 h，备用。首先，对于白云岩和砗磲平板上不同阶段形成的平板珍珠样品，用不锈钢手术刀分别从样品表面刮取适量粉末；然后，将刮取的粉末在玛瑙研钵中与磨细的 KBr 粉末混合均匀后，压制成透明薄片进行测试。

红外测试仪器为 Nicolet Nexus 470 型傅里叶分光光度计，分辨率为 4 cm^{-1}，扫描 32 次，扫描范围为 4000～400 cm^{-1}。本实验在原桂林工学院有色金属及材料加工新技术教育部重点实验室完成。

2. 测试结果

(1) 棱柱层的组成。图 3-23 为棱柱层的傅里叶红外光谱（FT-IR）图，是方解石的红外光谱[10]。其中，1420 cm^{-1} 为 CO_3^{2-} 不对称伸缩振动峰，876 cm^{-1} 为 CO_3^{2-} 面内弯曲振动峰，712 cm^{-1} 为 CO_3^{2-} 面外弯曲振动峰。

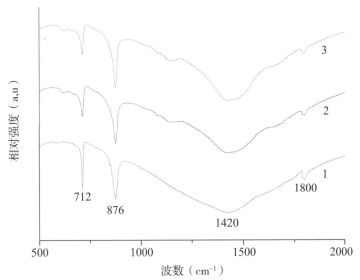

图 3-23 平板上棱柱层的傅里叶红外光谱（FT-IR）图
(1：插入 3 d 后白云岩平板上的棱柱层；2：插入 6 d 后白云岩平板上的棱柱层；
3：插入 6 d 后砗磲平板上的棱柱层)

(2) 珍珠层的组成。为了深入研究生物成因文石和非生物成因文石的红外光谱特征，本文进行了以下取样：对于砗磲和翡翠贻贝样品，用不锈钢手术刀从其贝壳内表面刮取适量粉末；对于洞穴文石，用不锈钢手术刀从其表面刮取适量粉末；对于合成文石样品，随机取适量粉末。其他样品的制备和测试条件与平板珍珠相同。所有样品经粉末 XRD 分析确定了只含文石结晶相。

文石空间群为 Pmcn，根据群论分析，"自由" CO_3^{2-} 基团有 4 个内振动模式，即对称伸缩振动 V1、二重简并的反对称伸缩振动 V3、面外弯曲振动 V2 和二重简并的面内弯曲振动 V4，文石晶体中由于 CO_3^{2-} 基团的位置对称降低，V3、V4 两个二重简并的模式均发生了分裂，因此文石晶体中 CO_3^{2-} 基团共有 6 个内振动模式，且都为红外活性。具有代表性的珍珠质层文石的 FT-IR 图谱如图 3-24 所示，可以看出，除 V3 带峰形较宽外，其他各带峰形都较尖锐。表3-4为实验测到的各珍珠质层样品的特征吸收带（内振动）频率。表3-5为无机成因文石碳酸根的内振动红外频率。

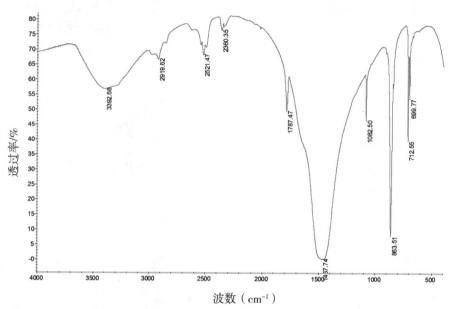

图3-24 具有代表性的珍珠层中文石的傅里叶红外光谱（FT-IR）图

表3-4 珍珠质层样品的文石碳酸根的内振动红外频率

单位：cm^{-1}

样品名称	V3	V1	V2	V4a	V4b	备 注
白云岩上珍珠层	1479.6	1082.7	863.3	712.7	699.9	马氏珠母贝插入平板 15 d
白云岩上珍珠层	1476.5	1082.5	863.3	712.5	699.8	马氏珠母贝插入平板 30 d
白云岩上珍珠层	1477.8	1082.5	863.5	712.6	699.7	马氏珠母贝插入平板 60 d
白云岩上珍珠层	1477.6	1082.3	863.7	712.8	700.0	马氏珠母贝插入平板 120 d
白云岩上珍珠层	1477.5	1082.3	863.4	712.6	699.8	马氏珠母贝插入平板 180 d
白云岩上珍珠层	1476.8	1082.3	863.5	712.4	699.6	马氏珠母贝插入平板 240 d
白云岩上珍珠层	1477.3	1082.3	863.4	712.8	699.8	马氏珠母贝插入平板 360 d
砗磲上珍珠层	1481.2	1082.4	862.7	712.8	699.9	马氏珠母贝插入平板 15 d
砗磲上珍珠层	1477.7	1082.6	863.4	712.7	699.8	马氏珠母贝插入平板 30 d
砗磲上珍珠层	1478.2	1082.3	863.6	712.6	699.9	马氏珠母贝插入平板 60 d
砗磲上珍珠层	1479.1	1082.4	863.3	712.5	699.7	马氏珠母贝插入平板 120 d

续表

样品名称	V3	V1	V2	V4a	V4b	备注
砗磲上珍珠层	1476.3	1082.2	862.8	712.6	699.8	马氏珠母贝插入平板 180 d
砗磲上珍珠层	1478.1	1082.3	863.3	712.5	699.9	马氏珠母贝插入平板 240 d
砗磲上珍珠层	1477.6	1082.6	863.7	712.8	699.8	马氏珠母贝插入平板 360 d
砗磲内表面	1473.6	1082.5	858.1	712.4	699.5	购于湛江珠核加工厂
砗磲内表面	1470.8	1082.6	859.3	712.7	699.6	购于湛江珠核加工厂
翡翠贻贝内表面	1470.8	1082.4	862.7	712.8	699.9	购于湛江水产市场
翡翠贻贝内表面	1470.9	1082.4	862.9	712.8	699.9	购于湛江水产市场

表 3-5 无机成因文石碳酸根的内振动红外频率

单位：cm^{-1}

样品类型	V3	V1	V2	V4a	V4b	数据来源
地质文石	1468.0	1083.0	855.0	712.0	699.9	参考文献 [23]
地质文石	1470.0	1075.0	855.0	712.0	699.8	参考文献 [24]
地质文石	1474.0	1083.0	858.0	712.0	699.7	参考文献 [25]
地质文石	1473.3	1082.6	854.5	712.5	799.5	参考文献 [26]
地质文石	1468.4	1082.9	855.5	712.1	699.8	—
地质文石	1468.9	1082.8	855.9	712.7	699.9	—
合成文石	1488.6	1082.6	851.4	712.3	699.8	参考文献 [27]
合成文石	1488.5	1082.5	855.3	712.2	699.7	参考文献 [28]
合成文石	1511, 1489	1083.0	857.0	713.0	700.0	参考文献 [29]
合成文石	1488, 1440	1083.0	854.0	713.0	700.0	参考文献 [30]
合成文石	1490, 1510	1083.0	856.0	713.0	700.0	参考文献 [31]

3. 结论与讨论

不论是白云岩平板，还是砗磲平板，插入马氏珠母贝贝壳内表面与外套膜之间后形成了平板珍珠，其棱柱层的 FT-IR 图谱显示，棱柱层的矿物为典型的 $CaCO_3$ 方解石；珍珠层的 FT-IR 图谱显示，珍珠层的矿物为典型的 $CaCO_3$ 文石。

从表 3-4 和表 3-5 可以明显看出，文石的 V1 和 V4 频率与样品类型无关，在所有样品间基本不存在频移现象。V1 和 V4 的频率统计平均值 ± 标准偏差分别为：$1082.5 \pm 0.5 \text{ cm}^{-1}$、$712 \pm 0.6 \text{ cm}^{-1}$，$699.8 \pm 0.2 \text{ cm}^{-1}$。生物成因文石与无机成因文石的数据相比较，尽管来源于不同的文献，采用了不同的贝类，合成方法不同，测试仪器也不相同，但 V1 和 V4 带的数据相当吻合，因此这两个带不仅可以作为鉴别文石晶型的特征带，还可以用作内标来标定仪器的测量精度。但这两个带的频率表现出极不敏感的特征，在生物成因文石与无机成因文石中基本相同，不能用于鉴别不同成因的文石。

V3 带频率在不同样品间存在一定的频率位移，然而由于该带峰形较宽，测量时误差较大，因此如此小的频率位移并不能明确分辨不同成因类型的文石。

不同样品间的 V2 带频率位移比较明显，由于该带峰形尖锐，波数的准确率较高，测量时误差较小，因此其数据有极高的信度。

虽然平板材料不同，马氏珠母贝个体不同，不同阶段形成的珍珠质层中文石的红外频率却惊人地相似，彼此之间难以分辨，反映了马氏珠母贝相同的生物矿化控制机理。

表 3 - 4 显示生物成因文石的 V2 带频率的变化范围为 $858.1 \sim 863.7 \text{ cm}^{-1}$，平均为 862.2 cm^{-1}。相比之下，表 3 - 5 显示无机成因文石（包括地质文石和合成文石）的 V2 带频率范围为 $851.4 \sim 858.0 \text{ cm}^{-1}$，平均为 854.2 cm^{-1}，明显小于生物成因文石的 V2 带频率，两者平均差达 8.0 cm^{-1}。低的 V2 带频率值是无机成因文石的共同特征。因此，文石的 V2 带频率能非常有效地鉴别生物成因和无机成因文石，这与张刚生等的结论一致[29]。

生物成因文石与无机成因文石的晶体结构存在以下几点明显区别：无机成因文石不存在晶格畸变，而生物成因文石存在明显的晶格畸变；典型生物成因文石是由非晶质碳酸钙相变而成的，其结晶度较无机成因文石低；典型生物成因文石的粒径为纳米级，是典型的纳米结构有机 - 无机复合材料。

因此可以推测，低的结晶度、纳米粒径效应及晶格畸变可能是造成珍珠质层中文石 V2 带频率位移的重要因素。目前市场上，海水珍珠层粉主要是用马氏珠母贝贝壳珍珠层粉碎加工而成的，可用于海水珍珠层粉与仿制品的鉴定。不论是白云岩平板，还是砗磲平板，插入到马氏珠母贝贝壳内表面与外套膜之间后形成的平板珍珠，经过粉末 X 射线衍射（XRD）分析和傅里叶红外光谱（FT-IR）分析表明，棱柱层的矿物为典型的 $CaCO_3$ 方解石，而珍珠层的矿物为典型的 $CaCO_3$ 文石，这反映了马氏珠母贝生物矿化的一致性。

通过平板珍珠表面和纵剖面的扫描电子显微镜（SEM）观察，白云岩和砗磲上的平板珍珠的生物矿化序列完全一致，一般按有机质层→棱柱层→珍珠层的先后次序沉积。在特殊情况下，如当海水温度低下时，会发生珍珠层→棱柱层→珍珠层的沉积序列。

马氏珠母贝外套膜细胞在白云岩平板上沉积更多的有机质后，才开始沉积方解石，待方解石的沉积达到一定的程度后，再开始文石的沉积。整体上说，对于方解石开始结晶的时间，砗磲平板仅比白云岩平板早几个小时；对于文石开始结晶的时间，砗磲平板仅比白云岩平板早几天。

第四节　珍珠分泌细胞-白云岩的界面识别作用

一、插入平板材料后马氏珠母贝的生理反应

不论插入什么珠核材料到马氏珠母贝的贝壳内表面，对其体内的生物环境来说，都是机体组织之外的一种异源物质。从插入之日起，异源物质就会对外套膜细胞产生不同程度的刺激影响，外套膜会产生排异反应，马氏珠母贝的生理、外套膜细胞的形态和功能等将发生一系列变化。同时，马氏珠母贝外套膜细胞也会对插入的珠核材料产生一定的影响，在珠核材料表面分泌沉积物，形成生物矿化体（即平板珍珠），这是机体固有的一种防御机制。这种外套膜细胞与异源物质表面的相互作用叫作界面识别作用。

如果珠核材料插入马氏珠母贝体内引起的排异反应轻微，即珠核材料引起的外套膜细胞反应轻微，外套膜细胞发生的反应也不对珠核材料的结构和物理化学性质造成任何影响。那么，这种珠核材料与马氏珠母贝的生物相容性就好，就有可能用于制造珠核，满足南珠生产的需要。

如果珠核材料插入马氏珠母贝体内引起的排异反应强烈，即珠核材料引起的外套膜细胞反应强烈，外套膜细胞发生的反应对珠核材料的结构和物理化学性质造成了严重影响。那么，这种珠核材料与马氏珠母贝的生物相容性就不好。使用生物相容性不好的材料制造珠核，就达不到生产效果。

生物相容性是选择新型珠核材料的必要条件。因此，研制新型白云岩珠核材料，必须研究这种材料的生物相容性问题，本部分重点研究马氏珠母贝外套膜细胞对白云岩的反应，并比较马氏珠母贝外套膜细胞对砗磲和白云岩珠核材料反应的异同。

1. 实验材料与方法

选择贝龄为 1.5～2.0 龄、壳高为 6.0～6.5 cm 的 600 个马氏珠母贝进行实验。在 2006 年 4 月 23 日，水温为 25～28 ℃ 的条件下进行。实验地点为广东省湛江市流沙港。实验方法同本章"第二节　平板珍珠的制备"。平板大小为长 6±1 mm、宽 4±1 mm、厚 1±0.2 mm。将一个马氏珠母贝分别插入白云岩和砗磲贝壳材料平板各一片，平板抛光面朝向外套膜。

2. 实验结果与讨论

分别对插入白云岩和砗磲平板后的马氏珠母贝的死亡情况、马氏珠母贝的生长情况以及白云岩插入马氏珠母贝前后的物理性质进行了统计对比，结果如表 3-6、表 3-7 和表 3-8 所示。

表 3-6　插入平板后马氏珠母贝的死亡情况

平板材料	插入平板后马氏珠母贝的累计死亡率									
	2 d	7 d	15 d	30 d	60 d	90 d	150 d	210 d	300 d	360 d
白云岩平板	3.3%	5.2%	7.8%	9.3%	10.1%	10.6%	12.8%	13.2%	16.5%	18.3%
砗磲平板	3.2%	5.4%	7.6%	9.4%	10.2%	10.7%	12.6%	13.3%	15.9%	18.2%

表 3-7　插入平板后马氏珠母贝的生长情况

不同阶段	插入白云岩平板		插入砗磲平板	
	壳长（cm）	壳高（cm）	壳长（cm）	壳高（cm）
插入时	5.8±0.4	6.4±0.3	5.8±0.4	6.4±0.3
插入后 30 d	5.9±0.5	6.6±0.4	5.9±0.4	6.5±0.5
插入后 90 d	6.3±0.3	7.0±0.3	6.2±0.3	7.1±0.2
插入后 180 d	6.6±0.3	7.4±0.5	6.5±0.3	7.3±0.5
插入后 360 d	6.9±0.4	7.8±0.3	7.0±0.4	7.9±0.3

注：每次分别随机统计 30 个马氏珠母贝贝壳。

表 3-8　白云岩插入马氏珠母贝前后的物理性质

不同阶段	密度（g/cm^3）	显微硬度（维氏）（kgf/mm^2）
插入前	2.86～2.89	319.44～370.05
插入后 30 d	2.87～2.89	316.76～368.24

续表

不同阶段	密度（g/cm³）	显微硬度（维氏）（kgf/mm²）
插入后 90 d	2.85～2.88	319.38～373.21
插入后 180 d	2.86～2.88	318.15～367.93
插入后 360 d	2.85～2.89	317.93～369.47

注：1. 白云岩为河北省涉县，测试方法与本章第一节同。
　　2. 每次随机统计 10 个样品。

插入白云岩和砗磲平板后，马氏珠母贝在不同阶段的死亡率无差别。导致马氏珠母贝死亡的原因是多方面的，除了异源物质（平板材料）的侵入外，手术造成的马氏珠母贝损伤和感染，海水中敌害生物的侵袭等都会造成马氏珠母贝的死亡。在同一条件下，插入白云岩和砗磲平板后，马氏珠母贝在不同阶段无差别的死亡率，表明了白云岩对马氏珠母贝无生理损害。

插入白云岩和砗磲平板后，马氏珠母贝的生长情况也无差别，这从另一个方面表明白云岩对马氏珠母贝无特别的生理损害。

插入白云岩平板后不同阶段取出，白云岩平板的密度和显微硬度基本无变化。外套膜细胞发生的反应不对白云岩珠核材料的物理性质造成任何影响。

总之，白云岩珠核材料与马氏珠母贝的生物相容性好，完全有可能用于制造珠核，满足南珠生产的需要。

二、光学显微镜下外套膜细胞的形态变化

分泌或排泄是马氏珠母贝外套膜细胞的重要机能之一。外套膜外表皮细胞贴着贝壳一面的外套膜生壳突起与贝壳间有角质膜相连，外套膜外表皮几乎与外界隔离，其主要功能是分泌贝壳物质，包括有机质、棱柱质和珍珠质。

分泌机理的研究，国内鲜有报道。杜晓东采用一次取材的静态观察方法，通过透射电子显微镜对马氏珠母贝的外套膜外表皮细胞的超微结构进行了观察，发现都为单层柱状表皮，由柱状表皮细胞、黏液细胞和嗜酸性粒分泌细胞 3 种细胞构成。[32]

本书采用多次取材的动态观察方法，参照"平板珍珠法"[21,33]，在马氏珠母贝插入异源物质（白云岩和砗磲平板）后，采用光学显微镜和透射电子显微镜对不同阶段外套膜外表皮细胞的形态和超微结构变化特征进行了较

系统的研究，结合平板材料上的生物矿化体特征，揭示了外套膜外表皮细胞的形态和功能之间的内在联系，探讨了南珠的形成机制，并论证了白云岩珠核材料的可行性。

1. 实验材料和方法

实验材料选择贝龄为 1.5～2.0 龄、规格基本一致、壳高为 6.0～6.5 cm 的马氏珠母贝。实验方法同本章"第二节 平板珍珠的制备"。实验地点为广东省湛江市流沙湾。

实验共分为 2 组：白云岩组为实验组，砗磲组为对照组，每组 300 个个体。在每个马氏珠母贝体内外套膜外表皮与贝壳内表面之间插入一个大小为长 6±1 mm、宽 4±1 mm、厚 1±0.2 mm 的平板。用胶水粘贴固定，使平板所在平面与贝壳内表面平行，其中一半平板的抛光面朝向外套膜，另一半平板的非抛光面（经过粗磨和细磨，未经抛光）朝向外套膜。实验起始于 2007 年 4 月 18 日，插核工作在一天内完成。插核结束后，按照常规方法在海区进行吊养，水温为 23～30 ℃，密度为 1.021～1.022 g/cm^3。

在插入手术后的第 1、2、3、4、7、8、9、12、13、14、15、16、20、30 和 60 天切取平板表面所在的外套膜外表皮作为研究对象，每次取 10 个样品。

仪器：恒温水浴缸，干燥箱，冰箱，Leica MD6000B 型生物显微镜，Laica DFC500 数码显微镜拍照系统，Leica 切片机，METTLER TOLEDO-SevenEasy pH 计，超低温冷冻冰箱，染色箱。

（1）Bouin 氏液的配制。

苦味酸饱和溶液　　　　　　　　　　　　　　　　75 mL
甲醛溶液　　　　　　　　　　　　　　　　　　　25 mL
冰醋酸　　　　　　　　　　　　　　　　　　　　5 mL

（2）石蜡切片的制备。各个时期所取材料用 Bouin 氏液固定，过夜。

70%～100% 酒精逐步洗涤脱水：70% 乙醇洗涤（每次 15 min，共 4 次）→80% 乙醇（10 min）→95% 乙醇（10 min）→100% 乙醇（每次 15 min，共 2 次）。

透明，包埋。纯乙醇：二甲苯 15 min（1∶1）→二甲苯（每次 10 min，共 2 次）→二甲苯：石蜡 30 min（1∶1）→纯石蜡Ⅰ（1 h）→纯石蜡Ⅱ（1 h）→包埋。

修块，切片，贴片。

(3) H-E 染色。二甲苯Ⅰ 15 min→二甲苯Ⅱ 15 min→二甲苯+纯酒精 5 min（1∶1）→纯酒精Ⅰ 3 min→纯酒精Ⅱ 3 min→95％酒精 3 min→85％酒精 3 min→70％酒精 3 min→50％酒精 3 min→苏木精 12 min→自来水冲洗→酸酒精分色（70％酒精+1％盐酸）→蒸馏水→碱酒精蓝化（70％酒精+1％氨水）→75％酒精 3 min→85％酒精 3 min→伊红酒精 5 min→95％酒精 3 min→纯酒精Ⅰ 3 min→纯酒精Ⅱ 3 min→纯酒精+二甲苯 5 min（1∶1）→二甲苯Ⅰ 5 min→二甲苯Ⅱ 15 min→中性树胶封藏。

2. 外套膜细胞对白云岩平板材料表面形貌的反应

插入平板后，由于本能反应，马氏珠母贝会频繁伸缩外套膜，企图将插入贝壳内表面的平板排出体外。如果平板表面粗糙（图 3-25），在和所粘贴的平板摩擦过程中，外套膜易被磨破，严重时会导致贝体损伤甚至感染死亡。

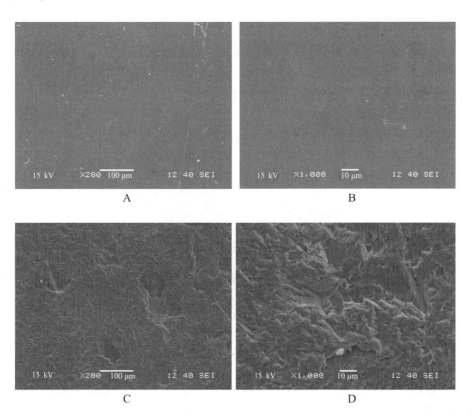

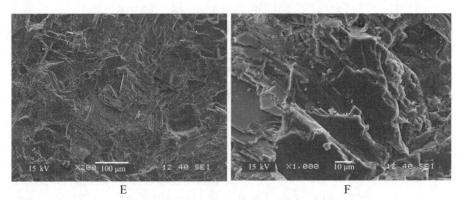

图 3-25　不同白云岩表面的二次电子像

[A、B：光滑平板表面（经过粗磨、细磨和抛光）；C、D：较粗糙平板表面
（经过粗磨和细磨）；E、F：非常粗糙平板表面（只经过粗磨）]

外表皮细胞呈现 3 种状态：

（1）对于光滑平板表面（经过粗磨、细磨和抛光）（图 3-25A、B），外套膜的外表皮细胞保持完整（图 3-26），大多呈现起伏不平的簇状排列，簇顶部的表皮细胞一般为柱状，底部为矮柱状。

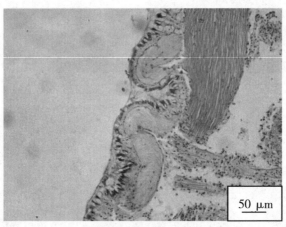

图 3-26　完整无损的外套膜外表皮细胞（中）×200

（2）对于较粗糙平板表面（经过粗磨和细磨）（图 3-25C、D），外套膜的外表皮细胞部分遭到损伤（图 3-27），甚至脱落。

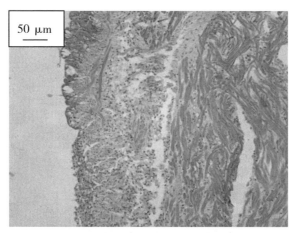

图 3-27　部分脱落的外套膜外表皮细胞（右下部分已脱落）×200

（3）对于非常粗糙平板表面（只经过粗磨）（图 3-25E、F），外套膜的外表皮细胞大部分脱落，所剩无几（图 3-28）。

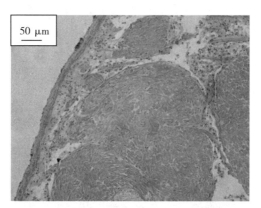

图 3-28　外套膜外表皮细胞已完全脱落（右）×200

因此，为了研究马氏珠母贝外套膜的外表皮细胞与白云岩珠核材料的界面识别作用，制作白云岩平板时，应对其进行抛光处理使其表面光滑，并在插入手术时，使白云岩平板的光滑表面朝向马氏珠母贝外套膜的外表皮。

3. 外套膜细胞对白云岩平板材料的反应

以下讨论马氏珠母贝外套膜的外表皮细胞对平板材料光滑表面的反应。

外套膜中央部分的外侧上皮细胞的形态并非固定不变的，外表皮细胞的形态具有双向性变化能力，既可由扁平状细胞转化为高柱状细胞，又可由高柱状细胞回到扁平状细胞，是表皮细胞分泌状态（分泌能力）发生调整的结果，与细胞外环境的作用密切相关。

插入白云岩平板前，外套膜的外表皮细胞一般呈单层扁平状，细胞为高 10～20 μm、宽 10～15 μm，核椭圆形，位于细胞近中部。局部呈单层短柱状，核椭圆形，位于细胞基底部。外表皮细胞间有不同形态的分泌细胞分布，多呈长椭圆形或杯状，苏木精–伊红（hematoxylin-eosin，HE）染色不着色（图 3-29），表明其内含物为嗜酸性黏液，在临近表皮的结缔组织中也有分布，常见它们做变形运动并进入表皮细胞层。外套膜外表皮细胞表面有大量的分泌泡，分泌泡的大小、形状不同，可能是由于分泌泡的类型不同或分泌先后不同所致。

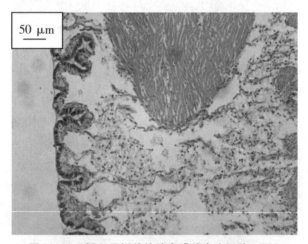

图 3-29　插入平板前的外套膜外表皮细胞 ×200

插入白云岩平板后 1～6 d，与平板对应的外套膜外表皮的扁平细胞逐渐向柱状细胞转化，细胞的高度由低逐渐增高，上皮细胞一般排列较疏松，有些细胞排列混乱，局部可见上皮细胞及其细胞核都朝着一个方向倾斜，形成一层整齐的火焰状上皮细胞（图 3-30、图 3-31）。此阶段平板上沉积的是灰褐色至灰黑色的有机物，即角质层。已有的研究结果表明，一方面，角质层是一层富含赖氨酸残基的硬化蛋白质，覆盖于贝壳外表面，对贝壳的钙化层有防腐蚀保护作用；另一方面，角质层在贝壳钙化层的形成过程中为碳酸钙结晶提供了模板，并起着引导和组织作用。

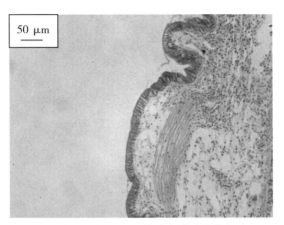

图 3-30　插入平板后 1 d 的外套膜外表皮细胞 ×200

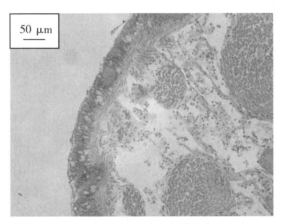

图 3-31　插入平板后 4 d 的外套膜外表皮细胞 ×200

插入白云岩平板后 7～11 d，这一阶段的表皮细胞呈高柱状，细胞为高 30～40 μm、宽 10～15 μm，可以看到在高柱状表皮细胞间呈浅蓝色的酸性黏液细胞（图 3-32、图 3-33）。HE 染色细胞呈空泡状、不着色，该类细胞体积巨大，是一般表皮细胞的 2～3 倍，在临近表皮的结缔组织中也有分布，呈现不均匀分布，有的部位分布较多，有的部位分布较少，常见它们做变形运动并进入表皮层。此阶段平板上覆盖了一层淡黄色、灰褐色的无珍珠光泽的沉积物，即为棱柱层。

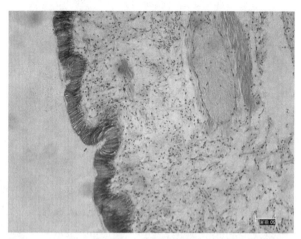

图3-32　插入平板后7 d的外套膜外表皮细胞×200

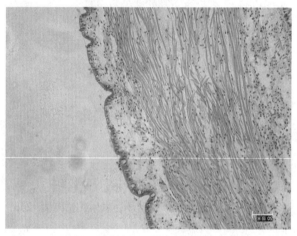

图3-33　插入平板后9 d的外套膜外表皮细胞×200

插入白云岩平板后12 d，整体上，外表皮细胞逐渐变成呈扁平状，恢复至正常状态（图3-34），细胞为高10～20 μm、宽10～15 μm，细胞核呈圆形或椭圆形，此时的外表皮细胞已经具备了稳定的分泌功能。此阶段平板上覆盖了一层灰白色至灰色的具珍珠光泽的沉积物，即为珍珠层。

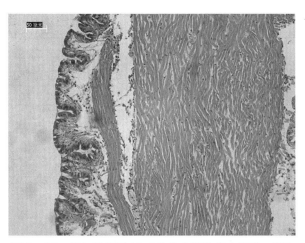

图3-34 插入平板后12 d的外套膜外表皮细胞×200

与砗磲平板相比,白云岩平板对应的外套膜外表皮较长时间(多2～3 d)处于高柱状,其他特征相同。

外套膜外表皮细胞的分泌活动具有区段性。并不是所有的外表皮细胞都处于旺盛的分泌状态,有的细胞进行旺盛分泌,而有的细胞却处于分泌停滞状态,这一特点与其形成的贝壳和珍珠的结构特征相适应。

外套膜外表皮细胞的分泌活动具有节律性和交互式。贝壳和珍珠的结构表现为结晶层与有机基质的相互交替排列。因此,很明显,外表皮细胞和它所对应的平板之间存在着某种自我调节系统,通过这一系统,外表皮细胞所受的刺激决定了其对有机基质的周期性分泌,这些刺激可能是物理性的(如$CaCO_3$方解石结晶、文石结晶或有机基质表面),也可能是外套膜外腔液中的某些调节因子。外套膜外腔是指在贝壳与外套膜之间,由壳缘角质层封闭而形成的一个腔。腔内的外腔溶液是平板珍珠钙沉积的环境,是平板珍珠形成系统的液体部分。研究表明,外腔溶液由多种有机、无机物质混合而成,由外套膜外表皮细胞分泌而来。据推测,一些必需酶和基质蛋白是外腔溶液中恒定的组分,贝类不同种间,其壳的形成机理是相同或相似的。但是,这一机制的揭示,还需要运用多种生物、物理以及化学因素刺激外表皮细胞,并分析研究外套膜外腔液中无机和有机成分的变化特征。

三、透射电镜下外套膜细胞的超微结构

细胞是生物机体的形态和生命活动的基本单位，研究细胞的超微结构特征是研究其化学组成、生长分化、遗传发育和生命活动的基础，它是整个生物学科不可或缺的基础。细胞的形态结构和功能的相关性及一致性是很多细胞的共同特点，研究细胞超微结构的变化，可以推测其功能的变化。

马氏珠母贝是培育海水珍珠的主要种类，外套膜外表皮是分泌形成贝壳和平板珍珠的组织，在平板珍珠的形成过程中，外表皮细胞的形态和机能都发生了一系列的变化。

本部分以马氏珠母贝为材料，研究插入白云岩珠核材料后外套膜外表皮细胞的超微结构的变化规律，探讨马氏珠母贝外套膜外表皮细胞结构与功能之间的关系，为新型珠核材料的研制提供理论基础。

1. 实验材料和方法

实验材料和实验方法同本节第二部分"光学显微镜下外套膜细胞的形态变化"。

实验仪器：冰箱，JEM-1010 型透射电子显微镜，干燥箱，烘箱，METTLER TOLEDO-SevenEasy pH 计。本实验在原广州军区总医院电镜室完成。

（1）（0.2 M 0.2 mo/L）的磷酸缓冲液（pH 7.8）的配制。

A 液：$Na_2HPO_4 \cdot 12H_2O$ 71.64 g/L
B 液：$NaH_2PO_4 \cdot 2H_2O$ 31.21 g/L

配制 100 mL 的 0.2M 的磷酸缓冲液加 A 液 91.5 mL、B 液 8.5 mL，再向磷酸缓冲液中加入 2 g 的 NaCl 以调节缓冲液的渗透压。0.2M 的磷酸缓冲液稀释 1 倍后，渗透压约为 890 mOsm/L。

（2）2.5% 戊二醛固定液的配制。用 0.2M 磷酸缓冲液配制戊二醛固定液。取缓冲液 50 mL、市售戊二醛 10 mL，加蒸馏水至 100 mL。

（3）1% 锇酸固定液的配制。

将 2% 锇酸储存液与 0.2M 磷酸缓冲液 1∶1 混合。

（4）Epon812 包埋剂的配方。

Epon812   51 mL
DDSA（十二烷基琥珀酸酐）   12 mL
MNA（甲基内次甲基二甲酸酐）   37 mL
DMP-30（二甲基氨甲基苯酚，即触媒剂）   1.8～2.0 mL

(5) 透射电镜样品的制备。①用 2.5% 戊二醛固定液体腔液（1 h）。②用 0.1M 磷酸缓冲液洗涤（每次 10 min，共 3 次）。③用 1% 锇酸二次固定（45 min）。④用 0.1M 磷酸缓冲液洗涤（每次 10 min，共 3 次）。⑤用 50%、70%、80%、90%、100% 乙醇逐级脱水（每级 10 min）。⑥用环氧丙烷作为过度剂。⑦用经环氧丙烷：Epon812 包埋剂（3∶1，1∶1，1∶3；每级 30 min）。⑧用纯包剂（每次 30 min，共 2 次），包埋（45 ℃，1 d；60 ℃，2 d）。⑨进行切片。⑩用 2% 醋酸双氧铀（15～20 min）和 3.52% 柠檬酸铅（10 min）双染色，观察。

2. 插入白云岩平板材料后外套膜细胞的超微结构变化

马氏珠母贝外套膜由 2 层表皮细胞和其间的结缔组织构成。外表皮细胞主要包括 3 类细胞：①柱状细胞，细胞核大、长形，位于细胞中央偏底部（图 3-35）。高尔基体和内质网丰富（图 3-36）。②具成群线粒体和低电子密度分泌泡的细胞，该类细胞的细胞核呈多角形（图 3-37）或者近圆形（图 3-38），细胞数量较多，核液染色比柱状细胞的深（图 3-39）。③具大颗粒的细胞，其中，一种大颗粒是电子密度较低的分泌颗粒（图 3-40），另一种是电子密度较高的分泌颗粒（图 3-41），含较多分泌泡（图 3-42）。

插入白云岩平板约 1 d 后，柱状细胞内的核糖体逐渐减少，粗面内质网（主要功能为蛋白质的合成与运转）转变为滑面内质网（主要功能为脂类代谢与糖类代谢），高尔基体（主要功能是为细胞提供一个内部的运输系统，它把由内质网合成并运转来的分泌蛋白质加工浓缩，通过高尔基体小泡运出细胞，与马氏珠母贝分泌物的形成有关）数量减少。具成群线粒体和低电子密度分泌泡的细胞内的线粒体（为细胞的"动力工厂"，马氏珠母贝生命活动所需的能量大部分都是靠线粒体中合成的 ATP 提供的）有所增加，且嵴的数目增多。外套膜外表皮细胞处于一种应急状态，排列较混乱（图 3-43），以顶浆分泌方式为主，部分细胞质、细胞器与分泌物一起排出（图 3-44）。

插入白云岩平板约 3 d 后，具低电子密度大颗粒的细胞数量增多，多数排空，呈空泡状。柱状细胞变得狭长，呈高柱状（图 3-45、图 3-46）。由于充满了分泌颗粒，有些大颗粒细胞的体积增大。外套膜外表皮细胞分泌活动旺盛，外表皮表面微绒毛处的分泌颗粒明显增多，以局部分泌方式为主（图 3-47）。

插入白云岩平板约 7 d 后，出现大量具高电子密度大颗粒的细胞，这类细胞内含有数量较多的核糖体，高柱状细胞向低柱状细胞转化，有的成为扁平状细胞。柱状细胞内的粗面内质网增多,外套膜细胞表面微绒毛处的分泌活动较平缓,新分泌的颗粒染色较浅(图3-48、图3-49),以局部分泌方式为主。

插入白云岩平板约12 d后,柱状细胞多为扁平状,粗面内质网增多,线粒体丰富(图3-50、图3-51、图3-52)。具大颗粒细胞明显,多数没有排空。

插入砗磲平板材料后外套膜细胞的超微结构变化规律与上述特征相类似,与砗磲材料进行比较,白云岩材料对应的马氏珠母贝外套膜细胞处于高柱状时间略长1~2 d,其他特征相近。

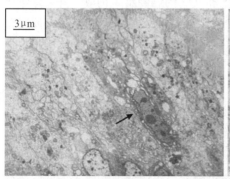

图3-35 高柱状细胞,粗面内质网较多
(→高柱状细胞 ×8000)

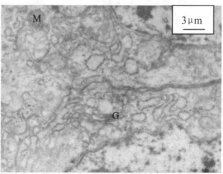

图3-36 高柱状细胞内的线粒体、
内质网和高尔基体
(M:线粒体,G:高尔基体 ×8000)

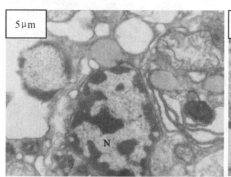

图3-37 细胞核呈多角形
(N:细胞核 ×15000)

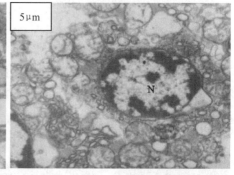

图3-38 细胞核呈近圆形
(N:细胞核 ×15000)

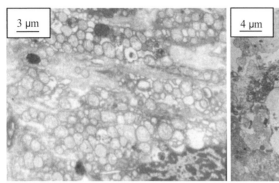

图3-39 具成群线粒体和低电子密度
分泌泡的细胞（×8000）

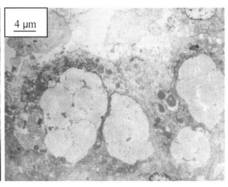

图3-40 具电子密度低大颗粒的细胞
（×10000）

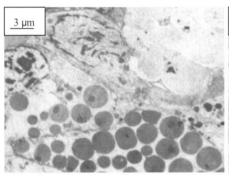

图3-41 具电子密度高大颗粒的细胞
（×8000）

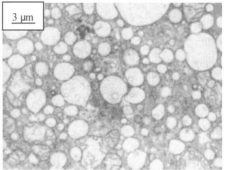

图3-42 具丰富分泌泡的细胞
（×8000）

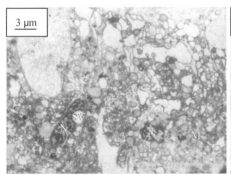

图3-43 细胞排列杂乱，线粒体、分泌
泡丰富［M：线粒体，N：细胞核，
SV：分泌泡（×8000）］

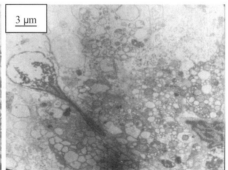

图3-44 顶浆分泌方式
（×8000）

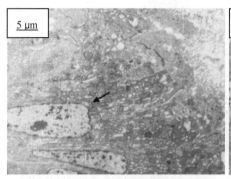

图3-45 细胞核呈长形的高柱状细胞
（→：高柱状细胞 ×10000）

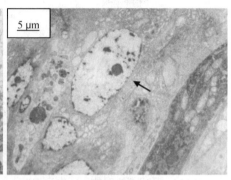

图3-46 排列整齐的高柱状细胞
（→：高柱状细胞 ×10000）

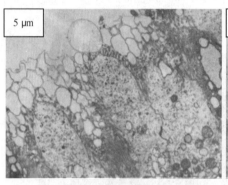

图3-47 局部分泌方式
（×10000）

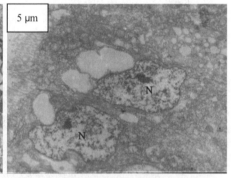

图3-48 低柱状细胞排列整齐，细胞核
常染色质较多（N：细胞核 ×15000）

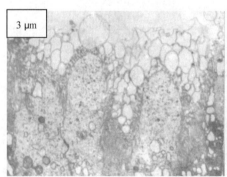

图3-49 局部分泌方式（颗粒染色较浅）
（×10000）

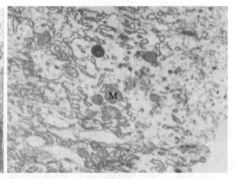

图3-50 线粒体和粗面内质网很多
（M：线粒体 ×8000）

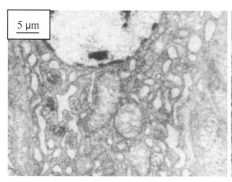
图3-51 柱状细胞内的粗面内质网
（×15000）

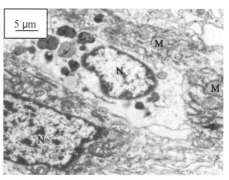
图3-52 柱状细胞内的线粒体
（M：线粒体，N：细胞核 ×15000）

3. 结论与讨论

平板珍珠是由 $CaCO_3$ 晶体组成的高度有序的微层结构，这种独特的结构非常类似于贝壳。因此，平板珍珠的形成可用贝壳的形成机理进行解释。平板珍珠是在生物有机大分子的指导下，无机晶体要经历核化、生长及定向的过程。在这个过程中，外套膜有机基质经自组装后对 $CaCO_3$ 质晶体的沉积起模板作用，通过分子操作（molecular manipulation）使形成的矿化物具有特定的形状、尺寸、取向和结构。通常，根据有机质的溶解性将其分为可溶性有机基质（soluble matrix，SM）和不溶性有机基质（insoluble matrix，IM）。SM 在晶体的成核、定向、生长、形态控制等方面起到了调控作用，同时可能还具有控制离子运输的功能；而 IM 则主要作为晶体沉积的构架蛋白，为晶体的核化、生长提供结构支撑。[34]

外套膜分泌了平板珍珠生长所需的有机质。外套膜分泌的纤维状的不可溶性有机质组合排列构成了贝壳的基础骨架，分泌的黏性颗粒状的可溶性有机质直接穿越外表皮进入外套膜外腔参与平板珍珠的形成。规则排列的有机质首先在珠核材料平板表面上沉积，刚开始沉积的较细的树枝状结构可能是不可溶性有机质（IM）。有机质的形状随着插入时间的延长而逐渐变化，这表明有机质的分泌及其空间排列是受到生物体精确调控的，在不同的时期生物体分泌的有机质的性质不同。

本部分研究中，从方解石晶体到文石晶体转的变是突然的相变过程，没有中间过渡，这与 Fritz 等在红鲍中的研究结果一致[21]。突然的相变可能是因为生成了新的抑制方解石晶体生长而促进文石晶体形成的有机质。方解石质壳层中 SM 的性质与文石质壳层中 SM 的性质不同，前者中酸性氨基酸的含量较高，尤其 Asx（Asn 和 Asp）的含量很高，可以高达40%，后者中酸

性氨基酸的含量相对较低,且多为酸性的多阴聚离子蛋白质。[35-36]

本部分研究在较寒冷的冬季,平板上文石晶体的沉积突然转变为方解石晶体的沉积,可见在平板珍珠的形成过程中存在相转变:方解石→文石→方解石的转变,即文石沉积一段时间后,马氏珠母贝外套膜所分泌的有机质的性质发生改变,新分泌有机质促进了方解石晶体的沉积,抑制了文石晶体的形成。在董瑞娜等的研究中也发现在皱纹盘鲍贝壳中的生长线处存在方解石→文石→方解石的沉积过程。[37]

沉积过程中,外套膜参与了平板珍珠各层的形成。插入平板后,马氏珠母贝外套膜上皮的超微结构发生了显著的变化。在插入 24 h 后,高柱状细胞的合成能力减弱,内质网上的核糖体消失,可能是白云岩对于马氏珠母贝来说是外来异物的刺激,当细胞接收到刺激信号后调整自己的代谢状态,处于应激状态。3 d 后,外套膜细胞分泌活动旺盛,大颗粒细胞增多,细胞内充满分泌颗粒。此时,外套膜分泌的有机质的性质可能与正常条件下所分泌的有机质的性质不同,外套膜细胞分泌到珠核材料平板上的有机质含有的信号进一步指导外套膜分泌促进方解石晶体形成的有机质。插片 7 d 后,即当方解石晶体沉积到一定程度、聚合连接成片后,外套膜上皮表面微绒毛处新分泌的有机质颗粒染色较浅,表明外套膜细胞新分泌的有机质的性质发生了改变。外套膜上皮细胞可能根据方解石晶体表面沉积的有机质信号或者晶体表面所提供的晶体信号,促使细胞合成利于文石晶体生长或者抑制方解石晶体沉积的有机质,从而诱导文石晶体的沉积。同时,插片 7 d 后的外套膜细胞含有较多高电子密度细胞,而在没有插片的条件下,这种细胞数量很少,这可能与马氏珠母贝改变外套膜细胞的生理状态、调整细胞分泌物的性质、促进文石晶体的形成有关。当外部环境条件(如水温、盐度、含氧量等)发生改变时,外套膜中关于贝壳形成的基因的表达可能发生改变,外套膜分泌促进了方解石晶体沉积或者抑制了文石晶体沉积,具体的机理还不是很清楚。这表明马氏珠母贝外套膜上皮细胞的功能并不是固定不变的。外套膜上皮细胞可以在不同的生理条件下分泌不同的有机质,从而指导产生不同的晶层。当然,具体的机理还有待于进一步的研究。

在平板珍珠的形成过程中,外套膜细胞参与了平板珍珠各层的形成。

在光学显微镜下,外套膜外表皮细胞的形态具有双向性变化能力,既可由扁平状细胞转化为高柱状细胞,又可由高柱状细胞回到扁平状细胞,这是表皮细胞分泌状态和分泌能力发生调整的结果,与细胞外环境作用密切相关。插入白云岩平板后 1～6 d,外套膜外表皮的扁平细胞逐渐向柱状细胞转化,细胞的高度由低逐渐增高,上皮细胞一般排列较疏松。7～11d 后,外表皮细胞呈高柱状，在高柱状表皮细胞间呈浅蓝色的酸性黏液细胞。12 d 后，整体上，外表皮细胞逐渐变成呈扁平状，恢复至正常状态。

在透射电镜下，外套膜外表皮细胞的超微结构也发生了相应的变化。在插入白云岩平板 24 h 后，高柱状细胞的合成能力减弱，内质网上的核糖体裁消失，处于应激状态。3 d 后，外套膜细胞分泌活动旺盛，大颗粒细胞增多，细胞内充满分泌颗粒。外套膜细胞分泌到珠核材料平板上的有机质含有的信号进一步指导外套膜分泌促进方解石晶体形成的有机质。插片 7 d 后，即当方解石晶体沉积到一定程度、聚合连接成片后，外套膜上皮表面微绒毛处新分泌的有机质颗粒染色较浅，表明外套膜细胞新分泌的有机质的性质发生了改变，促使细胞合成了利于文石晶体生长或者抑制方解石晶体沉积的有机质，从而诱导文石晶体的沉积。同时，插片 7 d 后的外套膜细胞含有较多高电子密度细胞，这可能与马氏珠母贝改变外套膜细胞的生理状态、调整细胞分泌物的性质、促进文石晶体的形成有关。

马氏珠母贝外套膜细胞对于砗磲和白云岩平板，产生了完全类似的反应。与砗磲材料进行比较，白云岩材料对应的马氏珠母贝外套膜细胞处于高柱状的时间略长 1～2 d，其他特征相近。

插入白云岩和砗磲平板后，马氏珠母贝在不同阶段的死亡率、生长情况无差别，表明白云岩对马氏珠母贝无特别的生理损害。

插入白云岩平板后不同阶段取出，白云岩平板的密度和显微硬度基本无变化。外套膜细胞发生的反应不对白云岩珠核材料的物理性质造成任何影响。

总之，白云岩珠核材料与马氏珠母贝的生物相容性好，完全可以用于制造珠核，满足南珠生产的需要。

第五节　白云岩珠核的制备

一、原料和设备

原材料来源于河北省涉县白色粉晶细晶白云岩。

采用目前珠核生产的机器设备进行实验，主要包括金刚石锯片、KC-MC-004 型不锈钢切粒机、KC-MR-026 型倒角机、KC-MR-022A 无上塔圆珠机和 KC-MR-011 型震桶。抛光材料采用 220$^\#$ 氧化铝粉、巴西蜡和大小为 2.0 cm × 1.0 cm × 0.5 cm～3.0 cm × 2.5 cm × 0.7 cm 的竹块。

二、工艺过程

采用切割、研磨和抛光等加工珠核工艺。经过实验比较确认,白云岩珠核的制作工艺过程如下,此工艺已于 2005 年 7 月 11 日申请了中国发明专利。

(1)开石:用金刚石锯片以 2500～3000 rpm 的转速,将形状不规整的大块料(块度大于 250 mm)切割成规则的小块料。开石是在通水条件下进行的,大块料固定要紧,进料时,用力要均匀。

(2)出坯:采用 KC – MC – 004 型不锈钢切粒机先将小块料切成片状物,再切成条状物,最后切成近正方形的坯料。通过调节 E 形板的位置来调节成品的大小,此工序余量为 1.0～1.5 mm。

(3)倒棱:选用粒度较细的砂轮(180#～220#),采用 KC – MR – 026 型倒角机,对坯料进行磨削倒角。在持续供水的条件下,开启机器 15～20 min,将坯料棱角磨掉,此工序余量为 0.5～1.0 mm。

(4)圆珠:采用 KC – MR – 022A 无上塔圆珠机进行圆珠,观察并测量珠核的直径,从而确定圆珠所用的时间。此工序余量为 0.2～0.5 mm。

(5)抛光:采用 KC – MR – 011 型震桶进行抛光,将研磨好的圆球形珠核放进震桶,加入一定量的 220# 氧化铝粉、巴西蜡和大小为 2.0 cm×1.0 cm×0.5 cm～3.0 cm×2.5 cm×0.7 cm 的竹块,开启机器 8 h 后,再倒出用水清洗即可。如果亮度不够,可延长震动时间。

三、珠核质量要求

1. 产出率

以 20 kg 原料生产直径为 6.5～7.0 mm 的珠核为例,计算白云岩原料生产珠核的产率,并与砗磲原料进行对比,实验数据如表 3 – 9 所示。

表 3 – 9　白云岩和砗磲原料生产正圆珠核(直径为 6.5～7.0 mm)的情况统计

原料类型	原料重量(kg)	生产方块(kg)	生产珠核(kg)	珠核产率(%)
白云岩原料	20	8.3	3.76	18.8
砗磲原料	20	5.4	1.48	7.4

按珠核产率，白云岩原料为砗磲原料的 2.54 倍，而白云岩原料价格仅相当于砗磲原料价格的 10%，因此白云岩珠核原料成本相当于砗磲珠核成本的 3.94%。

2. 质量要求

白云岩珠核的外观和物理性质如下。

圆度：正圆形，放在玻璃板上，可以自由地滚动。

硬度：白云岩珠核的维氏硬度为 319～370 kgf/mm^2，而钻孔用针的维氏硬度为 426～438 kgf/mm^2。白云岩珠核的维氏硬度低于钻孔用针。

光洁度：洁白无瑕，无裂纹、无平头和无凹凸纹。

密度：白云岩珠核的密度为 2.86～2.89 g/cm^3，而砗磲珠核的密度为 2.82～2.87 g/cm^3。两者相近，白云岩珠核的密度略大于砗磲珠核的密度。

颜色：白色，不带黄色、灰色或其他色斑。

对于商品珠核，一般要求为正圆球形、白色、表面光滑、无裂纹、无平头、无明显色斑。[38]白云岩珠核完全符合商品珠核的要求。

四、结论与讨论

实践表明，砗磲珠核材料具有几个缺陷：为层状构造，具有色带，在加工钻孔和使用过程中容易发生分层裂开，珠核产率低于 10%；硬度具有方向性，钻孔速度也具有方向性，容易产生断针现象；取材于砗磲贝壳，不利于稀有海洋生物的保护，会破坏生物多样性，导致海洋生态环境恶化。

本部分的研究表明，白云岩珠核材料可以克服贝壳和蚌壳珠核材料的这些缺陷。

就目前我国年产海水珍珠 20～30 t 的规模来估算，国内市场年需要珠核 40～60 t，制作珠核的原材料至少需要 500～700 t。这样的需求量足以对砗磲生物资源造成灭顶之灾，而对储量极为丰富的白云岩来说就是九牛一毛。

人工培育珍珠的大型化和特异化也是珍珠产业今后发展的主要方向之一。国际市场上名贵稀有的珍珠，如黑珍珠、南洋珠，所用的珠核要求直径大，一般为 8～12 mm。人工培育大型、特异珍珠的珠核材料是不适合采用砗磲壳来制作的，必须开发合适的非生物的矿物材料。从本书的研究来看，白云岩是极有潜力的候选者。

虽然白云岩用作珠核材料的相关技术资料鲜有报道，但在日本、韩国以及澳大利亚有关公司的商业广告中可知用白云岩制作珠核材料是可行的。人们曾经拒绝过养殖珍珠，但最终还是认可了中央有珠核的珍珠。同样，有理由相信，市场也会接受新的白云岩珠核材料。

尽管在产业化的过程中可能出现的问题还难以预测。但是，白云岩珠核能够克服蚌壳珠核材料的一些缺陷，具有颜色白、光洁度好、外形圆和价格低廉等优点，将有广阔的市场前景和可观的经济效益。

第六节　白云岩珠核育珠

在古代，由于受科学技术水平的限制，世界各国都编织出许多珍珠成因的神话。扑里尼乌斯博物志里写道：珍珠是海底的贝浮到海面后，吸收了从天上降下的雨露而育成的。我国民间有"千年蚌精、感月生珠""露滴成珠""神女的眼泪以及鲛鱼的眼泪成珍珠"的传说。宋应星的《天工开物》载："凡珍珠必产蚌腹，映月成胎，经年最久，乃为至宝。"16世纪中期，有"肾结石""过剩的体液所成"等说法。到17世纪初，认识到珍珠和贝壳的性质相同。17世纪70年代，发现珍珠中有沙粒、卵子、寄生虫等。到18世纪初，进一步阐明了珍珠就是圆形的贝壳。随着近代科学的发展，关于珍珠成因，可归纳为：珍珠是由珍珠母贝外套膜的一部分细胞，在结缔组织内形成珍珠囊分泌珍珠质而产生的。[39]

人工养殖海水珍珠（南珠）就是用人为的方法将马氏珠母贝的外套膜切成小片，移植到另一个马氏珠母贝的组织中，同时，插入用砗磲贝壳或其他原料制成的珠核，被移植的外套膜小片贴附在珠核上，经过移行、增殖、包裹珠核等一系列的变化，形成了包围珍珠核的珍珠囊，再分泌珍珠质沉积在珠核上，从而形成了人工有核珍珠（图3-53）。

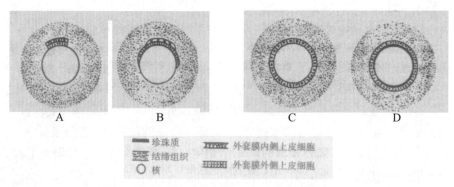

图3-53　珍珠囊形成过程示意[39]

A：植入外套膜小片；B：小片外侧上皮细胞增生；C：小片外侧上皮细胞包围了珠核，内侧上皮细胞被吸收；D：小片外侧上皮细胞形成了包围珠核的珍珠囊并分泌珍珠

第三章 白云岩珠核

一、材料和方法

1. 手术贝

马氏珠母贝的手术贝选自广东省湛江市流沙港，贝龄为 1.5～2.0 龄，壳高为 6.0～6.5 cm。

2. 细胞小片

外套膜细胞小片取自于 2.0～2.5 龄、壳高为 7 cm 以上的马氏珠母贝。贝壳内面珍珠层为银白色，外套膜厚薄适中，边缘色素和白斑不多，无病虫害。插入前，用 10% 聚乙烯吡咯烷酮（PVP）海水溶液浸泡细胞小片 3 min。

3. 珠核材料

一组为白云岩珠核，另一组为砗磲珠核，直径都为 6.0～6.5 cm。插入前，先用清水洗净，再浸泡在蒸馏水中待用。

4. 实验时间

自 2006 年 2 月 26 日开始，到 2007 年 4 月 2 日结束。其中，2006 年 2 月 26 日至 2006 年 3 月 1 日为术前处理期，2006 年 3 月 2 日完成插核手术，其后至 2006 年 4 月 2 日进行术后休养，之后将育珠贝移至外海养殖。

5. 实验地点

本实验的地点在广东省湛江市流沙湾。流沙湾是中国南珠的主要生产海区，是中国最早取得海水珍珠养殖成功的地方之一，已有四十多年的成功插核育珠的历史。流沙湾位于海南岛、雷州半岛和印支半岛三大屏障的合围之中，面向大海，风浪平静，潮流畅通，浮游生物饵料丰富，是底质为砂泥或砂泥小石砾的内湾性海区，适宜马氏珠母贝的栖息与生长。该海区具有养殖南珠的优越自然地理条件，具体概括如下。

（1）自然气候条件适宜。地处雷州半岛西南部沿海，属亚热带海洋性季风气候，年平均气温为 23.9 ℃。流沙湾南珠养殖海区冬季最低水温为 16 ℃，夏季最高水温为 29.5 ℃，盐度为 23‰～30‰，一年四季均为马氏珠母贝生长繁殖的适温范围。在本海区养殖的马氏珠母贝，具有生长快、体质健壮、遗传性状稳定和抗逆抗病力强的特点。

（2）养殖水质优良。马氏珠母贝的生长繁殖以及育珠的质量与养殖水质有着最直接的密切关系，除了水温适宜、水质洁净无污染外，海水的盐度、酸碱度、化学因子与重金属离子及各种营养盐的组成都是直接影响马氏珠母贝生长与珍珠培育的关键因素。流沙湾南珠养殖海区海水的化学耗氧量、生物耗氧量、硫化物含量、磷酸盐含量以及重金属离子中镉、铬、锌、铜、汞、铅的含量均符合国家海水水质标准和无公害食品的海水养殖用水水质标准的规定，各种营养盐的组成比例适宜，为马氏珠母贝正常的生命活动和分泌珍珠质的生理活动提供了优良的水环境。

（3）浮游生物饵料丰富。马氏珠母贝属滤食性双壳贝类，它的滤食对象主要是单细胞藻类和一些小型浮游动物及有机碎屑。流沙港的日照时间较长，年均日照时数在 2000 h 以上，加上内湾性海区有适量的淡水水源补充，营养盐含量丰富，养分充足，非常有利于浮游生物饵料的生长繁殖，从而为培育健康马氏珠母贝和优质珍珠提供了物质保证。

二、培育过程

实验方法中术前处理、插核手术、术后休养和育珠管养采用目前南珠生产普遍应用的技术。

1. 术前处理

本文根据母贝的性腺发育情况，术前处理采用抑制法或催产法控制马氏珠母贝的性腺发育，并同时调整其生理机能，以减少手术时母贝的应激反应。插核手术时，如果手术贝不经过术前处理，休养贝、育珠贝死亡率高、留核率低，可能造成母贝资源以及人力、财力的严重浪费，且污珠、异形珠、有机质珠多，会导致珍珠质量差、产量低。

2. 插核手术

采用先核后片法，每个手术贝插入一个珠核。核位为"左袋"，即位于缩足肌腹面、腹嵴与肠突之间。插核由技术熟练的插核工人完成，采用目前南珠生产上所用的手术工具。插入前，用 10% 的聚乙烯吡咯烷酮（PVP）海水溶液浸泡细胞小片 3 min，可以提高细胞小片与珠核的亲和力，加快珍珠囊的形成。

3. 术后休养

插入珠核材料后将其放进休养笼（塑料筐）中，吊养于水流畅通、风浪平静的海区休养。休养后，从第 3 天开始，每隔 3 天进行一次死贝和吐核情况检查；从第 10 天起，每周检查一次，及时清除死贝。休养期自 2006 年 3 月 2 日手术后开始，一个月后，即 2006 年 4 月 2 日结束，将育珠贝换进育珠笼，移至海上珍珠养殖场进行育珠。

4. 育珠管养

根据季节与水温的变化，须及时调整吊养水层，经常清洗和换笼。育珠期间每 3 个月检查一次，及时清除死贝。

三、实验结果

实验结果见表3-10、表3-11和表3-12。

表3-10 马氏珠母贝用白云岩珠核和砗磲珠核插核育珠的情况对比

组　　别	插核贝数	插核数	休养期成活率（%）	育珠期成活率（%）	休养期留珠率（%）	育珠期留珠率（%）
白云岩珠核组	1020	1020	67.3	52.6	73.6	42.2
砗磲珠核组	1020	1020	65.2	51.4	72.3	41.9

注：1. 休养期留核率=（插核粒数-脱核粒数）÷存活贝数。

2. 育珠期留珠率=开珠粒数÷开贝个数。

表3-11 马氏珠母贝用白云岩珠核和砗磲珠核生产的珍珠质量对比

组　　别	优质珠率（%）	一般珠率（%）	异形珠率（%）	污珠、棱柱质珠率（%）	素珠率（%）
白云岩珠核组	16.3	53.6	6.8	9.7	13.6
砗磲珠核组	15.8	58.2	4.4	8.9	12.7

注：1. 插核贝总数为2040个，其中白云岩珠核组和砗磲珠核组各占一半，即1020个。

2. 每一个马氏珠母贝插入一个珠核，育珠时间为一年零一个月。

表3-12 马氏珠母贝用白云岩珠核和砗磲珠核生产的珍珠钻孔情况

组　　别	破损率（%）	断针率（%）
白云岩珠核组	7.3	4.0
砗磲珠核组	15.8	9.0

注：1. 每组实验用南珠总数为100个。

2. 实验条件、钻孔机器和钻孔针为目前南珠生产所用。

3. 由同一位熟练工人完成。

总的来说，通过用白云岩珠核、砗磲珠核的养殖珍珠实验结果进行比较，不难看出，这两种珠核在插核育珠应用上并没有明显的差别。

由于白云岩珠核养殖南珠后的休养期成活率比砗磲珠核的还高出2.1个百分点，所以，使用白云岩珠核对育珠贝贝体的存活并无妨碍。

比较南珠的钻孔情况，白云岩珠核优于砗磲珠核。因为，白云岩珠核育成的南珠的破损率和断针率明显低于砗磲珠核育成的南珠。

实际上，南珠的形成和质量的优劣是由多种条件决定的，例如异形珠、污珠和有机质珠的产生，一般情况下都不是由珠核造成的，主要是与插核技术有关。

实验工作是初步的，要完全采用白云岩珠核代替砗磲珠核，还需要有更多的实验与研究。今后应在不同的养殖海区、不同的季节开展较大规模（插核万粒以上）的实验，以近一步验证白云岩珠核的有效性。

四、白云岩珠核养殖珍珠的微结构

1. 样品和测试条件

样品为用白云岩珠核养殖的珍珠。采用扫描电子显微镜（SEM）进行珍珠微结构的研究。用扫描电子显微镜观察的样品制备和条件为：选取具有白云岩珠核的南珠，用铁钳小心地将其夹裂，择出断裂面完整的碎片，用75%酒精擦净碎片表面的粉末，喷碳150 Å，用日本产 JSM – 6380LV 型扫描电子显微镜进行观察和照相，加速电压为 5 kV，每张图片的测试条件见图片下注解。本实验在原桂林工学院有色金属及材料加工新技术教育部重点实验室完成。

2. 结果和讨论

实验结果表明，用白云岩珠核养殖的南珠具有明显的三层结构（图 3 – 54、图 3 – 55 和图 3 – 56），从里到外分别是无定形有机质层、方解石结晶层和文石结晶层。其中，矿物相由粉末 X 射线衍射（XRD）分析和傅里叶红外光谱（FT-IR）分析确定，测试仪器和条件与本章第三节相同。

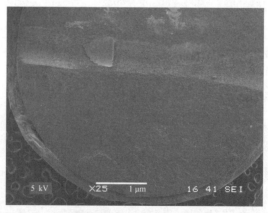

图 3 – 54　用白云岩珠核养殖的珍珠剖面的二次电子像

图 3-55　用白云岩珠核养殖的珍珠的方解石结晶层（图上）的二次电子像

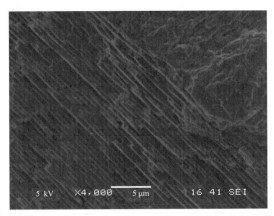

图 3-56　用白云岩珠核养殖的珍珠的文石结晶层（图右下）的二次电子像

（1）无定形有机质层。紧贴于珠核的表面是无定形有机质层，其厚度变化较大，一般厚 5~10 μm，最厚的可达 100 μm 左右。往往有机质中还混有结晶体，有时有机质层和结晶层交替出现。一些研究者认为有机质的主要化学组成是蛋白质类物质，为珍珠囊的初期分泌产物。[39]本书在实验中观察到有机质中有明显的颗粒状结晶体，这就表明有机质层是有机物和无机物的混合体，而且无机物所占的比例还较高。

（2）方解石结晶层。又称棱柱层，人们习惯性认为在优质南珠中是没有方解石结晶的。然而，真实情况并非如此，本部分实验所选取的优质南珠，都有方解石结晶的存在，一般厚 20~50 μm，个别可厚达 120 μm。方解石结晶层在各种质量的南珠中都有出现，具有一定的普遍性，反映了马氏珠母贝生物矿化的一致性。当然，结晶的生成是十分复杂的，受到多种因素的影响,在南珠中方解石结晶层和文石结晶层有时会交替出现就说明了这一点(图3-55)。

(3)文石结晶层。这是南珠的主要结晶层,直接决定着南珠质量的优劣。该层的厚度一般占整个结晶层厚度的2/3以上。从断面看,文石是由许多单晶层组成的,被夹在各晶层之间的物质是以蛋白质为主的有机物(图3-56)。

据研究,单晶层的厚度与生长季节及贝体代谢有关。一些学者认为,单晶层的厚度与珍珠色泽有一定的关系。单晶层越薄,珍珠光泽越丰富;而单晶层较厚的珍珠,其光泽就差一些。本书认为单晶层较厚的南珠,实际上是黏合各晶层的有机物较多,而这些有机物常常不利于光线的反射和折射,从而导致珍珠光泽暗淡。

从表面上观察,所有南珠的文石单晶层都是由不规则的多边形板块连接而成的,这些板块长 $3\sim6~\mu m$,宽 $2\sim3~\mu m$,厚 $0.2\sim0.5~\mu m$,一般是板块中部略厚于边缘。

采用白云岩珠核养殖的南珠和采用砗磲珠核养殖的南珠具有类似的微结构,这与杜晓东等的结论一致。[40]

目前我国的南珠养殖业分布于在广东、广西和海南沿海,在部分地区其已成为经济发展的支柱性产业。我国近年在海水珍珠产量上超过了长期制霸国际珍珠市场的日本,成为世界珍珠生产第一大国。

由于长期过度开采,中国及世界上主要珠核供应地——美国的丽蚌资源已经到了濒临灭绝的境地。在20世纪的70~80年代,美国每年可提供蚌壳10000 t左右,而现在美国许多州已立法禁止采捕蚌壳,由此引起全球珍珠珠核材料的短缺,许多国家转向中国寻求出路,从而造成我国丽蚌资源的需求急剧增长。20世纪90年代我国很多个体企业开始使用砗磲壳作珠核材料,并大量地采集收购。但是,砗磲是国家一级保护动物,若用于制作珠核,是动物保护法所不容许的,也必然会对生物资源和环境造成极大的破坏。目前珠核材料日趋紧缺,制约着我国珍珠产业的可持续发展。

马氏珠母贝外套膜细胞-白云岩界面识别及研制新型的白云岩珠核材料是事关珍珠产业发展的重大问题。本书对马氏珠母贝外套膜细胞-白云岩界面识别及新型的白云岩珠核材料研制进行了比较系统和全面的研究,还采用了新的研究方法和测试技术,所获的主要结论如下。

重点在广东、广西、江西和河北四省(区)选择了4个地点的白云岩,对其化学成分、结晶粒度、密度、热膨胀系数、显微硬度和抗弯强度等进行了测定,筛选出河北涉县粉晶细晶白云岩作为最佳的珠核材料。其具有下列

第三章 白云岩珠核

性质：白色、灰白色，结晶粒度<150 μm，维氏硬度<370 kgf/mm²，抗弯强度为32～38 MPa，密度为2.86～2.89 g/cm³。

本书采用国际上最新的"平板珍珠"（flat pearl）的研究方法，动态系统地研究了马氏珠母贝外套膜细胞-白云岩界面识别作用。即将白云岩材料制成长6±1 mm、宽4±1 mm、厚1±0.2 mm的平板，插入马氏珠母贝外套膜与贝壳内表面之间，并用胶水固定于贝壳内表面，经过一定的时间后取出白云岩及其表面形成的生物矿化体（即平板珍珠），研究沉积的平板珍珠的矿化序列和结构特征。每个时间段的相似样品数量为30个，对照组则用正常砗磲贝壳材料。为了研究马氏珠母贝外套膜细胞的变化规律，本书同时用手术刀切取平板珍珠对应位置的外套膜，并按照研究目的，采用不同方法进行外套膜细胞的固定和组织切片。

采用扫描电子显微镜（SEM）研究插入珠核材料平板后不同阶段平板珍珠的结构特征。马氏珠母贝外套膜在白云岩材料上形成的平板珍珠与在砗磲贝壳材料上形成的平板珍珠特征相类似。插入2～4 h后，马氏珠母贝外套膜开始分泌有机质；2～3 d后，有机质基本布满白云岩平板表面；6～8 d后，出现棱柱层；11～13 d后，出现珍珠层，15～18 d后，形成完整的珍珠层；之后珍珠层逐渐增厚。在特殊条件下，如在寒冷的冬季，会突然转变为棱柱层的沉积，出现珍珠层中夹有棱柱层的现象。

首次采用光学显微镜研究插入珠核材料后不同阶段马氏珠母贝外套膜细胞的形态变化特征，并采用透射电子显微镜（TEM）研究插入珠核材料后不同阶段马氏珠母贝外套膜细胞超微结构的变化规律，结论为：马氏珠母贝外套膜对白云岩和砗磲材料的平板界面产生了十分相近的反应。插入珠核平板材料1 d后，外套膜外表皮细胞由扁平状逐渐向高柱状转化，细胞中的内质网上的核糖体消失，高尔基体数量减少。3 d后，大颗粒细胞增多，细胞内充满分泌颗粒。7 d后，外套膜外表皮细胞新分泌的有机质染色较浅。之后外套膜外表皮细胞由高柱状逐渐向扁平状转化，11～13 d后恢复正常状态。与砗磲材料进行比较，白云岩材料对应的马氏珠母贝外套膜细胞处于高柱状的时间略长1～2 d，其他特征相近。

采用红外光谱（FT-IR）分析及粉末X射线衍射（XRD）分析等现代测试方法研究了不同阶段白云岩和砗磲平板珍珠的矿物物相特征。棱柱层的结晶体都为$CaCO_3$方解石，而珍珠层的结晶体都为$CaCO_3$文石。棱柱层与珍珠层之间为突变关系，这与马氏珠母贝贝壳相应的特点是一致的。

全面总结了沉积在珠核材料上的生物矿化体（即平板珍珠）的分布特征，总体上说，白云岩珠核材料上的平板珍珠由内向外表面由三部分组成：

①最内层为无定形有机质层,紧贴于平板的表面,呈灰白色或黄褐色,厚度为 20～120 μm,主要为有机质,也可混有少量结晶颗粒。②第二层为棱柱层,是呈梳状的方解石结晶层,无珍珠光泽。棱柱体长为 300～700 μm、宽为 10～50 μm。③第三层是珍珠层,由文石晶体与有机质薄层交替堆砌累积而成,呈砖墙式结构,显示出明显的珍珠光泽。文石晶体长 3～6 μm、宽 2～4 μm、厚 0.3～0.5 μm,为近六边形的扁平板状,有机质薄层的厚度为 0.01～0.10 μm。白云岩和砗磲珠核材料上的平板珍珠的矿化序列与马氏珠母贝贝壳及其养殖珍珠(即南珠)的矿化序列完全一致,显示了马氏珠母贝生物矿化的一致性。相对于光滑表面来说,粗糙表面的有机质层略厚一些,形成棱柱层的时间晚 2～3 d。

采用机械磨削和表面处理等工艺,研究了白云岩珠核的制作工艺,主要工艺过程为开石、出坯、倒棱、圆珠和抛光。

通过养殖南珠进行对比实验,表明了白云岩珠核的有效性。开展了白云岩珠核与砗磲贝壳珠核养殖南珠的对比实验,结果表明,两种珠核插入马氏珠母贝后,育珠贝休养期的成活率和留核率、育珠期的成活率和留珠率以及优质珠率等方面的数据非常接近。通过钻孔对比测试可知,白云岩珠核养殖的南珠在钻孔过程中出现的破损率明显低于砗磲贝壳珠核养殖的南珠。

采用扫描电子显微镜研究白云岩珠核和砗磲珠核培育的南珠的微结构特征可知。两种珠核培育的南珠的微结构特征完全一致。南珠由里向外主要由三层构成:①无定形有机质层,紧贴于珠核的表面,其厚度变化较大,一般厚 5～50 μm,最厚的可达 100 μm 左右。往往在有机质中还混有结晶体,有时有机质层和结晶层交替出现。②方解石结晶层,又称棱柱层,人们习惯性认为在优质南珠中是没有方解石结晶的。然而,真实情况并非如此,本书实验所选取的优质南珠,都有方解石结晶存在。一般棱柱层厚 20～100 μm,个别可厚达 200 μm。方解石结晶层在各种质量的南珠中都有出现,具有一定的普遍性,反映了马氏珠母贝生物矿化的一致性。③文石结晶层,这是南珠的主要结晶层,直接决定着南珠质量的优劣。该层的厚度一般占整个结晶层厚度的 2/3 以上。从断面看,文石是由许多单晶层组成的,被夹在各晶层之间的物质是以蛋白质为主的有机物质。所有南珠的文石单晶层都是由不规则的多边形板块连接而成的,这些板块长 3～6 μm、宽 2～4 μm、厚 0.2～0.5 μm,一般板块中部略厚于边缘。

白云岩珠核能够克服砗磲珠核材料的一些缺陷,具有颜色白、光洁度好、外形圆和价格低廉等优点,具有广阔的市场前景和可观的经济效益。

因此,无论是从保护生物多样性和生态环境的角度,还是从珍珠产业发展的长期需求来看，珠核材料的出路必然要走向非生物的矿物材料的开发利用，研究开发得越早则越能在竞争激烈的国际市场上取得先机。

本书建议充分利用我国的白云岩矿产资源，大规模地利用白云岩珠核进行养殖珍珠的实验，使之尽快地应用于珍珠产业。

参 考 文 献

[1] 郑水林.非金属矿加工与应用［M］.北京：化学工业出版社，2003：33-38.

[2] 李振宏，杨永恒.白云岩成因研究现状及进展［J］.油气地质与采收率，2005，12（2）：5-8.

[3] 徐立铨.白云岩的开发利用［J］.中国建材，1992（7）：28-29.

[4] 胡庆福，胡晓波.白云岩综合开发与利用［J］.石家庄化工，1997（4）：13-16.

[5] 夏蓓影.建议尽快开发我省白云岩［J］.江西地质科技，1989（2）：20-26.

[6] 李明德，秦勇.白云石的开发与利用［J］.矿产保护与利用，1996（5）：17-19.

[7] 李穆武，沈玉明.石灰石矿白云石的综合开发利用［J］.矿业快报，2001（5）：1-3.

[8] 刘治国，池顺都，朱建东.白云石矿系列产品开发及应用［J］.矿产综合利用，2003（2）：27-33.

[9] 南京大学地质学系矿物岩石学教研室.粉晶X射线物相分析［M］.北京：地质出版社，1980.

[10] 闻骆.矿物红外光谱学［M］.重庆：重庆大学出版社，1989.

[11] 国家质量监督检验检疫总局，国家标准化管理委员会.塑料拉伸性能实验方法：GB/T 1040—1992［S］.北京：中国标准出版社，1992.

[12] 国家质量监督检验检疫总局.珠宝玉石 鉴定：GB/T 16553—1996［S］.北京：中国标准出版社，1996.

[13] JACKSON A P, VINCENT J F V, TURNER R M. The mechanical design of nacre [J]. Proceedings of the royal society of London, 1988, 234 (1277): 415-440.

[14] BOND G M, RICHMAN R H, MCNAUGHTON W P. Mimicry of natural material designs and processes [J]. Journal of materials engineering and

performance,1995,4: 334-345.

[15] 李锁在,廖立兵.矿物热膨胀的晶体化学研究综述[J].高校地质报,2000,6(2): 333-339.

[16] 邓陈茂,林养,杜涛,等.马氏珠母贝的术前处理实验[J].湛江水产学院学报,1995,15(1): 6-9.

[17] 谢仁政,刘建勇,邓陈茂,等.术前处理和室内水池休养对提高珍珠产量和质量的影响[J].海洋科学,1999(4): 14-16.

[18] 劳赞,邓陈茂,梁盛.马氏珠母贝术前处理的研究[J].水产科学,2003,22(3): 27-29.

[19] 张刚生,谢先德.$CaCO_3$生物矿化的研究进展——有机质的控制作用[J].地球科学进展,2000,15(2): 204-209.

[20] 张刚生,谢先德.贝壳珍珠层微结构及成因理论[J].矿物岩石,2000,20(1): 11-16.

[21] FRITZ M, BELCHER A M, RADMACHER M, et al. Flat pearls from biofabrication of organized composites on inorganic substrates [J]. Nature, 1994, 371 (1): 49-51.

[22] SONKAR A K. The significane of a specific irritant (foreign body) in the deposition of pearly layer [J]. SPC pearl oyster information bulletin, 1998, 11: 32-33.

[23] 小林新二郎,渡部哲光.珍珠的研究[M].熊大仁,译.北京:农业出版社,1966: 189-214, 262-287.

[24] WEINER S, TRAUB W. Macromolecules in mollusc shells and their function in biominerallization [J]. Philosophical transactions of the royal society B,1984, 304 (1121): 425-434.

[25] XU C F, YAO N, AKSAY I A, et al. Biomimetic synsthesis of macroscopic-scale calcium carbonate thin films. evidence for a multistep assembly process [J]. Journal of the American chemical society, 1988, 120 (46): 11977-11985.

[26] ALDER H H, KERR P F, Infrared study of aragonite and calcite [J]. American mineralogist, 1962, 47: (5/6): 700-717.

[27] 戈莹.四川会理的文石晶体[J].矿物岩石,1992,12(1): 8-11.

[28] JOVANOVSKI G, STEFOV V, SOPTRAIANOV B, et al. Minerals from Macedonia. IV. Discrimination between some carbonate minerals by FTIR spectroscopy [J]. Neues jahrbuch für mineralogie-abhandlungen, 2002,

177（3）：241-253.

[29] 张刚生，李浩璇.生物成因文石与无机成因文石的 FTIR 光谱区别[J].矿物岩石，2006，26（1）：1-4.

[30] 许兢，陈庆华，钱庆荣.尿素水解法制备晶须碳酸钙[J].结构化学，2003，22（3）：233-237.

[31] 陈华雄，宋永才.文石型碳酸钙晶须的制备研究[J].材料科学与工程学报，2004，22（2）：197-200.

[32] 杜晓东.3 种珍珠贝的外套膜小片外表皮细胞的超微结构[J].中国水产科学，1998，5（3）：1-6.

[33] ZAREMBA C M, BELCHER A M, FRITZ M. Critical transition in the biofabrication of abalone shells and flat pearls [J]. Chemistry of materials, 1996, 8 (3): 679-690.

[34] KAPLAN D L. Mollusc shell structures: novel design strategies for syntheticmaterials [J]. Current opinion in solid state and materials science, 1998, 3 (3): 232-236.

[35] MORSE D E, CARIOIOU M A, STUCKY G D, et al. Genetic coding in biomineralization of microlaminate composites [J]. Materials research society Symposia proceedings, 1998, 292: 59-67.

[36] WORMS D, WEINER S. Mollusk shell organic matrix: fourier transform infrared study of the acid macromolecules [J]. Journal of experimental zoology, 1986, 237 (1): 11-20.

[37] 董瑞娜，麦康森，张文兵，等.皱纹盘鲍贝壳沉积过程的研究[J].中国海洋大学学报（自然科学版），2006，36（zl）：63-70.

[38] 谢忠明.人工育珠技术[M].北京：金盾出版社，2004：30-35.

[39] 邓陈茂，童银洪.南珠养殖和加工技术[M].北京：中国农业出版社，2005：7-13.

[40] 杜晓东，邓陈茂.珍珠的扫描电镜观察[J].湛江水产学院学报，1991，11（1）：10-15.

第四章 特异珠核

第一节 磁性珠核

一、研究背景

我国珍珠业历史悠久，但近年来，珍珠养殖的经济效益不断下降，其原因之一是目前珍珠功能单一，只具有饰品价值，制约了珍珠的消费市场和价格。众所周知，磁场作用于人体时会产生六大功效：促进血液循环、改善微循环；调节血压、降低血黏度；消炎、镇痛；提高机体的免疫力、延缓衰老；调节神经系统的功能、消除疲劳；排毒。[1]人体佩戴带有磁性的珍珠时，能起到装饰与保健的双重功效，所以，其价格和市场必然会提高，养殖珍珠的经济效益也将大大提高。

生产磁性保健珍珠的关键是生产具有磁性的珠核。申请号为CN201010208001.7的发明专利公开了一种以有机玻璃为载体生产磁性和夜荧光珠核的方法，其技术方案是以甲基丙烯酸甲酯（MMA）为介质，加入四氧化三铁和荧光粉，经配置胶液、固化成型、后期打磨加工等工序，制作出磁性和夜荧光珠核。该专利所用MMA易挥发、易燃、易与空气形成爆炸性混合物，而且其制作工艺不能适合规模化生产的要求，因此生产受到限制。所以研究开发出一种磁性珠核的制作方法具有重要意义。

广东海洋大学发明了一种磁性珠核的制作方法[2]，属于珍珠养殖技术领域，包括如下步骤：将磁粉、色粉以无毒塑料为介质在熔融的条件下混合均匀制作基料，利用基料采用注塑的方法生产原型珠核，再在原型珠核表面包附一层生物兼容性物质制成覆膜珠核，最后将覆膜珠核充磁使其具有磁性，即可制成用于生产磁性保健珍珠的磁性珠核。本方法可工业化大量生产磁性珠核，效率高、成本低，而且珠核表面经由良好生物兼容性的材料处理，降低了贝体对珠核的排异作用，留核率高。

二、磁性珠核制备

生产磁性保健珍珠的磁性珠核的具体技术方法如下。

（1）基料调制：按照锶铁氧体磁粉（$SrO \cdot 6Fe_2O_3$）85%～90%、金红石型钛白粉色粉（TiO_2）0.5%～1%的质量分数，以无毒塑料为介质，在熔融的条件下混合均匀制作基料。

（2）原型珠核制作：利用基料采用注塑的方法生产原型珠核。

（3）原型珠核覆膜：将原型珠核浸入熔融的生物蜡中5～10 min，再置于离心机中在500～1000 rpm的转速下离心3～5 min，取出并冷却，此时原型珠核表面附有一层薄薄的生物蜡膜，制成覆膜珠核。

（4）覆膜珠核充磁：采用充磁设备给覆膜珠核充磁，使珠核表面的磁极处的磁场强度介于200～800 G之间，即可制备出用于养殖磁性保健珍珠的磁性珠核。

上述介质的无毒塑料为聚氯乙烯（PVC）、聚碳酸酯（PC）、聚酰胺（PA）、聚丙烯（PP）、聚乙烯（PE）等材料。

上述原型珠核为生产游离珍珠的球形、椭球形、水滴形珠核或生产附壳珍珠的象形、半球形、心形珠核。

上述生物蜡为组织相容性好的植物蜡和动物蜡，如巴西棕榈蜡、虫白蜡、蜂蜡的一种或几种的混合物。

三、磁性珠核育珠

1. 利用磁性珠核生产磁性保健珍珠

广东海洋大学承担了2014年度广东省海洋渔业科技与产业发展专项珍珠产业发展项目"磁性保健珍珠生产技术的研发与应用（项目编号：Z2014010）"。在本科研项目的资助下，研制与改进了磁性圆形珠核制作工艺，并利用研制的磁性珠核进行了培育游离磁性保健珍珠的实验。经实验优选，本磁性珠核采用的原料及其质量分数为锶铁氧体磁粉88%、金红石型钛白粉色粉1%、以尼龙6（聚酰胺）11%，珠核表面以蜂蜡处理，八极充磁，磁极磁场强度为40 mT，珠核直径为6.0 mm；实验用贝为马氏珠母贝，壳高为5.5～6 cm。采用传统插核技术。

2018年10月20日，广东海洋大学组织有关专家在湛江市西连镇大井村海滨对项目技术指标进行现场测试。专家组听取了项目工作汇报，随机抽取实验育珠贝进行现场开珠,测试结果为:利用磁性珠核培育出磁性保健珍珠(图4-1、图4-2),育珠贝休养期的成活率为86.5%、留核率为40.5%(0.81粒/贝),优质珠率为37%,珍珠表面的磁场强度最高值达到40 mT,生产的珍珠为黑色系,技术指标达到了产业化生产要求。

图4-1 磁性珠核(左)及磁性保健珍珠示意(右)

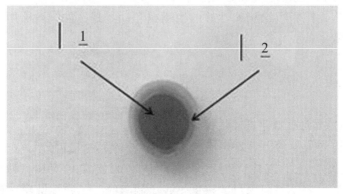

图4-2 磁性保健珠核剖面
(1:磁性珠核;2:珍珠层)

2. 利用磁性珠核开展大珠母贝强制留核

大珠母贝 [*Pinctada maxima* (Jameson)] 是培育名贵南洋珠的珍珠贝。澳大利亚、印度尼西亚是利用大珠母贝产业化培育南洋珠最多的国家,其育珠技术先进,留核率可达80%左右。我国自20世纪80年代初开始进行利用大珠母贝培育南洋珠技术的相关研究,并且成功培育出了游离珍珠。但植

第四章 特异珠核

核的大珠母贝存在较严重的"吐"核现象，留核率仅 10% 以下，远未达到产业化的要求，严重制约了我国南洋珠产业的发展。为解决大珠母贝的吐核难题，笔者进行了采用磁性珠核的磁性吸引力固定珠核、提高大珠母贝植核留核率的实验[3-4]。

利用磁性吸引力固定珠核养殖有核珍珠的方法的实验技术方案：首先，采用传统的植核手术方法将具有磁性的珠核和外套膜细胞小片植入珍珠贝（或蚌）的核位置后，在珠核所在位置的内脏囊或外套膜外放置一个固核磁石，该磁石隔着内脏囊或外套膜表皮组织对具有磁性的珠核产生的磁性吸引力牵拉阻止珠核从植入珠核的切口处"吐"出；接着，将植核贝（或蚌）置于养殖水域休养 10～20 d 后，植核贝（或蚌）的手术伤口已基本愈合，再通过阴干等方法使植核贝（或蚌）开口，取出固核磁石；然后，将植核贝（或蚌）置于养殖水域养殖一定的时间，即可形成具有磁性的有核珍珠。使用本发明养殖有核珍珠可有效提高植核的留核率（达 90% 以上），并且可以生产出具有磁性保健作用的圆球形、异形以及象形有核珍珠。

实验贝：购于广西涠洲岛的野生贝，壳长为 15～20 cm，体重为 500～1000 g。

珠核：实验用磁性珠核，对照用淡水丽蚌珠核，珠核直径为 8 mm；八极充磁，磁极处的磁场强度为 70 mT。

固核磁石：由强磁材料制成，直径为 8 mm，厚度为 2 mm。

植核方法：参照传统的马氏珠母贝植核方法，每只贝在左袋核位植入 1 粒珠核。

固核方法：在植核贝的珠核位置的内脏囊下面放置固核磁石，使磁石和珠核隔着内脏囊表皮吸引在一起。

术后休养：将完成植核手术的育珠贝装进 0.850 mm 孔径的筛绢网袋，再放进多层贝笼中，吊养于水流缓慢、风浪小的海区进行休养。贝笼每层装贝 1 只，吊养水深为 2～3 m。采用固核器或磁性吸引力固核的实验组，在休养 10 d 后，可根据伤口愈合情况取下固核器或者取出固核磁石；休养期间每 1～3 d 检查一次，及时清除死贝。

固核效果检查：术后休养结束后，用 X-ray 对植核贝的留核情况进行活体检测。具体做法为：对育珠贝进行编号，再用 X 光机对实验贝进行拍照，照片中有圆形白斑的即为留核贝，照片中无白斑的为未留核贝。记录各组留核贝和未留核贝的数量。

实验结果：使用强制固核技术的实验组休养期育珠贝的成活率为 92.6%、留核率为 100%，对照组育珠贝的成活率为 93.3%、留核率仅

5.7%。由上述结果可以看出：实验组和对照组的成活率相近，但留核率差异显著；利用磁性珠核的磁性吸引力固定珠核提高大珠母贝的留核率效果显著，在不影响植核贝生理状态的前提下提高留核率（达到了100%），从根本上解决了大珠母贝的吐核难题。

四、结果与讨论

磁性珠核采用的所有材料都无毒，可工业化大量生产，成本低，能有效避免传统珠核对丽蚌和砗磲自然资源造成的巨大破坏。珠核充磁的磁场强度可控，并且可以多极充磁使珠核表面形成多点磁极，能够生产具有保健作用的磁场强度的珍珠。

传统的贝壳珠核是用丽蚌或砗磲加工制成的。丽蚌或砗磲贝壳为其外套膜组织分泌的生物材料，与珍珠贝壳有着较好的同源性，其物质组成与珍珠贝壳也极为相近，因此传统的贝壳珠核植入到珍珠贝体内后的组织相容性较好，珍珠贝对珠核的排异作用较低，通常情况下利用贝壳珠核进行马氏珠母贝育珠生产的留核率可以达到0.9～1.0粒/贝，因此贝壳已经被业界公认为是最理想的珠核材料。但在磁性珠核育珠实验中发现，尽管珠核表面经有良好生物兼容性的材料处理，降低了贝体对珠核的排异作用，留核率达到了40.5%（0.81粒/贝），但相较传的统贝壳珠核留核率还是略低，因此磁性珠核的表面处理材料和工艺还需要进一步筛选、改进。

另外，由于磁性珠核的主要材料锶铁氧体磁粉为棕黑色，因此本技术生产的磁性珠核颜色也是呈棕黑色。珍珠贝在珠核表面分泌沉积的珍珠层会遮盖珠核的颜色。珍珠层越厚，遮盖作用越强；反之则越弱，珍珠外观呈灰黑色。本实验是选用常用的马氏珠母贝作为育珠母贝，而马氏珠母贝分泌珍珠层的速度较慢，一般经过8～12个月的育珠期，包裹磁性珠核珍珠层的厚度仅为0.5 mm左右，珠核的颜色可以通过珍珠层透射出来，因此，利用磁性珠核培育的马氏珠母贝磁性保健珍珠的颜色显示为独特的灰黑色。传统的马氏珠母贝珍珠大部分为银白色，少量为淡黄色，利用磁性珠核生产的珍珠不仅具有磁性保健功能，还为珍珠市场提供了一个独特的灰黑色珍珠品种。大珠母贝和珠母贝分泌珍珠质的速度较马氏珠母贝快很多，使用其培育的珍珠的珍珠层厚度均在1 mm以上，如果用大珠母贝或珠母贝培育磁性保健珍珠，磁性珠核的颜色应该难以透射出来，不至于影响珍珠本来的颜色。

锶铁氧体磁粉的密度为5.1 g/cm³，尼龙密度为1.1 g/cm³，按照珠核各成分的质量分数计算，磁性珠核的密度为4.6 g/cm³左右，而传统贝壳珠核的密度为 2.6～2.8 g/cm³，磁性珠核相较于传统贝壳珠核的密度明显偏大，利用磁性珠核培育的珍珠密度也较传统珍珠大，而马氏珠母贝培育的珍珠价格是以重量为计价单位的，因此磁性保健珍珠的定价需要考虑密度的因素。大珠母贝和珠母贝培育的珍珠为大型珍珠，出售是以颗为计价单位的，因此，利用磁性珠核培育的大型珍珠价格不需要考虑珍珠密度因素。

利用磁性珠核的磁性吸引力的强制留核技术，理论上可以用于所有珍珠贝的植核育珠。但马氏珠母贝个体小，所培育的珍珠规格小、价值低，如果使用强制留核技术会大大降低植核效率、增加植核人力成本，因此不建议使用强制留核技术。大珠母贝、珠母贝和企鹅珍珠贝等大型珍珠贝生产的珍珠颗粒大、价值高，属于珠宝级珍珠，一般单颗价值可达数百至数千元，非常适合使用强制留核技术，以提高育珠贝的留核率。

第二节 辐照（钢灰色）珠核

一、研究背景

辐照处理是利用高能射线，使目标处理物发生一系列物理学效应、化学效应或生物学效应，而达到所需目的的方法。钴60-γ射线辐照是一种普遍的辐照处理方法，近年来已在农产品加工中得到了广泛应用[5]，具有穿透力强、快速均匀、节能价廉、操作简单、易于工业化连续作业等优点。钴60-γ射线辐照处理不会对处理物产生污染和形成残留，是一种安全可靠的处理方式，其安全性已经世界卫生组织（WHO）、国际粮农组织（FAO）和国际原子能机构（IAEA）等国际组织确认[6]。

近年来采用辐照处理对淡水珍珠、珍珠蚌贝壳板材的改色和色泽优化等开展了一些研究，结果表明，钴60-γ射线可以改变淡水珍珠粉、淡水珍珠及其贝壳板材的色泽[7-10]。

采用钴60-γ射线（装源为 3.7×10^{16} Bq）分别对海水和淡水药用珍珠、企鹅珍珠贝天然珍珠进行辐照处理3 h、6 h、9 h、12 h、15 h，观察药用珍珠和天然珍珠的颜色变化，并检测实际辐照吸收剂量。结果表明，经过辐照处理，淡水药用珍珠（天然珍珠）的颜色由白色、灰白色、浅黄色转变为深灰色、灰黑色等，而海水药用珍珠（天然珍珠）的颜色不发生变化。运用辐照法可以快速准确地鉴别海水和淡水药用珍珠，但目前尚无采用钴60-γ射线辐照处理珠核、生产钢灰色珠核的报道。

二、钢灰色珠核制备

1. 材料与方法

辐照源为钴60-γ射线辐照设备（广州辐锐高能技术有限公司，装源100万居里）。

实验材料为海水和淡水贝壳珠核，其中海水贝壳珠核原料为砗磲类贝壳，淡水贝壳珠核原料为丽蚌类贝壳。

将珠核随机取样16粒，通过自动系统送进上述钴60-γ辐照装置中，分别辐照3 h、6 h、9 h和12 h，取样观察其颜色的变化，用VIVO Y3型数字手机进行拍照，与未辐照的样品进行比较。采用重铬酸钾（银）剂量计检测其实际吸收剂量。

2. 辐照结果

海水和淡水贝壳珠核的实际吸收剂量分别为3 kGy、6 kGy、9 kGy和12 kGy。

钴60-γ射线辐照法可以改变淡水贝壳珠核的颜色，钴60-γ射线辐照3～15 h后，淡水贝壳珠核颜色变为深灰色和灰黑色，如图4-3所示。

钴60-γ射线辐照3～15 h后，海水贝壳珠核颜色没有明显变化，如图4-4所示。

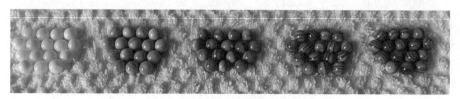

图4-3 淡水贝壳珠核辐照前后对比示意
（从左到右依次为未辐照，辐照3 h、6 h、9 h和12 h）

图4-4 海水贝壳珠核辐照前后对比示意
（从左到右依次为未辐照，辐照3 h、6 h、9 h和12 h）

将完成辐照处理后的海水和淡水贝壳珠核在室内室温环境下保存 6 个月，其颜色无变化。

三、结论与讨论

从图 4-3 和图 4-4 可以看出，采用钴 60-γ 射线（装源为 100 万居里）对海水和淡水贝壳珠核进行辐照处理 3~6 h，淡水珠核颜色由白色、灰白色转变为深灰色和灰黑色等，而海水贝壳珠核的颜色没有变化。据此，可以制备钢灰色珠核，还可以快速鉴别海水和淡水贝壳珠核。

从辐照剂量来看，淡水贝壳珠核接受钴 60-γ 射线辐照剂量 3~6 kGy 时，其颜色变化明显，大多呈现深灰色和灰黑色，而海水贝壳珠核受辐照剂量 3~6 kGy 时，其颜色无变化。

钴 60-γ 射线辐照改变淡水贝壳珠核颜色的机理分析：贝壳主要是由碳酸钙（文石）与少量有机质（包括壳角蛋白、色素有机质等）交互堆积而成。已有的研究表明，相对来说，淡水贝壳中富集 Mn、Fe、Cr 元素[11-13]。在钴-60γ 射线辐照下，淡水贝壳珠核中的低价 Mn、Fe、Cr 转化为有颜色的高价 Mn、Fe、Cr，同时 γ 射线诱导和促进有机质分子间共价键的生成和积累，结构构象发生改变而呈现颜色，使颜色变深。随着辐照剂量加大，淡水贝壳珠核的颜色变暗变黑。这与前人对淡水珍珠及其贝壳板材辐照改色机理的解释是一致的。[14-16] 海水砗磲珠核的 Mn、Fe、Cr 元素含量较低，辐照剂量为 3~6 kGy，颜色没有变化。由于水域环境、生理状态的不同，各个贝壳珠核的 Mn、Fe、Cr 元素和有机质的含量会有差异，因此辐照处理时淡水贝壳珠核颜色呈现出不一致的表现。

安全性分析：WHO/FAO/IAEA 等国际组织联合专家委员会认为，总体平均剂量为 10 kGy 以下辐照时，没有毒理学上的危险，本辐照处理是安全的。

选择性地剪取制备分泌钢灰色珍珠质的马氏珠母贝外套膜组织小片，并与钢灰色珠核一起植入马氏珠母贝内脏团中核位；控制育珠时间以控制珍珠层的厚度，使得珠核的钢灰色可以透过珍珠层显示出来，再叠加上珍珠层的钢灰色，从而生产出明显钢灰色的珍珠，如图 4-5 所示。钢灰色珍珠是一种颜色独特的珍珠，光泽强，非常受人喜欢，价格昂贵，是珍珠中的极品。

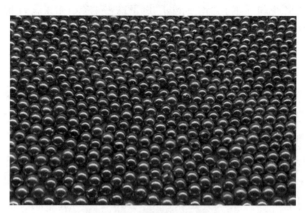

图 4-5 钢灰色珍珠示意

辐照加工方法可用于鉴别海水和淡水珠核,具有以下特点:鉴别快速,3~6 h 内可获得准确的鉴别结果;样品不需经过前处理,辐照流程简单;费用低廉,每个样品的鉴别费用仅 5~10 元;辐照技术成熟稳定,全国各地都有辐照加工机构可供选择。

本辐照处理方法用于生产钢灰色珠核,可操作性强,流程简单,安全可靠,且鉴别特征明显,具有良好的应用价值和市场前景。

第三节　玻璃陨石(雷公墨)(墨绿色、蓝紫色)珠核

一、研究背景

玻璃陨石是地外物体剧烈撞击地球时,地表靶物质熔融后快速凝结成的天然玻璃。地表发现的玻璃陨石多呈块状,颜色为棕黑色到浅绿色,一般为厘米级大小,表面多具空气动力学熔蚀刻痕,并常具有撞击成因的结构构造特征。长期的研究表明,玻璃陨石在化学和结构特征上与地球火山玻璃具有明显的区别,不是地质作用的产物。

雷公墨是我国雷琼地区人民对当地一种散布状分布的黑色玻璃质岩石的俗称,属于我们常说的玻璃陨石。[17-18]因其常于雷雨天后被雨水从泥土中冲刷出来,以致古人误以为与雷电有关,传说此物是雷公画符遗漏的墨块,因此被称为雷公墨。对雷公墨的记载最早见于我国唐朝刘恂所著的《岭表录异》一书,言"雷州骤雨后,人于野中得髯石,谓之雷公墨"。

雷公墨历史文化源远流长,我国学者对雷公墨的成因研究,可追溯至初

唐时期。陈藏器在《本草拾遗》中以"霹雳针""霹雳屑"命名雷公墨，还有"因雷震后得者""或言是人间石造，纳与天曹，不知事实"等描述，首先提出雷公墨成因为雷击说的初步假想。沈括也提出了类似雷击说的假想。李时珍则在《本草纲目》第八卷金石部目录中描述"雷震星陨之为石，自无形而成有形也"，在第十卷石部"霹雳砧"条目中描述"在天成象，在地成形，如星陨为石。则雨金石、雨粟麦、雨毛血及诸异物者，亦在地成形者乎？必太虚中有神物使然也"，其描述形象生动，淋漓尽致，进行了想象、假设及类比、推理等研究。李时珍认为雷公墨如陨星、铁陨石一样，同为自太空所坠落的陨石，形成过程中形状变化多端；创造性地提出雷公墨的陨石属性、陨石成因假想，实属伟大突破，弥足珍贵！当然，受16世纪科技水平的限制，当时有太多自然现象缺乏科学理论支持而一时难以明确解释，他不禁发出"鬼神之道幽微，诚不可究极"等无尽感叹。面对雷公墨这样纯属鬼斧神工、天造地设、形态万千的大自然产物，也许李时珍当时已意识到其成因的深奥难解，后世将为此长期争论不休。他在号召后人加强雷公墨陨石说研究上发出了强烈且震撼的呼唤和感召。李时珍雷公墨陨石说的大胆假想，比西方科学家徐士（E. Suess）在1900年才提出的类似玻璃陨石学说要早出320多年。其实，雷公墨的陨石成因说，在我国具有相当深厚的民间基础，如目前广东西部、广西南部、海南北部、云南南部等地，广大百姓非常普遍地将雷公墨称为星石、星屎，天星石、天星屎，雷公石、雷公屎，星宿石、月亮石等，通俗且形象。

1. 玻璃陨石的分布

20世纪初，奥地利地质学家徐士（E. Suess）将这种玻璃质岩石取名为Tektite，也称熔融石。科学家经过一个多世纪的研究，在综合考虑玻璃陨石的化学成分、同位素组成、形成年龄和分布范围的基础上，将全球玻璃陨石的分布划分为4个散布区[19]。

（1）北美散布区：从墨西哥湾、加勒比海往西进入太平洋、印度洋，呈环带状绕地球半周。年龄为距今34 Ma。

（2）捷克散布区：分布面积较小，主要分散在波希米亚、摩拉维亚等地。年龄为距今15 Ma。

（3）西非散布区：分布于非洲西部象牙海岸一带，又称象牙海岸散布区，在沿象牙海岸的大西洋沉积物中也找到了相应的微玻璃陨石。年龄为距今约1.1 Ma。

（4）亚澳散布区：分布于澳大利亚，菲律宾，印度尼西亚，中南半岛，泰国，中国的海南岛、雷州半岛、广东、广西、福建、台湾等地以及太平洋和印度洋的部分海域。相应的微玻璃陨石在海洋沉积物中也有发现，且分布面积非常广，从印度洋的马达加斯加附近到太平洋的日本南部均有发现，约占地球陆地表面积的 10%，年龄为距今 0.8 Ma。用裂变径迹法测定雷公墨的绝对年龄，结果为大约 80 万年。这一数值与亚澳散布区内其他地区玻璃陨石的年龄一致，推测它们是同一事件的产物，可将雷公墨归属于亚澳散布区。在华南沿海一带，雷公墨多见于海拔 30～40 m 的台地或三级、四级阶地的表面或层位中，也见于海拔 100～300 m 的由花岗岩、砂页岩等基岩及其风化壳组成的丘陵之上，二级、一级阶地或现代河谷和海滩沉积中以及玄武岩夹层中，个别见于溶洞堆积中。20 世纪 80 年代，广西也陆续发现了雷公墨，主要分布于博白、合浦、钦州、崇左、靖西、田东、田阳、百色等地，以博白县和百色盆地最为丰富，在北海市涠洲岛和斜阳岛的玄武岩台地也有。

2. 雷公墨的外形特征

亚澳散布区的玻璃陨石依据形成过程的不同分为 4 类。

(1) 芒农型（MN 型）：外形不规则，具清楚的薄层状构造，层理一般厚为 0.5～3 mm。

(2) 溅射型（SF 型）：外形有球状、椭球状、长棒状等形态，均为熔融物质在溅射状态下由动力以及液体表面张力共同作用形成的不同形态。

(3) 重熔型（ASF 型）：大小为 1～2 cm，呈碟状，边缘有在空气动力影响下形成的环形构造，在凸面具有螺旋纹。推测为熔融物质抛射到高空后，在下降过程中形成的。

(4) 微玻璃陨石：外形球状，大小为 1 mm 或更小。

雷公墨属 SF 类型，通常为墨黑色、漆黑色，有些边部因较薄而呈半透明的茶色。其呈现玻璃光泽，贝壳状断口，全玻璃质，即使在电镜下放大数千倍也表现出非晶质性和断口特征。雷公墨的个体大小不一、重量不等，一般为几克至几十克，个别达 100 g 以上。雷公墨的外形多样，将保存完整的雷公墨按特定形状分类，大致可归纳为 5 种，如图 4-6 所示。

(1) 球状：形态接近于球形，内部往往为空心。

(2) 椭球状：长的球形，往往一端较小、一端较大。长轴大于短轴的两倍，垂直长轴的断面为圆形。

(3) 长棒状：截面圆形，截面直径一般小于 1 cm。

(4) 哑铃状：两端稍有膨大的长棒状。

(5) 水滴状：像拉长的水滴，长轴大于短轴的 3 倍以上，垂直长轴的断面为圆形。

第四章 特异珠核

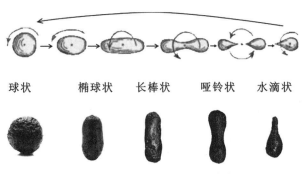

图4-6 雷公墨的形态分类[19]

除上述具特定形状的雷公墨外，常见外形还有厚3～5 mm的不规则弯曲薄片，推测是较大的雷公墨破碎后的产物，原来的形状已较难推断。雷公墨的内曲面有流动条纹构造，外曲面有不规则的凹坑及沟槽，这些构造指示了溅起和降落的特征。凹坑构造是玻璃体急剧冷缩形成的弧形裂开脱落后留下的痕迹。而纹层构造则是由玻璃体在完全固结前呈塑性状态时经过扭曲、拉撕和柔皱形成的丝状物聚集而成，由于玻璃的均一性，使得这些丝状物已表现不明显，仅在风化的表面隐约可见。

3. 雷公墨的成分特征

（微）玻璃陨石在外观上与火山玻璃不易区分，在化学成分范围上也有重叠，但在某些特征上玻璃陨石明显不同于火山玻璃，例如玻璃陨石几乎不含水，而火山玻璃的水含量较高；玻璃陨石中的Fe主要以Fe^{2+}的形式存在，Fe^{3+}含量很低，Fe^{3+}/Fe^{2+}比值为0.06～0.26，而火山玻璃中Fe则主要以Fe^{3+}的形式存在，Fe^{3+}/Fe^{2+}比值远大于1。

亚澳玻璃陨石的主要成分是SiO_2，其次是Al_2O_3，基本属于低SiO_2、高MgO型玻璃陨石。Glass等通过对大量澳大利亚玻璃陨石进行研究后指出，68%的SiO_2含量值通常为该降落区玻璃陨石SiO_2含量的最低界限。

许多科学家曾对玻璃陨石的H、O和Pb同位素做过研究，认为玻璃陨石的化学成分与地球物质相似，但与月球物质有截然的差别（表4-1），因此认为玻璃陨石的母源物质应是地球物质。

表4-1 玻璃陨石的氢、氧、铅同位素特征及其与地球、月球物质的对比[19]

类型	δD‰	$\delta^{18}O$‰	$^{207}Pb/^{204}Pb$‰
玻璃陨石	-165～+51	+9.5～+11.5	15.6～15.7
地球物质	-150～-20	+5～+10	15～16

续表

类型	δD‰	δ¹⁸O‰	²⁰⁷Pb/²⁰⁴Pb‰
月球物质	−870～−169	+3.91～+6.33	140～1050

4. 雷公墨的成因

据地质工作者初步调查，雷公墨这类石头是玻璃陨石，大约形成于80万年前，来源于同一场陨石撞击事件，但关于它们产生的方式，学界历来争论不止。目前主要集中在两种对立的学说，即地球成因说和月球成因说。持地球成因说者认为，其是陨石或者彗星撞击地球，地表岩石熔融、溅射、迅速冷却而形成；持月球成因说者则认为，其是月球受天体撞击时，产生的熔融物进入地月空间后，被地球重力场俘获洒落地表而形成。

关于雷公墨，最早认为其是火山玻璃，随后认为是月球火山喷发或彗星等外来天体陨落的产物。但是，近年来通过对核爆炸成坑、核爆炸玻璃、撞击玻璃的对比研究，以及对玻璃陨石的化学成分、微量元素，特别是稀土元素配分模式等的综合分析，发现玻璃陨石的源岩并非地外物质，而是与地表分布最广的长英质岩石很相似，其形成机制与核爆炸成坑较为类似。

由此可以推测：80万年前，当一块巨大的地外天体飞速撞击地球时，地表岩石（主要可能为砂岩）在瞬时极高压、极高温、远离热力学平衡状态的条件下，发生熔融和气化，由于超高温湍流扰动混合，使得玻璃熔体在化学成分上十分均匀，并溅射到高空，高度可达数十公里，又骤然冷却后回落地面。较大的芒农型（MN型）玻璃陨石会快速降落在撞击坑附近；溅射型（SF型）玻璃陨石（雷公墨等）也会在较短的时间内落在撞击坑附近或数百公里范围内；重熔型（ASF型）玻璃陨石会抛射到大气层之外，在重返地表的过程中，经历严重的大气摩擦灼烧，表面发生重熔，最后降落在上千公里的范围内；而小于1 mm的微玻璃陨石，特别是其中小于0.05 mm的部分可能会进入平流层，在空中滞留时间约为数年或更久，然后再散落下来，形成分布范围更为宽广的微玻璃陨石散布区。

玻璃陨石具有广泛而限定的地理分布，分布在美国南部得克萨斯州和佐治亚州的玻璃陨石称为北美群；分布在中欧捷克、斯洛伐克、奥地利的莫尔达维河流域的玻璃陨石称为莫尔达维石群；分布在象牙海岸的玻璃陨石称为象牙海岸群；而最大的一个玻璃陨石群是澳大利亚-东南亚玻璃陨石群，广泛分布于澳大利亚、东南亚半岛及我国的南部地区，分布面积约占地球陆地表面积的10%。

我国的玻璃陨石主要分布于海南岛、广东雷州半岛和广西北海、钦州等地,大多呈黑色,俗称雷公墨。雷公墨具有迷人的成因、神奇的功效,一直受到人们的追捧。随着人们文化生活水平的不断提高,雷公墨日益受到市场的青睐,已成为当今珠宝玉石界的新宠。现有研究表明,玻璃陨石一般呈块状、不规则状、哑铃状、液滴状和纽扣状,比重为 $2.32\sim2.51$ g/mm^3,折射率为 $1.48\sim1.52$,且折射率值与 SiO_2 含量呈负相关关系。大多数玻璃陨石发育流动构造,有异离体、焦石英、气孔、凹坑及各种刻蚀痕迹。

《(微)玻璃陨石研究进展》公开了玻璃陨石的化学成分和化学类型[20],玻璃陨石的化学成分变化是有规律的,玻璃陨石中主要含有 SiO_2,此外还含有较多的金属氧化物(Al_2O_3、FeO、MgO、CaO、K_2O、Na_2O、TiO_2),以及各种微量元素[诸如稀土元素镨(Pr)、钕(Nd)、铕(Eu)、钆(Gd)、铒(Er)、铥(Tm)、镱(Yb)、镥(Lu)、钇(Y)等]。

中国海水珍珠,又称为南珠,是利用马氏珠母贝植核养殖的,分布于广东、广西和海南沿海。南珠闻名遐迩,但现有的珍珠颜色品种较少,主要是白色、灰色系列,颜色略显单调,探讨制备不同颜色的珠核并应用于珍珠养殖,成为亟须解决的技术问题。

不论是古代文化,还是当今文明;不论在西方,还是在东方,黑色一直被认为是深沉、稳重和力量的象征,而且黑色与任何颜色相配都很协调,常被用作流行色。因此,利用天然玻璃陨石制备黑色系珠核,以及对优化天然玻璃陨石不同珠核颜色的加工工艺的研究将具有重要的经济意义。

二、墨绿色雷公墨珠核制备

海南海润珍珠股份有限公司发明公开了一种墨绿色珍珠的培育方法[21],以墨绿色雷公墨为原料,将墨绿色雷公墨制作成圆形珠核,再将珠核植入马氏珠母贝内脏团核位上,经过 $3\sim5$ 个月的育珠时间,生成墨绿色原珠,再对原珠进行色泽优化,即得到墨绿色珍珠。该发明提出的墨绿色珍珠的培育方法、工艺更简单,低成本,采用该方法培育出的具有特殊色彩的墨绿色珍珠,可弥补当前培育的海水珍珠色泽单调的缺陷,满足人们对特殊珍珠的需求,具有广阔的市场发展前景。

采用墨绿色雷公墨作为原料制作墨绿色珠核(图 4-7),再植入马氏珠母贝体内,适当控制育珠时间,使得珠核的墨绿色可以透过珍珠层显示出来,从而生产出呈现墨绿色的珍珠,丰富南珠的颜色品种,满足人们对特殊种类珍珠的需求,促进南珠产业的高质量发展。

图4-7 墨绿色雷公墨珠核示意

选择具有如下性质的雷公墨原料：墨绿色，隐晶质-玻璃质结构，微透明，摩氏硬度为5～6，密度为2.20～2.40 g/cm³，玻璃光泽，块度大于20 mm。

雷公墨（天然玻璃）珠核的制备过程包括开石、出坯、倒棱、磨圆珠和抛光。所述抛光工艺为：将所述珠核放进震桶中，加入600～1000目的合成碳化硅和水，珠核：合成碳化硅：水的体积比为1:1:2～1:1.5:2.5，在震桶中震动6～8 h，使珠核达到镜面效果。

采用该墨绿色珠核培育的珍珠呈现墨绿色，具有广阔的市场前景和可观的经济效益。

三、蓝紫色雷公墨珠核制备

广东海洋大学等申请了一种蓝紫色珠核的制备方法的发明专利，在上述墨绿色珠核的基础上，进行了加热处理，可以制备一种蓝紫色珠核。[22]具体制作方法为：将黑色玻璃陨石珠核置于箱式电炉中加热，然后在5～10 min内继续升温至930～980 ℃，保温20～30 min，再关闭电源，自然缓慢降温，可使墨绿色玻璃陨石珠核颜色变成紫蓝色，得到蓝紫色珠核。获得的珠核不仅具有呈现蓝紫色、光泽强等优点，而且可以为后续植核育珠培育蓝紫色珍珠提供珠核材料，能够培育独特的蓝紫色珍珠。这种制作工艺简单，成本低廉，能够丰富珍珠的颜色品种，满足人们对特殊色泽蓝紫色珍珠的需求，促进我国珍珠产业的高质量发展，具有广阔的市场前景和可观的经济效益。

雷公墨是一种天然玻璃，含有铁、钡、钴、铬、铯等金属元素和稀土元素。通过加热可以使某些金属元素和稀土元素的化合价发生变化，电子跃迁能级也发生变化，产生蓝、紫色等颜色。当加热处理的温度为900 ℃时，制备的黑色珠核的颜色虽有一定变化，但是并不明显，如图4-8所示。

图4-8　玻璃陨石（雷公墨）珠核热处理900 ℃前后对比示意

通过大量实验发现，雷公墨加热至1000 ℃以下，不会发生熔融，不会产生裂纹，形状也不会发生改变。[23]当加热温度在930～980 ℃时，制备的黑色珠核能够形成显著的蓝紫色，如图4-9所示。当加热温度达到1000 ℃以上时，制备的珠核出现熔融态，外形变得不圆，导致难以在后续珍珠养殖中进行应用。

图4-9　玻璃陨石（雷公墨）珠核热处理930～980 ℃前后对比示意

第四节 发光（荧光）珠核

一、研究背景

众所周知，天然夜明珠是一种可发光的萤石矿物，其发光的原因是矿物内有关的电子移动。矿物内的电子在外界能量的刺激下，由低能状态进入高能状态；当外界能量的刺激停止时，电子又由高能状态转入低能状态，这个过程就会发出光。根据该机理，人们利用荧光粉作为发光珠核，进而培育夜光珍珠。孟天赐等于1991年8月公开了专利夜光珍珠养殖法CN1053725A，采用在贝壳珠核中心部钻孔，灌注放射性发光材料或荧光材料的方法制备夜光珠核，再植入珠母贝培育出夜光珍珠，即夜明珠。但是，该专利公开的方法工艺复杂，发光效果差，化学结构不稳定，难以推广应用；而且灌注的放射性发光材料对珍珠贝及人体有害。苏州市珍妮日用化工有限公司的吴矾等于2008年8月公开的专利夜光珍珠培育方法CN200810019733.4，采用了透明或半透明的石蜡熔融后配以具有荧光特性的长余辉稀土夜光材料来制备夜光珠核，再植入珍珠母贝中培育夜光珍珠的方法。[24]其中的珠核都是采用荧光材料与其他介质混合来制备的，发出的荧光度低，寿命不长，化学结构不稳定。

该发明涉及一种高亮度发光且耐酸和碱等化学品腐蚀的高亮度发光珠核及使用该发光珠核培育海水夜光珍珠的方法。更具体地，该发明涉及使用铝酸锶或铝酸钙质复合荧光粉制备的且耐酸和碱等化学品腐蚀的发光珠核及使用该发光珠核养殖培育加工夜光珍珠的方法。

上述通过现有技术中所记载的方法培育出的夜光珍珠具有很明显的缺点：经过钻孔漂白后，寿命不长；发光效果差；化学结构不稳定；且生产出的珍珠质量较差。具体地，培育出的夜光珍珠在其珍珠层与发光珠核之间往往夹杂着一些自然遗留下的污物，这些自然污物会影响夜光珍珠的发光效果。为了使夜光珍珠发光效果更好、更有利用价值，通常需要对夜光珍珠进行钻孔漂白，把珍珠层与发光珠核之间遗留下的自然污物漂干净，才能令夜光珍珠发光效果更好、更有利用价值。在上述漂白的过程中，通常会用到一些少量的化学物品，例如过氧化氢、三乙醇胺、硅酸钠、聚乙二醇、乙二胺四乙酸二钠等腐蚀性化学品。特别强调的是，上述专利等所制备出的发光珠核以及培育出的夜光珍珠，在漂白的过程中，经不起化学品的渗透或刺激，导致发光珠核会慢慢被氧化或腐蚀，反而使漂白后的夜光珍珠发光率差，寿命不长，极大地降低了夜光珍珠的价值。

因此，目前急需一种发出高亮度光且耐酸和碱等化学品腐蚀的长寿命发光珠核，以期由此培育出的夜光珍珠在漂白过程中可耐酸和碱等化学品腐蚀、长时间地发出高亮度光。

二、耐酸碱荧光珠核制备

广东尊鼎珍珠有限公司的何德边于2013年7月在数次实验的基础上公开了发明专利——发光珠核及其制备方法、培育夜光珍珠的方法CN201210006758.7，目前已经培育出大量的耐酸和碱等化学品腐蚀且长时间发出高亮度光的夜光珍珠。[25]该专利提供了一种高亮度及耐酸和碱等化学品腐蚀的长寿命高亮度发光珠核及其制备方法。其中制备所述珠核的操作方法简单，可以培育出大量长时间发出高亮度光的高品质夜光珍珠。该夜光珍珠可以发出高亮度光，荧光余辉时间长、寿命长且化学结构稳定，在钻孔过程中可以耐酸和碱等化学品腐蚀。

技术方案：将荧光粉和天然石英混合均匀并置入坩埚中；将坩埚装入还原气氛炉中加热，经5～8 h使炉温缓慢升温至1150～1600 ℃，并且加压至两个大气压以上，恒温恒压2～3 h；将熔融状态下的荧光粉直接用模具压制成发光珠核形状，或者在恒温恒压2～3 h后自然冷却至凝结，取出气氛炉冷却至室温，再将凝结体打磨成发光珠核形状。

该发明中制备发光珠核的工艺简单，该发光珠核可发出高亮度发光且耐酸和碱等化学品腐蚀；使用该发明的方法可大批量培育出具有夜光特性的夜光珍珠，该培育工艺简单、成本低；制备的夜光珍珠发光亮度大，余辉时间长，在接受太阳或日光、灯光等光源照射5～10 min后，能在黑暗处发光15 h以上，余辉时间达80 h；以及该夜光珍珠的荧光颜色可以通过调节复合荧光材料的组成进行调色。此外，该夜光珍珠无毒、无味、无放射性，对身体没有任何损害，而且在钻孔加工和漂白后，产量和质量高，经济效益好。因此，该培育工艺是现阶段珍珠养殖中值得推广的培育技术。

图4-10是根据该发明实施例1制备的绿色荧光珠核的发光光谱（a）以及由该绿色荧光珠核培育出的夜光珍珠的发光图谱（b）。

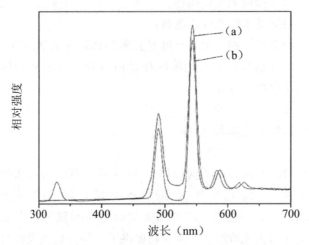

图4-10 实施例1制备的绿色荧光珠核(a)及其培育珍珠(b)的发光光谱

图4-11是根据该发明实施例2的蓝色荧光珠核的发光光谱(a)以及由该蓝色荧光珠核培育出的夜光珍珠的发光图谱(b)。

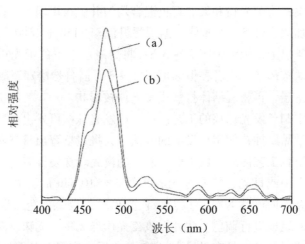

图4-11 实施例2制备的蓝色荧光珠核(a)及其培育珍珠(b)的发光光谱

图4-12是根据该发明实施例3的黄色荧光珠核的发光光谱(a)以及由该黄色荧光珠核培育出的夜光珍珠的发光图谱(b)。

第四章 特异珠核

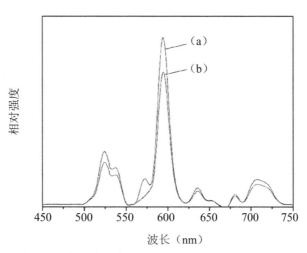

图4-12 实施例3制备的黄色荧光珠核（a）及其培育珍珠（b）的发光光谱

根据该发明的一个实施方式，提供了一种制备培育珍珠用发光珠核的方法，包括：将荧光粉和任选的其他组分混合均匀并置入坩埚中；将坩埚装入还原气氛炉中加热，经5~8 h使炉温缓慢升温至1150~1600 ℃，优选为1200~1550 ℃，更优选为1500 ℃，并且加压至两个大气压以上，恒温恒压2~3 h；以及将熔融状态下的荧光粉直接用模具压制成发光珠核形状，或者在恒温恒压2~3 h后自然冷却至凝结，取出气氛炉冷却至室温，再将凝结体打磨成发光珠核形状。该方法制备出的发光珠核可长时间发出高亮度光且耐酸和碱等化学品腐蚀。

根据该发明优选的实施方式，优选使用由发明人为郝庆隆的中国专利CN1166824C所制备的复合荧光粉作为该发明的高亮度发光荧光材料，因此将该中国专利申请引入该发明作为参考。具体地，所述荧光粉是以硼的碱土金属铝酸盐为基质，以RE元素为激活剂，结晶物相由物相A和物相B组成，所述物相A的化学表达式为：

$$(M,RE)_{1-x}(Al_{2-a},B_a)_2O_{4-x} \tag{1}$$

所述物相B的化学表达式为：

$$(M,RE)_{4-y}(Al_{14-b},B_a)_{14}O_{25-y} \tag{2}$$

其中：M是选自镁、钙、锶和钡的至少一种或一种以上碱土金属的组合；RE是选自镧、铈、镨、钕、钐、钆、铽、镝、钬、铒、铥、镱、镥的至少一种或一种以上的稀土元素；x为0.03~0.15，a为0.001~0.250，y为0.05~0.50，b为0.04~1.50。

进一步地，上述复合荧光材料的主要物相可以为结晶物相 A，也可以为结晶物相 B。调节物相 A 和物相 B 的相对含量、物相 A 和物相 B 的组成可以实现发光珠核或者夜光珍珠分别发出各种颜色的光，例如可以发出绿光、蓝光和黄光。因此，该发明可以制备出分别发出多种颜色的夜光珍珠。

根据该发明优选的实施方式，所述任选的其他组分是天然石英。根据该发明的另一优选实施方式，上述方法的加热加压步骤是经 5～8 h 使炉温缓慢升温至 1200～1550 ℃，并且加压至两个大气压，恒温恒压 2 h；更优选是经 8 h 使炉温缓慢升温至 1500 ℃，并且加压至两个大气压，恒温恒压 2 h。根据该发明进一步优选的实施方式，所述发光珠核的形状为椭圆形、圆形或者橄榄形；优选为圆形或椭圆形，进一步优选其颗粒直径为 0.5～5 mm，更优选为 2～3.5 mm。

根据该发明的另一方面，提供由上述方法制备的发光珠核。

根据该发明的另一方面，提供一种培育夜光珍珠的方法，包括如下步骤：通过插核手术将根据该发明方法制备的发光珠核插入育珠蚌的核位上，以及将育珠蚌放入水中养殖直至培育出珍珠。优选上述育珠蚌为海水珠母贝，把夜光珠核括入海水珠母贝内脏囊的核位上。

具体地，该发明的夜光珍珠可以通过该技术领域常用的方法来制备，或者通过如下培育过程来制备。

（1）制备外壳细胞小片进行手术：选择合适的海水珠母贝，首先用解剖刀切断小片贝的前后闭壳肌，使两壳自行张开，去掉内脏团，切除韧带，用清水冲洗数次。接着用手术刀插入内外表皮之间，将内外表皮均匀剥离，剪下外表皮，反拉到小片板上，切除色素带，将小片切成正方形小块，细胞小片的大小为珠核表面的 1/10～1/8、厚为 0.45～0.55 mm，最后滴注 0.01 mol/L 的生理盐水，以待插核用。

（2）选择母贝进行插核手术：选择贝龄为 3 龄的海水珠母贝，要求其规格为 10～15 cm，外壳完整，无病痛，边缘有鲜艳的黄色软边，闭壳有力，出水射程远，斧足肥壮，外套膜完整，雌体怀卵量不大。将上述选择的育珠贝洗净，腹面朝上露空 15～20 min，加水让贝壳自行张开，用固口器将张开二壳固定，再用开口器加宽开口，然后荡洗外套膜 3～5 次，用整鳃器消鳃和斧足拨到不用插片的一边。用创口针在外套膜上开设创口，创口的深度为 5～10 mm，再用通道针从伤口伸入通道，将细胞小片的分泌面贴住发光珠核，用送核器将发光珠核送到伤口，接着用通道针将荧光珠核推到底部，插核顺序先后端、后前端，先边缘、后中央，沿海水珠母贝的外套膜线中端向前。操作完后，用 0.1% 的金霉素或 5% 的磷酸液消毒，以防发炎或伤口感染。

（3）手术护理：把手术贝先放入合适的海水中暂养 7～10 d，该海水要求有较高的溶解氧，以加快手术贝的伤口愈合、减少感染。然后移至休息池中，该休息池要求通风向阳、水质好，加强管理，12～15 d 以后，再移入正式养殖水域进行育珠养殖，按照常规方法培育 18 个月管理，珍珠贝内的珍珠囊分泌液覆盖在发光珠核表面，经过 18 个月的成长可形成珍珠，即可培育出该发明的夜光珍珠。

根据该发明的另一方面，提供由上述方法培育出的夜光珍珠。该夜光珍珠发光亮度大，余辉时间长，在接受太阳或日光、灯光等光源照射 5～10 min 后，能在黑暗处发光 15 h 以上，余辉时间达 80 h。该夜光珍珠可以发出绿光、蓝光和黄光等多色光，这可以通过调节发光珠核中的夜光粉 A 物相和 B 物相的组成来实现，因此该发明的夜光珍珠可以发出各种颜色的光。

综上，该发明的方法或者所培育出的夜光珍珠具有以下优点：制备发光珠核的工艺简单，该发光珠核可发出高亮度光且耐酸和碱等化学品腐蚀；使用该发明的方法可大批量培育出具有夜光特性的夜光珍珠，该培育工艺简单、成本低；制备的夜光珍珠发光亮度大，余辉时间长。此外，该夜光珍珠无毒、无味、无放射性，对身体没有任何损害，而且在钻孔加工和漂白后，产量和质量高，经济效益好。因此，该培育工艺是现阶段珍珠养殖中值得推广的培育技术。

实施例 1：绿色发光珠核的制备。

选用发出绿色荧光的复合荧光材料 1000 g，其中物相 A $(Sr, Eu, Dy)_{0.92}(Al, B)_{2.00}O_{3.92}$ 的质量百分比为 69%，物相 B $(Sr, Eu, Dy)_{3.68}(Al, B)_{14}O_{24.68}$ 的质量百分比为 31%。将该复合荧光材料置入坩埚中，将坩埚装入以炭粉作为还原气氛的电炉中加热，经 5 h 使炉温缓慢升温至 1500 ℃，并且加压至 2.1 个大气压，恒温恒压 3 h 后，在熔融状态下将其直接用模具压制成圆核。

实施例 2：蓝色发光珠核的制备。

除了选用复合荧光材料 850 g 以及在复合荧光材料中配合 150 g 的天然水晶（纯度为 99.8%）以外，采用与实施例 1 相同的方法步骤，来制备蓝色发光珠核。该复合荧光材料的物相 A $(Sr, Eu, Dy)_{0.92}(Al, B)_{2.00}O_{3.92}$、物相 B $(Sr, Eu, Dy)_{3.68}(Al, B)_{14}O_{24.68}$ 的质量百分比分别为 31% 和 69%。

实施例 3：黄色发光珠核的制备。

除了选用复合荧光材料 900 g 以及在复合荧光材料中配合 100 g 的天然水晶（纯度为 99.8%）以外，采用与实施例 1 相同的方法步骤，来制备黄色发光珠核。该荧光复合材料的物相 A $(Sr, Eu, Dy)_{0.92}(Al, B)_{2.00}O_{3.92}$、物相 B $(Sr, Eu, Dy)_{3.68}(Al, B)_{14}O_{24.68}$ 的质量百分比分别为 85% 和 15%。

第五节 珠核安全性

一、研究背景

1986 年法国科学家贝克勒尔首先发现了某些元素的原子核具有天然的放射性，即能自发产生衰变，从一个核素原子核变成另一个核素原子核，并发出各种不同的肉眼看不见的射线。这些元素统称为放射性元素或放射性物质。在科学上，把不稳定的原子核自发地发射出一定动能的粒子（包括电磁波），从而转化为较稳定的结构状态的现象称为放射性，由放射性物质所造成的污染，叫放射性污染[26-27]。我们通常所说的放射性是指原子核在衰变过程中发出 α、β、γ 射线的现象，放射性 α 粒子是高速运动的氦原子核，在空气中射程只有几厘米，β 粒子是高速运动的负电子，在空气中射程可达几米，但 α、β 粒子不能穿透人的皮肤；而 γ 粒子是一种光子，能量高的可穿透数米厚的水泥混凝土墙，它能轻而易举地射入人体内部，作用于人体组织中的原子，产生电离辐射[28]。除了这 3 种放射线外，常见的射线还有 X 射线和中子射线。这些射线各具特定能量，对物质具有不同的穿透能力和间离能力，从而使物质或机体发生一些物理、化学、生化变化。

在自然状态下，来自宇宙的射线和地球环境本身的放射性元素一般不会给生物带来危害。自 20 世纪以来，人类对自然岩石矿物的过度开采，使人类生活环境中的放射性强度随之增强，危及人类的生存，从而不可避免地会对我们的环境造成放射性污染。

防范放射性污染是我国以及全世界面临的一项现实且重要的任务。[29-30]《中华人民共和国放射性污染防治法》已于 2003 年 10 月 1 日起实施。"预防为主、防治结合、严格管理、安全第一"是这部法律的立法原则。

为了开发白云岩珠核材料，应当重视放射性污染问题，确保其安全性。参照国家标准《建筑材料放射性核素限量》（GB 6565——2001）的规定方法，利用高纯锗型低本底多道 γ 能谱仪测量了砗磲和白云岩珠核材料中 ^{226}Ra、^{232}Th 和 ^{40}K 的比活度[31]。

第四章 特异珠核

二、材料与方法

每一种放射性核素随时都在释放出一个或多个能量值的 γ 射线，这些射线会刺激高纯锗探头，再通过与探头 – 谱仪之间的电子/数字转换，最后在能谱图的不同位置形成特征峰，这些特征峰的面积大小与对应核素的浓度（即比活度）成正相关关系。

本实验在深圳出入境检验检疫局工业品检测技术中心完成，测量所用的高纯锗型低本底多道 γ 能谱仪的型号为 GEM30PH，测量步骤如下。

制样：将样品干燥后粉碎至粒径小于 0.16 mm，装入核素分析专用的圆柱形样品杯（直径为 70 mm、高为 75 mm）中；密封样品 21 d 以上，使样品内部核素的放射性衰变达到平衡。

将高纯锗探头用液氮预制冷 12 h 以上，后将探头升至 1700 V 左右的高压状态。

测量：先后将样品、标样和空样品杯（空白）置于样品室中的探头正上方，采集样品、标样和天然本底的 γ 射线能谱图。一般情况下，样品和标样的测量时间为 6～10 h，天然本底的测量时间为 48～72 h。

数据处理：分别确定样品、标样和天然本底的 γ 射线能谱图上不同核素的特征峰面积大小，根据标样中不同核素的比活度（已知），通过计算即可求出样品中相应核素的比活度。

三、结果与分析

测定结果如表 4 – 2 所示。

表 4 – 2 珠核材料及其珠核放射性核素比活度

样品名称	核素比活度（Bq/kg）		
	镭（^{226}Ra）	钍（^{232}Th）	钾（^{40}K）
失衡丽蚌原料	0.93	0.82	16.12
白云岩原料	1.89	1.46	20.47
失衡丽蚌珠核	1.06	0.89	14.23
白云岩珠核	4.13	1.49	23.11

从测量数据来看，白云岩珠核与失衡丽蚌珠核相比，放射性核素的含量

基本相当，参照国家对建筑材料中放射性核素的限量规定[32]，放射性水平最低的 A 类建筑材料（其使用不受限制）的内照指数（I_{Ra}）和外照指数（I_γ）必须同时满足：

$$I_{Ra} = C_{Ra}/200 \leqslant 1.0;$$

$$I_\gamma = C_{Ra}/370 + C_{Th}/260 + C_K/4200 \leqslant 1.3$$

上式中，C_{Ra}、C_{Th} 和 C_K 分别为 ^{226}Ra、^{232}Th 和 ^{40}K 的比活度。

白云岩珠核与失衡丽蚌珠核的放射性核素比活度都符合上述条件，都不具有放射性危害。

四、结论与讨论

自然界中所有物质都含有放射性元素，人类一直是在有放射现象的环境中生存和繁衍的。实际上，人类时刻都在接受着各种天然放射线的照射，它们来自宇宙射线或存于土壤、岩石、水和空气中的放射性核素。这些因素构成的辐射剂量称为天然本底辐射，人类是在此环境中生存和繁衍发展起来的，已经适应了天然本底辐射。一种物质是否对人体或生物造成有害影响，取决于该物质放射性辐射剂量水平的高低。

白云岩为碳酸盐类岩石，其中放射性核素含量较低。从白云岩形成的地质过程分析可知，天然白云岩的形成均与放射性物质没有直接关联，因而对人体不具有放射性危害。在用白云岩原料制备生产珠核的工艺过程中，也没有接触放射性物质，不可能增加放射性核素。

因此，从理论和实际测定结果来看，目前所用的珠核材料是安全的。

从 2019 年开始，桂林理工大学陈宏毅老师的团队选择了"陨石的放射性测试"这个选题，为了取得具有信服力的科学数据，先后在中国地质大学（北京）地球物理与信息技术学院辐射与环境实验室和中材地质工程勘查研究院检测中心开展了系列陨石的放射性测试工作。检测结果表明，放射性比活度最高的为玻璃陨石（I_{Ra}，0.16；I_γ，0.37）。检测结果也表明，实验中涉及的几类陨石样品的放射性比活度值均低于安全值，可用于日常贴身佩戴；雷公墨的放射性比活度稍高于其他陨石样品，但仍在安全标准之内。[33]

雷公墨原岩类型类似于花岗岩和石英砂岩等富二氧化硅岩石，含有钾长石、黑云母、锆石、独居石、褐帘石等矿物的熔融物和残余物，这些矿物具有相对高的钾、铀、钍、镭等放射性元素，提高了原岩重熔产物的放射性强度。另外，陨石样品的内外照辐射指数均低于人体不同器官可承受的放射性安全限值,玻璃陨石外照辐射指数略高于人体性腺、眼睛和骨髓等敏感器官的最高安全限值。因此,从放射性影响人体健康的角度来看,玻璃陨石珠核培育的珍珠可以短期佩戴,但尽量不要接触人体敏感器官,不建议长期贴身佩戴。

参 考 文 献

[1] 乔志恒,范维铭.物理治疗学全书[M].北京:科学技术文献出版社,2001.

[2] 刘永,张春芳.一种磁性珠核的制作方法:CN201610491392.5[P]. 2016-11-16.

[3] 张春芳,刘永,焦宗垚,等.利用磁性吸引力固定珠核养殖有核珍珠的方法:CN201110115928.0[P].2011-08-24.

[4] 张春芳,焦宗垚,刘永,等.几种强制固核技术在大珠母贝育珠中的应用效果[J].广东海洋大学学报,2013,33(6):93-96

[5] 青莉芳,魏敏,杨平华,等.γ辐照食品灭菌的机理及微生物检测[J].食品研究与开发,2016,37(5):218-220.

[6] 徐浪,王林聪,焦懿,等.辐照处理在农产品加工中的应用研究进展[J].安徽农业科学,2020,48(7):14-19.

[7] 童银洪,尹国荣,刘永.辐照加工优化珍珠蚌贝壳板材色泽的研究[J].农业研究与应用,2020,33(1):31-34.

[8] 廖晓芹,童银洪,刘永,等.辐照法快速鉴别海水药用珍珠和淡水药用珍珠[J].现代农业科技,2021(10):218-219,224.

[9] 陈志强,郭丰辉,童银洪,等.辐照法快速鉴别海水和淡水珍珠粉[J].轻工标准与质量,2021(3):76-77,83.

[10] 童银洪,刘永,纪德安,等.企鹅珍珠贝天然珍珠成分和快速鉴定[J].农业研究与应用,2023,36(1):46-51.

[11] 木士春,马红艳.养殖珍珠微量元素特征及其对珍珠生长环境的指示意义[J].矿物学报,2001,21(3):551-553.

[12] 林江,林湧,杨继峰,等.海水珍珠与淡水珍珠的比较:药用价值、鉴别方法[J].广西中医学院,2007,10(4):80-82.

[13] 蒲月华,何锦锋,高振声,等.珍珠粉与珍珠层粉微量元素的对比研究[J].食品研究与开发,2016,37(16):125-128.

[14] 沙仁礼,杜安道,董连方,等.珍珠的辐照着色研究[J].辐射研究与

辐射工艺学报，1988，6（4）：54-58.

[15] 李耿，蔡克勤，余晓艳．养殖珍珠的辐照改色与鉴定特征［J］．矿物岩石地球化学通报，2007，26（21）：184-186.

[16] 李立平，陈钟惠．养殖珍珠的辐照处理［J］．宝石和宝石学杂志，2002，4（3）：16-21.

[17] 许汉卿，胡国辉，钟红海，等．中国琼雷地区玻璃陨石成分的初步研究［J］．地球化学，1983（3）：323-328.

[18] 廖香俊．海南玻璃陨石（雷公墨）的宝石学特征［J］．珠宝科技，1994，6（4）：50-51.

[19] 张宗言，李响，张楗钰，等．"天外来石"雷公墨［J］．华南地质与矿产，2018，34（3）：257-260.

[20] 李春来，欧阳自远．（微）玻璃陨石研究进展［J］．科学通报，1997，42（16）：1681-1695.

[21] 廖晓芹，童银洪．一种墨绿色珍珠的培育方法：CN202011543552.9［P］．2020-12-24.

[22] 纪德安，童银洪，刘永，等．一种蓝紫色珠核的制作方法：CN202310512327.6［P］．2023-08-15.

[23] 李东升，宁广蓉，黄萌，等．天然玻陨石的优化处理和款式设计与加工［J］．宝石和宝石学杂志，2000，2（4）：47-50.

[24] 苏州市珍妮日用化工有限公司．夜光珍珠培育方法：CN200810019733.4［P］．2008-08-20.

[25] 何德边．发光珠核及其制备方法、培育夜光珍珠的方法：CN201210006758.7［P］．2013-07-17.

[26] 高剑森．放射性污染漫谈［J］．现代物理知识，2001，13（4）：12-13.

[27] 方达．防范放射性污染是一项重要的任务［J］．国际技术经济研究，2005，9（1）：28-32.

[28] 王罗春，杜方正，翁彦．居室放射性及其对策［J］．江苏环境科技，2003，16（1）：27-29.

[29] 石晓亮，钱公望．放射性污染的危害及防护措施［J］．工业安全与环保，2004，30（1）：6-9.

[30] 谢贵珍，潘家永，赵晓文，等．两类建筑装饰材料中的放射性污染［J］．中国辐射卫生，2006，15（1）：85-87.

[31] 童银洪，张珠福．珍珠珠核材料的安全性研究［J］．现代农业科技，2011（13）：16-17，19.

[32] 国家质量监督检验检疫总局，国家标准化管理委员会.建筑材料放射性核素限量：GB 6566—2001 [S].北京：中国标准出版社，2001.

[33] 芦思洁，陈宏毅，谢兰芳，等.陨石的放射性比活度及其成因分析[J].矿物学报，2023，43（2）：255-262.

第五章 植核育珠

第一节 珍珠养殖概述

根据出产水域的不同,人工养殖珍珠分为海水珍珠与淡水珍珠,海水珍珠是通过人为干预利用海水珍珠贝培育的珍珠,淡水珍珠是通过人为干预利用淡水珍珠蚌培育的珍珠,人们习惯将生长在海洋中的珍珠贝类称为珍珠贝,将生长在淡水中的珍珠贝类称为珍珠蚌或者河蚌。根据珍珠是否含有珠核,人工养殖珍珠又分为有核珍珠和无核珍珠,海水珍珠绝大部分为有核珍珠,淡水珍珠主要为无核珍珠,其产量占淡水珍珠产量的约70%,淡水有核珍珠约占30%。根据珍珠在珍珠贝类体内的位置分为附壳珍珠和游离珍珠,附壳珍珠与珍珠贝类的贝壳内表面相连,游离珍珠则生长在珍珠贝或者珍珠蚌内脏囊和外套膜上。国内外珠宝市场上的珍珠绝大部分为有核珍珠。

一、海水珍珠养殖

生产海水珍珠的珍珠贝类主要有马氏珠母贝(*Pinctada martensii*)、大珠母贝(*Pinctada maxima*)、珠母贝(*Pinctada margaritifera*)和企鹅珍珠贝(*Pteria penguin*)。

马氏珠母贝珍珠培育:马氏珠母贝(*Pinctada martensii*)又名合浦珠母贝(*Pinctada fucada martensii*),主要分布在日本、印度等国家的沿海地区以及中国广东、广西和海南的沿海,是中国生产海水珍珠最主要的珍珠贝。日本利用马氏珠母贝生产的珍珠称为Akoya(亚科亚)珍珠,中国利用马氏珠母贝生产的珍珠称为南珠。我国的马氏珠母贝育珠实验于1958年获得成功,在20世纪90年代达到产业高峰,珍珠年产量最高达到了30多吨,其中湛江珍珠产量约20吨,占全国总产量的70%。由于北部湾沿海地区利用马氏珠母贝生产的珍珠称为南珠,因此马氏珠母贝珍珠产业又称为南珠产业。[1]
马氏珠母贝成体比较小,主要用于生产直径6.0~8.0 mm的中小规格珍珠,其产量占我国海水珍珠总产量的90%以上。2008年以来,受到国际金融危机的影响,加上养殖环境恶化和养殖育珠技术缺乏创新,珍珠产量、质量和价格大幅度下降。目前,我国海水珍珠的年产量从生产高峰时的30多吨下降至2~3吨,海水珍珠生产已经陷入困境。为了解决马氏珠母贝珍珠养殖产业面临的困境,我国科研工作者通过集成马氏珠母贝优良品种培育、创新养殖与育珠技术进行优质海水珍珠培育,取得了初步成效,使得马氏珠母贝珍珠产业缓慢恢复。

大珠母贝珍珠培育:大珠母贝(*Pinctada maxima*)又称白蝶贝,主要分布在澳大利亚、菲律宾、马来西亚、印度尼西亚、缅甸等国家,以及中国广东省西南部的雷州半岛沿海、广西的涠洲岛周边海域、海南四周和西沙群岛等地区的热带、亚热带水域。大珠母贝用于培育银白色系列和金色系列的南洋珍珠,所培育出的珍珠是目前珠宝市场上珍珠规格最大、售价最高的人工养殖珍珠。Mamangkey等(2009)指出,大珠母贝是培育优质"南洋珍珠"的理想珍珠贝类,其生产的南洋珠占整个海水养殖珍珠的46%,在珍珠生产企业中占主导地位。[2]澳大利亚和印度尼西亚是南洋珍珠的主要生产国。我国大珠母贝的人工育苗1970年获得成功,并于1981年在育珠技术上取得了突破,生产了第一颗大型珍珠。此后大珠母贝珍珠产业发展缓慢,主要原因在于海区养殖期间幼贝的成活率太低,无法为植核育珠提供充足的植核母贝进行实验和生产。由于我国未能规模化养殖大珠母贝来培育大规格南洋珍珠,导致国内高档大型珍珠消费主要依赖进口。为了突破大珠母贝养殖的技术瓶颈,我国对大珠母贝人工育苗、母贝养殖、遗传多样性和游离珍珠培育技术等进行了大量研究,取得了一定的成效,但是大珠母贝幼苗海区养殖成活率低阻碍产业化养殖的技术问题尚未得到有效解决。

珠母贝珍珠培育:珠母贝(*Pinctada margaritifera*)又称黑蝶贝,栖息在热带、亚热带海区,在南太平洋的塔希堤岛、土阿莫土群岛、库克群岛、所罗门群岛和斐济,美洲的加利福尼亚湾、巴拿马以及印度洋的苏丹、波斯湾等地的沿海,以及中国广东、广西、海南等地的沿海均有分布。珠母贝是培育黑色南洋珍珠的理想母贝,所培育的黑珍珠颜色从浅灰色到深黑色,光泽独特,黑色基调上伴有各种缤纷的色彩,缓慢转动黑珍珠,可以看到不断变幻的轻微彩虹闪光,给人们一种神秘、高贵且典雅的视觉感受,被称为梦幻珍珠。法属波利尼西亚是世界上黑珍珠生产的最大基地,其培育的黑珍珠产值占世界黑珍珠总产值的95%以上,养殖区域位于社会(Society)群岛、甘比尔(Gambier)群岛和土阿莫土(Tuamotu)群岛[3]。从20世纪70年代开始,法属波利尼西亚进行的人工培育黑珍珠实验成功,珠母贝养殖就已经成为该地仅次于旅游业的第二产业,为该国25万人提供了收入,2012年其黑珍珠产量达到了16吨,在487个养殖场雇用了5000人工作。[4]我国珠母贝的养殖技术研究开始于20世纪70年代,目前珠母贝规模化人工育苗已基本成熟,母贝养殖和育珠技术方面也进行了探索,但还存在幼苗海区养殖成活率低和育珠贝留核成珠率低的问题。珠母贝小苗在海区养殖到成贝的成活率低于0.1%,其中贝苗养殖到壳高20 mm时死亡率达90%以上,壳高达40～50 mm出现第二次死亡高峰,壳高达55～65 mm出现第三次死亡高峰甚至全部死亡[5]。我国人口众多,是黑色南洋珍珠的消费大国,由于国内尚不能产业化养殖珠母贝来培育黑珍珠,黑珍珠的消费依赖进口。

企鹅珍珠贝珍珠培育:企鹅珍珠贝(*Pteria penguin*)分布于热带、亚热带海区,主要栖息在日本、泰国、印度尼西亚、菲律宾、澳大利亚、马来西亚等国家,以及我国广东、广西和海南沿海的深水海域。企鹅珍珠贝左右两壳隆起显著,是培育附壳珍珠的理想母贝,主要用于培育附壳珍珠。[6]企鹅珍珠贝形态结构特殊,培育游离珍珠十分困难,国外还没有利用企鹅珍珠贝成功培育出游离珍珠的有关报道。国内利用企鹅珍珠贝培育正圆游离珍珠已经取得了初步成功,但还存在育珠贝吐核率高、死亡率高、成珠率低的问题。

二、淡水珍珠养殖

生产淡水珍珠的蚌类主要有三角帆蚌(*Hyriopsis cumingii*)、褶纹冠蚌(*Cristaria plicata*)和池蝶蚌(*Hyriopsis schlegeli*)。其中,三角帆蚌和褶纹冠蚌为我国土著种,池蝶蚌原产于日本琵琶湖,1997年被江西洪门水库公司引种和繁殖成功,目前池蝶蚌在江西抚州等地养殖。

我国的淡水珍珠养殖起始于20世纪50年代,1958年淡水无核珍珠培育实验在广东获得成功,1965年在江苏太湖实验成功。1973年,江苏和浙江等地的三角帆蚌和褶纹冠蚌人工育苗成功以后,淡水无核珍珠在湖南、湖北、江西、安徽等省大面积养殖,淡水无核珍珠年产量兴旺时期最高达2000吨。我国淡水有核珍珠的研究始于20世纪60年代,广东绍河珍珠有限公司1991年成功培育出淡水有核珍珠50多千克,目前全国淡水有核珍珠年产量300～500吨。近年来,除了利用河蚌外套膜培育有核珍珠外,广东绍河珍珠有限公司还建立了利用河蚌内脏囊植核育珠技术。

三角帆蚌珍珠培育:三角帆蚌(*Hyriopsis cumingii*)主要分布在我国河北、山东、安徽、江苏、浙江、江西、湖北、湖南和广西等地,其中,洞庭湖、鄱阳湖、太湖、洪泽湖、邵伯湖等地及附近的河流产量较大。三角帆蚌是我国生产淡水珍珠的主要育珠蚌,用于培育无核珍珠和有核珍珠,生产的珍珠具有珠质细腻、光滑、色泽艳丽，形状较圆的特点，但分泌珍珠质的速度较褶纹冠蚌慢。[6]

褶纹冠蚌珍珠培育：褶纹冠蚌（Cristaria plicata）分布于黑龙江、吉林、河北、山东、安徽、浙江、江西、湖北、湖南等地，在我国几乎各地均有分布。首先，褶纹冠蚌耐污水能力较强，栖息在泥沙底的河流、湖泊和沟渠中。其生长速度快，三年壳长可达 30～35 cm、壳宽达 20～25 cm，褶纹冠蚌内脏团肥厚，适合在内脏团中植入较大规格珠核，培育大型有核珍珠。其次，褶纹冠蚌个体大，珍珠质分泌速度快，外套膜宽广，壳间距较大，适合培育大型附壳造型珍珠。褶纹冠蚌培育的珍珠具有褶纹，形状为长圆形，颜色多为红色或粉红色，珍珠质量不及三角帆蚌，无核珍珠产品多作为药材、保健品和化妆品的原料[6]。目前，我国褶纹冠蚌内脏团植核培育大型游离珍珠技术还处在实验阶段，现阶段主要用于培育附壳造型珍珠。

第二节　珠核表面处理

一、原理与目的

人工养殖珍珠就是借鉴天然珍珠形成的原理，将一个珍珠贝的外套膜特定区域切成小片，然后移植到另一个珍珠贝的结缔组织中，同时植入用蚌壳或其他原料做成的珠核，移植的外套膜小片细胞经过移行、分裂增殖，形成了包围珠核的一层扁平上皮细胞，称为珍珠囊。珍珠囊细胞不断分泌珍珠质沉积在珠核上，从而形成了人工养殖的珍珠。因此，移植的外套膜表皮细胞形成的珍珠囊对所形成的珍珠质量如珍珠颜色、光泽、形状、大小起决定性的作用，珠核起着决定珍珠形状的作用，如植入圆形珠核形成圆形珍珠，植入扁形珠核则形成扁形珍珠。如果只是在珍珠贝体内植入珠核不植入外套膜细胞小片不能形成珍珠，但不植入珠核而植入外套膜细胞小片能够形成无核珍珠，因为没有珠核定型，无核珍珠绝大部分形状不规则。

将一个珍珠贝的外套膜小片和珠核植入另一个珍珠贝的过程称为植核手术，其中制作细胞小片的珍珠贝称为小片贝或者供体贝，用于植入珠核和外套膜小片的珍珠贝称为受体贝或者手术贝。植核手术需要借助植核工具如开口针、通道针和送核器等工具才能够将一个珍珠贝的外套膜小片和珠核植入到另一个珍珠贝的结缔组织中，由于手术过程需要在珍珠贝外套膜或者内脏囊开切口、构建通道，如果消毒处理不彻底导致手术创口感染，会影响植核贝创口愈合和移植小片细胞的分裂增殖，严重的感染会造成育珠贝死亡。因此，为了提高育珠贝成活率、留核成珠率和所培育的珍珠质量，利用合适浓度、合适种类的抗生素对手术工具、珠核和细胞小片进行消毒处理，首先能够减少送核和送片过程中手术工具对切口、通道和核位周围组织的感染。其次，对珠核进行消毒处理，能够有效减少珠核从切口送到核位过程中，以及珠核到达核位后珠核对贝体周围结缔组织的感染，而且经过消毒处理的珠核有利于移植小片在珠核表面增殖形成珍珠囊分泌珍珠质。最后，抗生素可以杀灭或者抑制病原微生物，防止从外套膜切割下来的小片受到细菌感染，促进细胞增殖快速形成珍珠囊分泌珍珠质，也促进创口愈合。因此，经过抗菌药物对植核工具、珠核和细胞小片处理可以提高育珠贝的留核率和优质珠率。

二、营养抗菌和小片保养

目前，珠核的抗菌药物处理有两种方法：一是将珠核清洗干净后干燥处理，在干燥的珠核表面喷涂中药制剂或者抗生素，然后再将涂有药物的珠核干燥形成抗菌涂药珠核，又称包药珠核。由于珠核外面包裹有抗菌作用的药物包衣，珠核被植入育珠贝内脏囊或者育珠蚌外套膜或者内脏团后对植核损伤部位具有消炎和杀菌作用，能够促进创口愈合，提高育珠贝成活率。二是将珠核清洗干净后，在植核手术时用抗生素浸泡珠核后再植入珍珠贝体内。李晓红等（2022）将直径 2.5 mm 的珠核用清水清洗干净后，利用超声波清洗 30 min，再用清水浸泡加热煮沸消毒 40 min，然后用烘箱保持 60 ℃烘干，浸泡于黄芪 1.55 g/mL、黄霉素 7.9 mg/mL、土霉素 9.48 mg/mL 的混合药液中 30 min，烘干制作成包药珠核。[7]将制备的包药珠核用于三角帆蚌外套膜植核育珠，其中制片蚌的蚌龄 1 龄、体长 50 ~ 80 mm，育珠蚌 2 龄、体长 100 ~ 130 mm，每只育珠蚌植入珠核 30 颗，左右侧各 15 颗，能够显著提高育珠蚌的成活率、留核率和优质珠率。

在珍珠培育过程中，外套膜小片经过增殖形成珍珠囊，珍珠囊分泌珍珠质形成珍珠。因此，外套膜小片的切取位置、形状、规格对所形成的珍珠颜色、光泽、珍珠层厚度和表面光洁度等珍珠质量指标起着决定性的作用。外套膜小片保养处理的目的是提高小片细胞的活力，促进细胞的快速分裂增殖形成珍珠囊，同时增强移植小片与结缔组织、珠核的亲和力，降低手术贝的死亡率、提高留核成珠率。因此，植核手术过程中需要对用于移植的外套膜小片进行保养处理。国内外主要选择具有增强细胞活力、促进细胞分裂、防止伤口感染、促进创口愈合功能的药物配制细胞小片保养液。为了获取珍珠生产的高额利润,国外珍珠生产研究单位对珠核和小片处理液配方进行了严格保密,公开报道的资料比较少见。

目前,用于外套膜小片保养处理的药物主要有金霉素、青霉素、氟哌酸、硫酸庆大霉素等抗生素,以及胰岛素、卵磷脂、聚乙烯吡咯烷酮(PVP)、三磷酸腺苷二钠(ATP)、复方氨基酸、葡萄糖等营养素,在淡水珍珠培育中也有用蚌体组织浸出液作为保养处理液主要组分的。外套膜小片保养处理液已在育珠生产中使用,一定程度上提高了珍珠的产量和质量。

三、材料与方法

1. 材料

实验贝:手术贝的贝龄2.0龄、壳高6.0~6.5 cm,经适当的手术前处理,外套膜呈半透明。小片贝的贝龄1.0~1.5龄、壳高5.0~5.5 cm,生长线明显,贝壳内表面珍珠层呈虹彩色或者银白色。手术贝和小片贝均为人工养殖的马氏珠母贝"海选1号"群体,贝体壳形端正,鳞片锐利,闭壳有力,贝壳表面光洁。

珠核:直径5.8~6.2 mm,由淡水丽蚌贝壳研磨而成。

养殖笼具:休养笼为锥形笼,高20 cm、底径35 cm、网径2.0 cm×2.0 cm。育珠笼为片笼,长72 cm、宽50 cm、网径3.0×3.0 cm,分为4隔,每隔装贝7~8只。

2. 方法

栓口:手术前1.5 h将待植核母贝从养殖海区取回,用清贝刀清除贝壳表面的藤壶、海鞘和浮泥等附着物,洗刷干净,排贝处理0.5~1 h后进行栓口。

小片制作:用切片刀割断小片贝的闭壳肌后打开贝壳,切取小片贝唇瓣下方至肛门腹面之间的外套膜小片,以色线为中心切成长条状,按色线内外侧各占50%的比例,切成2.0 mm×2.0 mm的正方形小片备用。

植核手术:采取先送核后送片的方法进行植核,每贝植入珠核2颗,植核位置为"左袋"和"右袋"。

术后休养:植核手术完成后,按照每笼35~40只的密度将植核贝腹部向上密排于锥形休养笼中,具体数量以排满休养笼底为宜,然后吊养于风浪比较小的海区浮筏休养,吊养水深150~200 cm,每2~3 d检查一次育珠贝的恢复状况,及时清除死亡的育珠贝,通过合并笼的方式调整养殖密度。

休养期结束后,将育珠贝移到片笼中养殖,每只片笼装贝 28～32 只,吊养水深 100～150 cm,按常规方法进行育珠贝养殖管理。

育珠贝的休养时间为 23～26 d,育珠时间为 10 个月。

实验设计:设立头孢克肟、四环素、阿奇霉素、罗红霉素 4 个实验组,分别使用 500 mg/L、1000 mg/L 和 1500 mg/L 的浓度浸泡马氏珠母贝手术工具和珠核,每 90 min 更换一次处理液,同时用相同浓度处理液滴加在移植小片上保养处理 3～5 min,每浓度组设 3 个重复组,每重复组植核 1200 只贝,评估抗生素种类和浓度对马氏珠母贝的育珠贝成活率、留核率和商品珠率的影响。

数据处理分析:育珠贝成活率 = 成活育珠贝个数/植核贝个数 × 100%,留核率 = 留核数/植核数 × 100%,商品珠率 = 收获商品珠数/留核数 × 100%。参照珍珠分级国家标准 GB/T 18781—2008 的规定,商品珍珠要达到下列标准:珍珠形状 A3 级以上,珍珠形状近圆形、圆形和正圆形;珍珠光泽 D 级以上,反射光较弱、表面能照见物体;光洁度 C 级以上,有较小的瑕疵,肉眼易观察到;珍珠层厚度 D 级以上,珍珠层厚度大于 0.3 mm。

利用双因素方差分析比较抗生素种类和浓度对育珠贝成活率、留核率和商品珠率的影响,如果影响显著,用最小显著极差法(least significant ranges)进行多重比较,差异的显著水平设为 $P < 0.05$。

四、结果与分析

1. 几种常用抗生素对手术工具、珠核和移植小片的处理效果

几种抗生素对马氏珠母贝手术工具、珠核和移植小片处理后的育珠贝成活率、留核率和商品珠率如表 5 - 1 所示,方差分析结果如表 5 - 2 所示。

表 5 - 1 实验各组合育珠性状比较

类别	浓度(mg/L)	N	成活率(%)	留核率(%)	商品珠率(%)
头孢克肟	500	3	28.70 ± 3.06	45.30 ± 2.92	82.80 ± 2.56
	1000	3	30.60 ± 3.55	65.57 ± 2.20	85.67 ± 3.21
	1500	3	33.50 ± 3.16	69.40 ± 3.26	88.63 ± 2.95
	平均值	9	30.93 ± 3.52	60.09 ± 11.48	85.70 ± 3.57
四环素	500	3	25.57 ± 3.39	49.00 ± 2.78	76.70 ± 3.68
	1000	3	30.53 ± 2.81	62.40 ± 2.62	81.57 ± 3.39

续表

类别	浓度(mg/L)	N	成活率（%）	留核率（%）	商品珠率（%）
	1500	3	32.30±3.76	66.70±2.86	84.60±3.62
	平均值	9	29.47±4.18	59.37±8.34	80.96±4.62
阿奇霉素	500	3	30.30±3.62	47.10±3.00	80.10±2.91
	1000	3	33.03±2.87	55.60±3.82	82.70±3.20
	1500	3	33.27±2.96	59.60±2.62	85.13±3.01
	平均值	9	32.20±3.09	54.10±6.17	82.64±3.41
罗红霉素	500	3	31.40±3.01	42.30±3.25	77.50±2.86
	1000	3	31.93±3.30	44.77±3.11	78.40±2.90
	1500	3	33.00±2.82	48.77±2.87	79.43±2.91
	平均值	9	32.11±2.73	45.28±3.88	78.44±2.64
浓度	500	12	28.99±3.61	45.93±3.62	79.28±3.59
	1000	12	31.53±2.89	57.08±8.70	82.08±3.83
	1500	12	33.02±2.76	61.12±8.69	84.45±4.35
总数	平均值	36	31.18±3.46	54.71±9.70	81.94±4.38

注：N 为每个处理内观察值的个数。

表5-2 抗生素种类和浓度对育珠贝成活率、留核率和商品珠率影响的方差分析

变量	来源	平方和	自由度	均方	F 值	F 临界值
成活率	抗生素	44.0271	3	14.6757	1.4267	$F_{0.05,3,24}=3.01$
	浓度	99.6504	2	49.8252	4.8436*	$F_{0.05,2,24}=3.40$
	抗生素×浓度	28.842	6	4.807	0.4673	$F_{0.05,6,24}=2.51$
	误差	246.8829	24	10.2868	—	—
留核率	抗生素	1259.601	3	419.867	47.6256**	$F_{0.01,3,24}=4.72$
	浓度	1486.284	2	743.142	84.2947**	$F_{0.01,2,24}=5.61$
	抗生素×浓度	339.602	6	56.600	6.4201**	$F_{0.01,6,24}=3.67$
	误差	211.595	24	8.816	—	—
商品珠率	抗生素	250.4115	3	83.4705	8.600*	$F_{0.05,3,24}=3.01$
	浓度	161.0724	2	80.5362	6.2977*	$F_{0.05,2,24}=3.40$
	抗生素×浓度	28.8054	6	4.8009	0.4946	$F_{0.05,6,24}=2.51$
	误差	232.9414	24	9.7059	—	—

(1) 几种抗生素对马氏珠母贝手术工具、珠核和移植小片处理后的育珠贝成活率。

从表 5-2 可见,双因素方差分析显示,不同抗生素处理的育珠贝成活率差异不显著($P>0.05$),不同浓度之间差异显著($P<0.05$),抗生素种类与浓度之间无交互效应($P>0.05$)。为了减少误差,将互作变异合并到误差项中重新对药物种类、浓度进行 F 检验,结果表明不同抗生素处理的育珠贝成活率差异不显著,因此对药物浓度各水平之间作多重比较。结果显示,浓度 500 mg/L 组育珠贝的成活率最低(28.99%),显著低于 1500 mg/L(33.02%)和 1000 mg/L(31.53%)组,浓度 1500 mg/L 和 1000 mg/L 组差异不显著,因此适合使用 1000 mg/L 和 1500 mg/L 的抗生素对植核工具、珠核和移植小片进行消毒处理。

(2) 几种抗生素对马氏珠母贝手术工具、珠核和移植小片处理后的育珠贝留核率。

从表 5-2 可见,抗生素种类与浓度交互作用的效应极显著($P<0.05$),抗生素种类和浓度对马氏珠母贝育珠贝的留核率具有显著影响,因此对水平组合的育珠贝留核率平均数进行多重比较,结果如表 5-3 所示。从表 5-3 可见,浓度 1500 mg/L 和 1000 mg/L 的头孢克肟、四环素,以及 1500 mg/L 的阿奇霉素组的育珠贝留核率显著高于其他处理组合组($P<0.05$),其中浓度 1500 mg/L 的头孢克肟、四环素和 1000 mg/L 的头孢克肟组的育珠贝留核率差异不显著,1500 mg/L 的四环素和 1000 mg/L 的头孢克肟、四环素,以及 1500 mg/L 的阿奇霉素之间差异不显著。因此,马氏珠母贝植核工具、珠核和移植小片处理的抗生素第一选择为头孢克肟和四环素,浓度为 1500 mg/L 和 1000 mg/L,第二选择为 1500 mg/L 的阿奇霉素。

表 5-3 马氏珠母贝育珠贝留核率平均数的多重比较结果

抗生素组合(mg/L)	留核率(%)	$a=0.05$	$a=0.01$
头孢克肟 1500	69.40 ± 3.26	a	A
四环素 1500	66.70 ± 2.86	ab	AB
头孢克肟 1000	65.57 ± 2.20	ab	AB
四环素 1000	62.40 ± 2.62	b	AB
阿奇霉素 1500	59.60 ± 2.62	bc	B
阿奇霉素 1000	55.60 ± 3.82	c	BC
四环素 500	49.00 ± 2.78	d	C

续表

抗生素组合（mg/L）	留核率（%）	$a = 0.05$	$a = 0.01$
罗红霉素 1500	48.77 ± 2.87	d	C
阿奇霉素 500	47.10 ± 3.00	de	C
头孢克肟 500	45.30 ± 2.92	de	C
罗红霉素 1000	44.77 ± 3.11	de	C
罗红霉素 500	42.30 ± 3.25	e	C

注：同列数据含有相同字母数值差异不显著（$P > 0.05$），下同。

（3）几种抗生素对马氏珠母贝植核工具、珠核和移植小片处理后的育珠贝商品珠率。

表5-2的双因素方差分析显示，不同抗生素种类和浓度处理的马氏珠母贝育珠贝商品珠率差异显著（$P < 0.05$），抗生素种类与浓度之间无显著交互效应（$P > 0.05$）。为了减少误差，将互作变异合并到误差项中重新对药物种类、浓度进行 F 检验，方差分析显示抗生素种类和浓度对育珠贝商品珠率无显著交互作用。利用 LSR 进行育珠贝商品珠率多重比较，结果显示，头孢克肟组的商品珠率最高（85.70%），显著高于其他抗生素处理组，其次是阿奇霉素组（82.64%）和四环素组（80.96%），两者间差异不显著，罗红霉素组（78.44%）显著低于其他处理组（$P < 0.05$）；500 mg/L 组的育珠贝商品珠率显著低于 1500 mg/L 组和 1000 mg/L 组，1500 mg/L 和 1000 mg/L 组差异不显著。因此，马氏珠母贝植核工具、珠核和移植小片消毒处理的合适抗生素为头孢克肟、阿奇霉素和四环素，处理浓度为 1000 mg/L 和 1500 mg/L。

五、结论与讨论

根据化学结构，抗生素分为四环素类、大环内酯类、β-内酰胺类和氨基糖苷类，四环素类抗生素是20世纪40年代末发现的广谱抗生素，能够抑制革兰氏阳性菌和革兰氏阴性菌的活性，具有抗炎、抗凋亡和神经保护的作用。[8] 头孢克肟为第三代头孢菌素，属 β-内酰胺类抗生素，对革兰氏阴性菌具有强的抗菌活性，对呼吸道感染、尿路感染、耳鼻喉科感染具有显著的疗效。[9] 阿奇霉素和罗红霉素是大环内酯类抗生素，适用于敏感细菌引起的呼吸道、尿道、生殖道、皮肤和软组织感染。[10-12]

引起海洋贝类致病的细菌主要是革兰氏阴性菌（G^-），为条件致病菌，通过改善养殖条件和使用合适的抗生素可以预防和治疗条件致病菌引起的疾病。本实验结果显示：①抗生素种类对育珠贝成活率没有显著影响，但浓度对育珠贝成活率存在显著影响，合适的处理浓度为 1500 mg/L 和 1000 mg/L。②抗生素种类和浓度对育珠贝的留核率具有显著影响，最佳抗生素浓度和种类为 1500 mg/L 和 1000 mg/L 的头孢克肟和四环素，其次是 1500 mg/L 的阿奇霉素。③抗生素种类和浓度对育珠贝的商品珠率存在显著影响，合适的抗生素为头孢克肟、阿奇霉素和四环素，合适的浓度为 1500 mg/L 和 1000 mg/L。

头孢克肟对革兰氏阴性菌抑制作用较强，而海水中主要致病细菌为革兰氏阴性菌，因此头孢克肟的处理效果最佳。[13-14]笔者认为，首先，利用合适浓度的抗生素对马氏珠母贝手术工具中的开口针、通道针和送核器等进行消毒处理，可以减少送核和送片过程中工具对切口、通道和核位周围结缔组织的感染。其次，利用抗生素对珠核进行消毒处理，能够有效减少珠核被送到植核位置的过程中以及珠核到达核位后珠核对周围组织的感染，并且经消毒处理的珠核有利于移植小片在珠核表面增殖形成珍珠囊分泌珍珠质。最后，抗生素能够抑制或杀灭移植小片上附着的病原微生物，促进移植小片快速形成珍珠囊，提高育珠贝的商品珠率和珍珠质量。李咏梅、王梅芳等在海南、广东和广西的育珠实验表明，根据育珠贝的养殖环境条件和植核母贝的生理状况，选择合适的药物组合进行珠核和移植小片处理，能够显著提高育珠贝的成活率和珍珠质量。[15-17]因此，使用合适浓度的抗生素对马氏珠母贝手术工具、珠核和移植小片进行处理，可以提高育珠贝的成活率、留核成珠率。

综上所述，对马氏珠母贝手术工具、珠核和移植小片消毒处理的合适抗生素为头孢克肟、四环素和阿奇霉素，浓度为 1500 mg/L 和 1000 mg/L。

第三节 术前处理

一、原理与目的

术前处理又称预前处理，是指抑制植核母贝的活力，降低生理机能，使植核母贝处于适合植核手术的状态，其次抑制植核母贝的性腺发育水平，使得植核母贝没有性腺或者含有少量性腺，避免发达的性腺影响植核操作。邓陈茂等（2007）指出，植核手术瞬间给予植核母贝强烈刺激，首先，没有经过手术前处理的母贝生理活动处于正常状态，受到植核手术的突然刺激时,神经和分泌系统会发生异常反应,导致手术贝大量死亡。其次,未经手术前处理的植核母贝对移植细胞小片的排斥作用比较强烈,移植细胞小片长时间处在高柱状和圆筒状细胞阶段,分泌没有价值的壳皮质和棱柱质沉积在珠核表面。最后,如果植核母贝的生殖腺丰满还会阻碍植核手术,形成较多的没有商品价值的有机质珠和畸形珠。因此,未经手术前处理的珍珠贝植核后,死亡率高,留核成珠率低,珍珠质量差。[18]为了提高育珠贝成活率、留核成珠率和珍珠质量,需要对植核母贝进行手术前处理,以调整植核母贝的活力和其生殖腺的发育水平,让植核母贝对植核手术不产生过激反应,使植核手术后能够维持生理活动的相对平衡,对移植细胞小片的拮抗作用小,同时贝体具有少量的生殖腺不致影响植核手术。

植核母贝手术前处理方法分为抑制性腺发育降低活力和促进母贝性腺发育排精产卵法两种。[18]对于性腺发育不明显、不丰满的手术贝,采用吊养在较深水层,同时增加养殖密度以减少贝体获得的饵料和氧气,抑制母贝的性腺发育和活力的方法。对于性腺已经充分发育、饱满的手术贝,采用吊养在较浅水层、降低养殖密度,利用浅水层比较高的水温、丰富的饵料促进珍珠贝性腺发育的方法,然后采用阴干、温差刺激等方法诱导其排精产卵。

二、材料与方法

1. 材料

实验用的马氏珠母贝来源于湛江市徐闻县承梧村外海养殖区。采用 4 种贝龄的母贝作为育珠贝:贝龄 1.0 龄、壳高约 5.0 cm,贝龄 1.5 龄、壳高 5.5～6.0 cm,贝龄 2.0 龄、壳高 6.0～6.5 cm,贝龄 2.5 龄、壳高 6.5～7.0 cm;珠核由淡水蚌壳研磨加工而成,直径为 5.5～6.5 mm。

2. 方法

术前处理:植核用贝手术前处理分为抑制母贝性腺发育法和低温阴干刺激诱导母贝排精产卵法两种。

抑制性腺发育法:在手术前 1 个月,选择性腺发育不明显、性腺外观不饱满的马氏珠母贝,在其中挑选壳形端正、贝壳完整、壳表光洁、鳞片锐利、足丝附着牢固的母贝,切除足丝,清除贝壳表面的附着生物和浮泥,将养殖密度从日常的每笼 30～40 只调整为每笼 70～90 只(占贝笼容积的 80%～90%),每 6～12 笼捆绑在一起,吊养于浮筏下 2～3 m 水层,每捆相隔 80～100 cm,吊养时间为 12～15 d,每 4～6 d 检查一次,发现死亡的母贝及时清除,同时将吊养在外围的母贝和吊养在中间的母贝调换位置,以达到均匀处理的目的。

低温刺激诱导母贝排精产卵法：对于性腺已经充分发育、外观饱满的母贝，在植核手术前 5 d，洗刷干净后，移到冰柜中进行冷冻处理 1～2 h，然后取出于室温环境放置适应 10～20 min，再移到海区吊养 1～2 d 后，成熟的母贝会自动排精产卵，休整 2～3 d 即可进行植核手术。

植核手术与育珠贝养殖：按常规方法进行植核手术，每贝在左袋植入珠核一粒。植核手术结束后，将育珠贝移到自然海区进行休养，休养时间为 25～30 d，然后转入珍珠育成阶段。育珠贝养殖期间，根据附着生物的附着情况，约每隔 6 个月清理育珠贝一次，同时更换破损或堵塞网眼的养殖网笼。

3. 实验设计

术前处理的养殖密度对育珠效果的影响：2009 年 8 月，利用增加养殖密度、减少贝体获得的饵料、氧气的方法抑制母贝性腺发育，比较养殖密度对育珠效果的影响。设立 4 个组合（A_1、A_2、A_3 和 A_0），其中 A_1、A_2 和 A_3 每捆分别绑吊植核母贝 6 笼、9 笼和 12 笼，A_0 为对照组，未经任何处理。每个组合共用贝 3000 只，设立 3 个重复组，贝龄为 2.0 龄。

术前处理的温度和时间对育珠效果的影响：2009 年 8 月，利用低温刺激诱导母贝排精产卵进行术前处理，比较低温术前处理温度与时间对育珠效果的影响。设立 5 个组合（B_1、B_2、B_3、B_4 和 B_0）：B_1 处理温度为 5～10 ℃，处理时间 1 h；B_2 处理温度为 5～10 ℃，处理时间 2 h；B_3 处理温度为 10～15 ℃，处理时间 1 h；B_4 处理温度为 10～15 ℃，处理时间 2 h；B_0 为对照组，未经任何处理。每个组合共用贝 3000 只，设立 3 个重复组，贝龄为 2.0 龄，按照常规技术进行植核手术与养殖管理。

育珠贝的贝龄对育珠效果的影响：2009 年 8 月，利用低温刺激诱导不同贝龄的成熟母贝排精产卵，根据低温刺激诱导母贝排精产卵的实验结果，处理温度为 10～15 ℃，处理时间 1 h，比较不同年龄组间植核母贝的育珠效果差异。设立 5 个组合（C_1、C_2、C_3、C_4 和 C_0），C_1、C_2、C_3 和 C_4 组的植核贝和小片贝分别为 1.0 龄、1.5 龄、2.0 龄和 2.5 龄，C_0 为对照组，未经过术前处理，植核贝与小片贝的贝龄均为 2.0 龄。每个组合共用贝 2000 只，设立 3 个重复组。

4. 数据收集与统计分析

休养期结束后，从实验各组合随机取样统计成活率与留核率。成活率和留核率的计算方式为：休养期成活率＝休养期结束成活贝数/植核贝数；育珠期成活率＝育珠结束成活贝数/休养期成活贝数；休养期留核率＝（植核

数 – 脱核数）/植核数；育珠期留核率 = 留核数/成活贝数。

利用单因素方差（analysis of variance，ANOVA）比较休养期和育珠期各组间的留核率与成活率，若差异显著再利用 Tukey 方法比较各组间的差异；检验的显著性水平设为 $P<0.05$。

三、结果与分析

1. 术前处理养殖密度对育珠效果的影响

从表 5-4 可见，采用增加养殖密度以抑制母贝性腺发育的方式进行术前处理，显著影响育珠贝的成活率和留核率（$P<0.05$）。休养期结束后，术前处理组（A_1、A_2 和 A_3）的成活率和留核率分别为 83.3%~87.4% 和 65.3%~72.1%，对照组为 68.5% 和 54.6%，术前处理组间的成活率和留核率差异不显著（$P>0.05$），其中术前处理组 A_2（每捆绑吊 9 笼）的育珠贝具有最高的成活率和留核率；育珠期结束后，术前处理组（A_1、A_2 和 A_3）的育珠贝成活率和留核率分别为 63.7%~68.1% 和 60.3%~64.4%，对照组为 50.3% 和 44.3%，术前处理组的育珠贝成活率和留核率均显著大于对照组（$P<0.05$），术前处理组间的育珠贝成活率和留核率差异不显著（$P>0.05$），其中术前处理组 A_2（每捆绑吊 9 笼）具有最高的成活率和留核率。

表 5-4 术前处理养殖密度对育珠贝成活率和留核率的影响

组别	休养期（25 天）		育珠期（12 个月）	
	成活率（%）	留核率（%）	成活率（%）	留核率（%）
A_1	86.6 ± 4.7^a	68.8 ± 3.7^a	66.8 ± 5.8^a	61.7 ± 3.7^a
A_2	87.4 ± 5.8^a	72.1 ± 2.5^a	68.1 ± 4.3^a	64.4 ± 4.6^a
A_3	83.3 ± 5.2^a	65.3 ± 3.1^a	63.7 ± 3.9^a	60.3 ± 3.3^a
A_0	68.5 ± 4.7^b	54.6 ± 2.5^b	50.3 ± 4.5^b	44.3 ± 3.2^b

注：每列内具有相同字母数值差异不显著（$P>0.05$）。

2. 低温刺激母贝排精产卵的处理温度与处理时间对育珠效果的影响

从表 5-5 可见，休养期结束后，处理组的育珠贝成活率与留核率分别为 87.5%~92.3% 和 73.1%~79.3%，对照组为 65.5%±4.4% 和 56.6%±2.5%；育珠期结束后，处理组的育珠贝成活率与留核率分别为 73.1%~78.7% 和 63.4%~68.3%，对照组为 62.3%±4.2% 和 51.2%±

3.2%。在休养期和育珠期,处理组的育珠贝成活率与留核率显著高于对照组($P<0.05$),各处理组之间在育珠贝成活率和留核率方面差异不显著($P>0.05$)。其中,B_3组(10~15 ℃,处理 1 h)在休养期和育珠期具有最高的成活率和留核率。

表5-5 术前处理温度和时间对育珠贝成活率和留核率的影响

组别	休养期(25 天)		育珠期(12 个月)	
	成活率(%)	留核率(%)	成活率(%)	留核率(%)
B_1	90.6 ± 4.5^a	75.8 ± 3.7^a	75.8 ± 5.8^a	66.7 ± 3.7^a
B_2	87.5 ± 5.5^a	73.1 ± 2.5^a	73.1 ± 4.3^a	63.4 ± 4.6^a
B_3	92.3 ± 5.2^a	79.3 ± 3.1^a	78.7 ± 3.9^a	68.3 ± 3.3^a
B_4	89.9 ± 3.6^a	77.2 ± 4.2^a	75.3 ± 5.0^a	64.8 ± 2.7^a
B_0	65.5 ± 4.4^b	56.6 ± 2.5^b	62.3 ± 4.2^b	51.2 ± 3.2^b

注:每列内具有相同字母数值差异不显著($P>0.05$)。

3. 低温刺激诱导不同贝龄母贝排精产卵的育珠效果

从表5-6可见,休养期结束后,采用冷冻刺激诱导植核母贝排精产卵的处理组(C_1、C_2、C_3和C_4)育珠贝成活率和留核率分别为83.5%~93.2%和67.5%~75.1%,对照组为66.0% ±3.5%和51.2% ±2.1%;育珠期结束后,处理组的育珠贝成活率与留核率分别为57.5%~77.8%和56.5%~67.0%,对照组为55.5% ±2.3%和50.4% ±2.2%。在休养期,低温刺激植核母贝排精产卵的处理组育珠贝成活率和留核率显著高于对照组($P<0.05$),各处理组之间在成活率和留核率方面差异不显著($P>0.05$);在育珠期,除了C_4组(2.5龄贝)育珠贝的成活率和留核率与对照组C_0差异不显著外,其余处理组均显著高于对照组($P<0.05$)。其中,C_2组(1.5龄贝)育珠贝具有最高的成活率和留核率。

表5-6 术前处理对不同贝龄育珠贝成活率和留核率的影响

组别	休养期(25 天)		育珠期(12 个月)	
	成活率(%)	留核率(%)	成活率(%)	留核率(%)
C_1	90.0 ± 3.7^a	71.8 ± 2.5^a	74.6 ± 5.8^a	63.2 ± 2.7^a
C_2	93.2 ± 4.4^a	75.1 ± 2.2^a	77.8 ± 4.3^a	67.0 ± 3.6^a
C_3	87.3 ± 4.2^a	70.3 ± 2.1^a	73.7 ± 3.9^a	64.1 ± 2.3^a
C_4	83.5 ± 3.2^a	67.5 ± 2.3^a	57.5 ± 2.1^b	56.5 ± 2.2^b
C_0	66.0 ± 3.5^b	51.2 ± 2.1^b	55.5 ± 2.3^b	50.4 ± 2.2^b

注:每列内具有相同字母数值差异不显著($P>0.05$)。

四、结论与讨论

植核母贝的术前处理包含两方面的内容：①促使性腺发育成熟的植核母贝排精产卵，或者抑制性腺发育程度低的母贝性腺进一步发育以削弱性腺的发达程度；②抑制母贝的活力，使其处于适合于插核施术的状态。

植核手术瞬间给予手术贝强烈的刺激，会引起手术贝的应激反应。因为，未经手术前处理的植核母贝生理活动处在正常状态，当受到植核手术的突然刺激时，神经系统和内分泌系统会发生异常的过度反应，破坏全身生理活动的平衡协调，造成手术贝过度衰弱，甚至死亡。同时，手术贝对植入的异体组织——外套膜移植细胞小片的拮抗作用比较强烈，小片在移植后形成珍珠囊的过程中，较长时间处在高柱状和圆筒状细胞阶段，在珠核的表面沉积较多的壳皮质和棱柱质形成没有价值的珍珠。此外，生殖腺丰满的手术贝妨碍植核操作，而且生殖细胞容易被移植小片包裹，产生没有经济价值的污珠、异形珠。所以未经术前处理的手术贝在植核后死亡率高、留核率低、珍珠质量差。经过术前处理的手术贝，其生理活动已经被逐步调节到对外界的刺激不产生重大反应的状况，受到植核手术的强烈刺激仍然能够维持全身生理活动的平衡协调，刺激过后恢复较快，手术贝对移植小片的拮抗作用较小，小片在形成珍珠囊的过程中，快速度过高柱状和圆筒状细胞阶段，回复成扁平状细胞分泌珍珠质。因此，通过术前处理能够有效提高育珠贝的成活率、留核率和优质珠率。

1. 抑制性腺发育进行术前处理对马氏珠母贝育珠效果的影响

对于性腺没有发育的植核母贝，适宜采取抑制性腺发育的方法进行术前处理。从前面实验可见，以每捆绑吊 9 笼的处理效果最好。笔者认为，产生这一结果的主要原因是 6 笼/捆的吊养密度处理强度不足，以 12 笼/捆的密度吊养，又会造成处理强度偏大，所以处理效果都不如 9 笼/捆。因此，以 9 笼/捆的吊养密度进行术前处理比较合适。在有核珍珠的生产中，要根据植核母贝的生理状况和养殖环境条件，选择合适的处理密度和处理时间，才能达到良好的处理效果。现行抑制性腺发育进行手术前处理约需要时间 2 个月，处理期间贝体的生理受到抑制而处于停止生长的状态，经过处理的母贝需要 1 个月才能恢复正常状态，因此术前处理合计抑制了母贝 2～3 个月生长期。同时还需要大量的处理笼具、人工，增加了养殖成本。本研究采用的方法是，在清贝时选择性腺没有发育的健康母贝，将养殖密度增加一倍，将 9 笼捆绑在一起，吊养于养殖浮筏下 12～15 d 就可以达到较好的处理效果，处理时间短，操作简单易行。

2. 低温刺激诱导母贝排精产卵进行术前处理的育珠效果

根据水温和贝体的生理状况，马氏珠母贝的植核季节为：在广东沿海的每年3—5月和9—12月，广西的4—6月和9—11月，海南的2—5月和9—12月。因此，从马氏珠母贝的生长发育看，马氏珠母贝植核期间大多数性腺处于发育成熟状态，采取冷冻刺激诱导植核母贝排精产卵的方法进行手术前处理，适用于大部分待手术母贝。从表5-5可见，10～15℃处理1h的效果较好。笔者认为，利用低温刺激诱导性腺发育成熟母贝排精产卵，处理温度为5～10℃，处理时间1～2h，处理温度过低，对贝体刺激过大，会对贝体造成一定伤害，处理效果不理想；处理温度为10～15℃，处理时间1h，能够诱导性腺发育成熟的母贝自然排精产卵，若处理时间达2h，处理过度，处理效果也不理想。因此，处理温度为10～15℃、处理时间1h的育珠贝具有最高的成活率和留核率。

从表5-6可见，采用温度10～15℃，比室温低10～13℃，对不同贝龄的性腺发育成熟的母贝处理1h，诱导母贝排精产卵，处理组育珠贝成活率和留核率显著大于对照组，其中1.5龄组具有最高的成活率和留核率。笔者认为，贝龄1.0龄组，个体比较小，植核位置比较小，其次1.0龄贝活力比较强，对植入的珠核和细胞小片的排斥作用强，故成活率和留核率低；1.5～2.0龄，贝体大小比较适合植核手术，成活率和留核率比较高，其中1.5龄组的效果略好于2.0组；2.5龄组的贝龄较大，活力下降，成活率和留核率较低。

与抑制性腺发育进行术前处理相比，低温刺激诱导成熟母贝排精产卵进行术前处理具有明显优点：①处理时间较短。处理时间只有1～2h，通过低温刺激诱导性腺发育成熟的母贝排精产卵后休整2～3d就可以进行植核手术，此时核位较大，植核后固核率高。②育珠贝术后恢复较快。育珠贝处理及手术时间在5～6d内完成，有效延长育珠时间，改变了现有技术存在的术前处理抑制母贝生长时间长、育珠周期短、珠层薄、质量差的状况。

第四节 植核部位与珠核大小、数量

有核珍珠培育需要在受体贝或者受体蚌体内植入珠核和外套膜细胞小片，植核位置在贝体或者蚌体的结缔组织内。研究表明，只有合适的植核位置才能形成质量良好的珍珠，而且还能够保证植核贝的成活率。因此，在确定植核位置时，首先需要考虑位置周围没有重要的组织和器官，以免植核操作时损伤机体的组织和器官,导致育珠贝或者育珠蚌死亡。其次,要易于通道,在通道和送核过程中不至于损伤通道周围的组织、器官,导致影响育珠贝的成活率和珍珠质量。最后,植核位置又称核位的空间要足够大,要能容纳珠核,若核位空间过小,植核困难,而且培育的珍珠颗粒小、价格低,核位空间要越大越好,以便于植入较大颗粒的珠核,培育大型珍珠。

在确定了植核位置以后,需要考虑植核育珠的珍珠贝类品种、生长环境,以及贝体的利用情况,即是否进行多次植核育珠还是单次植核育珠,综合评估后,可选择合适贝龄和大小的贝体进行植核手术,以达到最佳的植核效果。

一、淡水有核珍珠培育

淡水有核珍珠培育包括外套膜有核珍珠培育和内脏团有核珍珠培育。

1. 淡水外套膜有核珍珠培育

有核珍珠培育具有育珠蚌养殖时间短、珍珠颗粒大、珍珠形状易于控制、珍珠价格高等优点。我国淡水有核珍珠研究始于20世纪60年代,20世纪90年代之前,利用河蚌培育淡水有核珍珠是世界性的技术难题,主要原因是插核手术所用的外套膜细胞小片为河蚌外套膜外侧的单层膜,单层膜很薄而且柔软,很难与珠核表面紧密相贴,因此无法培育出高质量的有核珍珠。其次,河蚌的外套膜全膜厚度只有1~1.5 mm,很难容纳直径6 mm以上的圆形珠核。世界珍珠生产强国日本经过100多年研究都未能突破淡水有核珍珠培育的技术瓶颈,谢绍河等应用"核片同送"的插核方法,即在珠核上打全孔,植核时送核针穿过珠核露出针尖,在针尖上刺上外套膜细胞小片,并使小片和珠核表面紧密相贴,然后再将粘贴了小片的珠核一次性送到植核位置,巧妙地解决了细胞小片贴紧珠核的技术难题,简化了插核步骤,显著地提高了插核手术的成功率。

淡水外套膜有核珍珠培育,主要选择三角帆蚌,主要原因是三角帆蚌生产的外套膜有核珍珠光泽强、质地细腻、形状好。外套膜有核珍珠培育选择的制片蚌的蚌龄为1~2龄,壳长8~10 cm;插核蚌为3~4龄,壳长12 cm以上;手术时间为每年的3—6月和9—11月,水温达20 ℃以上。每只育珠蚌左右外套膜各植入珠核3~5颗;河蚌外套膜在蚌体后端部分比较厚,可植入直径6~8 mm珠核,外套膜中央部分比较薄,只能植入直径2~3 mm珠核,并且容易穿破脱落,成珠率低。细胞小片的规格约为珠核直径的1/3,生产上基本为2 mm×2 mm的正方形。植核位置见图5-1(仿谢绍河的方法)。

2. 淡水内脏团有核珍珠培育

河蚌无核珍珠生产时间长,正圆形大颗粒优质珍珠比例低,只有5%左右。河蚌外套膜生产有核珍珠容易产生尾巴珠,正圆形的优质珍珠比例也较低,因此,珍珠价格比较低。河蚌内脏团具有宽大的植核空间,具备培育大颗粒有核珍珠的潜能,我国从20世纪60年代开始进行河蚌内脏团植核培育圆形有核珍珠的研究。河蚌内脏团植核育珠的主要难点在于河蚌具有发达的消化道肠系,没有像海产珍珠贝内脏囊那样的生殖腺核位,造成了河蚌的植核部位难以准确确定,插入大规格珠核后容易损伤肠道和内脏器官导致植核蚌死亡。其次,伸、缩足肌的频繁活动,引起小片脱落或者部分脱离珠核产生尾巴珠、异形珠。

目前,用于内脏团植核的河蚌主要为三角帆蚌。通过反复的研究与实践,广东绍河珍珠有限公司确定了河蚌内脏囊植核育珠的3个位置:背脊核位、斧足核位、环肠核位。根据河蚌的大小和体质情况,植入1~3颗珠核和细胞小片,其中背脊部位为第一选择植核位置,斧足核位是第二选择,内脏团大且健壮的河蚌,增加环肠核位。三角帆蚌内脏团植核使用的珠核规格大,伤口相应比较大,蚌体承受的负荷也大,因此,育珠蚌以3~5龄、体长15~18 cm、珠核直径8~10 mm为宜。植核位置见图5-1、图5-2(仿谢绍河的方法)。

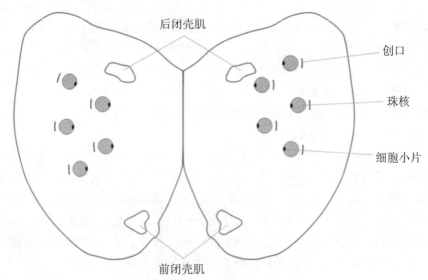

图5-1 河蚌外套膜植核位置示意

第五章　植核育珠

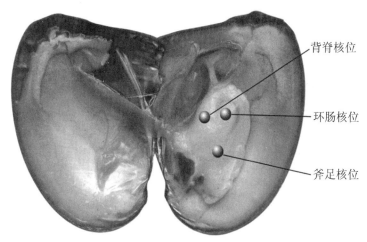

图5-2　河蚌内脏团植核位置示意

根据细胞小片和珠核植入受体蚌的先后顺序的不同，河蚌外套膜有核珍珠的植核方式分为3种：先植入珠核后植入小片的"先放法"、先植入小片后植入珠核的"后放法"，以及珠核和小片同时插植的"同放法"。采用"先放法"和"后放法"进行植核手术时，需要用2%～2.5%的品红溶液浸泡小片1～2 min，使小片着色，以便于植核时观察小片是否和珠核表面相贴，如果粘贴不好要进行适当调整，以提高河蚌植核育珠的珍珠质量。由于河蚌外套膜植核育珠使用壳侧的单层膜制作细胞小片，小片比较薄并且比较软，植核手术很难将小片与珠核紧贴，在珍珠培育过程中由于重力作用，珠核也会偏离原来的植核位置，导致小片和珠核脱离或者部分脱离，因此河蚌外套膜植核育珠的留核成珠率低，特别是圆形的优质珍珠比例低。针对"先放法"和"后放法"进行河蚌外套膜植核育珠的不足，广东绍河珍珠有限公司发明了核片同放的植核法，植核手术前在珠核上打一个全孔，植核时用送核器的针头穿过珠核露出针尖，再在针尖上刺上小片并使小片与珠核相贴，然后一次性送入植核位置，该方法一定程度上提高了育珠蚌的留核成珠率和珍珠质量。核片同送法需要在珠核上打一个全孔，影响了所培育珍珠的质量。广东荣辉珍珠养殖有限公司的尹国荣发明了利用生物胶粘贴小片的植核方法，该方法不需要在珠核上打孔，所配制的生物胶具有营养和抗菌功效，植入蚌体后缓慢溶解被蚌体吸收，用生物胶粘贴珠核进行河蚌育珠已经进行了小规模实验，育珠效果良好。

二、海水有核珍珠培育

用于培育海水有核珍珠的珍珠贝有马氏珠母贝、大珠母贝和珠母贝。

1. 马氏珠母贝珍珠培育

植核母贝的选择标准为：手术母贝的贝龄 1.5~2 龄、壳高大于 5.5 cm，小片贝的贝龄 1.0~1.5 龄、壳高大于 5 cm。通常每只手术母贝植入珠核 2 颗，植核位置主要有两个，分别是左袋和右袋，珠核直径为 5.8~6.2 mm。如果贝体壳高小于 5 cm，植核一个，植核位置为左袋，具体位置见图 5-3。育珠贝的养殖时间为 12~18 个月。

2. 大珠母贝珍珠培育

植核母贝的选择标准为：手术母贝的贝龄 2~2.5 龄、壳高大于 12 cm，小片贝的贝龄 1.0~1.5 龄、壳高大于 9 cm。首次植核时植入珠核 1 颗，珠核直径约 6 mm，植核位置在左袋。育珠贝养殖 18~24 个月后，采用手术方法能够收获直径达到 9 mm 以上的有核珍珠并保存珍珠囊，同时选择所取珍珠质量好、贝体健康的育珠贝进行第二次植核，利用已经形成的珍珠囊继续分泌珍珠质培育有核珍珠，因此不需要植入细胞小片，植入的珠核直径等于或者略大于取出的珍珠，育珠贝的养殖时间约为 18 个月，育珠贝可以重复植核 2~3 次。由于随着育珠次数的增加，贝体年龄越来越大，珍珠质分泌功能越来越弱，育珠贝的养殖时间越来越长，但培育的珍珠直径越来越大，通过多次植核育珠能够生产直径达到 18 mm 以上的大颗粒优质南洋珍珠，具体植核位置参考图 5-3。目前，我国只有小规模的育珠实验，还没有大珠母贝生产性育珠的报道。

3. 珠母贝珍珠培育

植核母贝的选择标准为：手术母贝的贝龄 1.5~2 龄、壳高大于 12 cm，小片贝的贝龄 8~18 个月、壳高大于 7 cm；同时，要选择贝壳内表面珍珠层呈孔雀绿色、深黑色和绿色的母贝以生产孔雀绿色、深黑色和绿色的高值珍珠，从而提高黑珍珠培育的经济效益。珠母贝首次植核时植入珠核 1 颗，珠核直径约 6 mm，植核位置在左袋，育珠贝养殖 24~30 个月后，采用手术方法收获珍珠保存珍珠囊，珍珠直径通常达到 9 mm，选择所取珍珠光泽强、形状好的健康育珠贝进行第二次植核，利用已经形成的珍珠囊再次培育有核珍珠，不需要植入细胞小片，植入的珠核直径等于或者略大于取出的珍珠，育珠贝的养殖时间为 18~24 个月，育珠贝可以重复植核 2~3 次。随着育珠次数的增加，育珠贝年龄越来越大，珍珠质分泌功能越来越弱，育珠贝的养殖时间越来越长，但培育的珍珠直径越来越大，通过多次植核育珠能够生产直径达到 15 mm 以上的大颗粒优质黑色南洋珍珠，具体植核位置参考图 5-3。目前，我国还没有珠母贝生产性培育黑珍珠的报道，只有小规模的育珠实验。

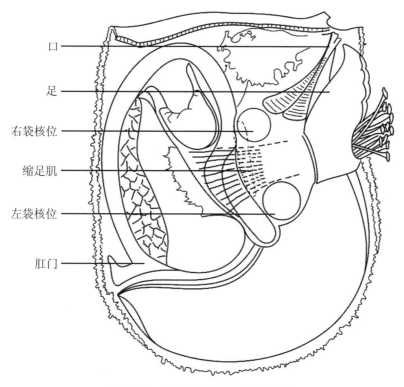

图 5-3 海水珍珠贝植核位置示意

第五节 植核操作

一、原理与目的

经过长时间的观察和研究可知，关于天然珍珠的形成理论，有内因说和外因说。内因说：外套膜病变或受伤，一部分表皮细胞脱落，陷入贝（蚌）结缔组织中分裂、增殖形成珍珠囊，分泌珍珠质，形成无核珍珠。外因说：沙粒、寄生虫等外来异物进入贝（蚌）体内，与部分外套膜表皮细胞一起陷入结缔组织中，表皮细胞分裂、增殖，逐渐包围异物形成珍珠囊，分泌珍珠质，形成有核珍珠。

根据天然珍珠形成理论，将贝（蚌）类的外套膜切成小片，移植到另一个贝（蚌）类组织中，经过一系列的变化之后，形成珍珠囊，分泌珍珠质，形成人工无核珍珠。如果移植外套膜小片的同时，也植入珠核，经过一系列的变化之后，包围珠核形成珍珠囊，分泌珍珠质，沉积在珠核周围形成人工有核珍珠。

植核手术操作，以马氏珠母贝为例，植核手术操作可以参照广东省地方标准《马氏珠母贝养殖技术规范　插核技术操作规程》（DB44/T 330—2006）进行，详见附录2，主要操作内容如下。

1.1　手术贝的选择：手术贝以1.5～2.0龄为宜，壳高7 cm以上，凡属下列贝，不宜插核：未经术前处理、活力没调整好的；生殖腺处在成熟期和放出前期的，生殖腺不多但软体部稀松的；生殖腺萎缩呈橘红色的；软体部呈水肿状态的；外套膜离开贝壳、足部萎缩变硬、闭壳肌受损、鳃大部分已脱落或已腐烂的；左右两边贝壳都膨胀、两壳几乎对称的；受凿贝才女虫侵害较严重的；排贝时间过长或排贝两次以上，壳口破损超过1 cm^2 的。

1.2　植核操作：插核过程包括手术贝检查、开切口、通道、送核、送小片等几个工序，插核的方法分为先片后核法和先核后片法。

1.3　切口位置：贝体右侧切口应在足的基部（即黑白交界处），贝体左侧切口应该在距足基部1 mm处，刀口呈弧形，宽度稍小于珠核直径，刀口要薄，不要割伤足丝腺。

1.4　通道：通道的宽度略小于珠核直径，深度不要超过核位。

1.5　核位：植核位置主要有左袋、右袋，如图5-3所示。

1.6　左袋：位于缩足肌腹面、腹嵴与肠突之间。

1.7　右袋：位于缩足肌背面、围心腔与泄殖孔之间。

1.8　送小片：送小片时小片针要刺在小片前端1/3处。小片的正面一定要全部紧贴在珠核上，不要有间隙或折角，小片不要贴在向着缩足肌的一侧。不要在核位表皮外面调整小片。

1.9　送核：送核时当珠核进入切口之后，用小号送核器或通道针将珠核送到核位。珠核应略低于核位表皮的平面。不要在珠核表皮外面调整珠核位置。

1.10　手术工具：手术工具包括平板针、开口刀、通道针、送核器和小片针。手术工具要用75%酒精进行消毒。

1.11　植核后的处理：插核完毕进行复检后，将贝轻放于水槽中或大盆中暂养，水槽要求有活水，如没有自流装置，应多换水。施术贝应尽快送休养池或风平浪静的海区中吊养。

1.12 插核室的管理：插核室应保持清洁卫生，保持安静，应有专人负责检查工作质量，协调各道工序，并建立工作日志。

在植核部位植入 1~2 个珠核，手术贝大则植核多，反之则少。

淡水珍珠植核手术操作可以参照广东省地方标准《淡水有核珍珠养殖技术规范》（DB44/T 1020—2012）进行，详见附录3。

有核珍珠生产需要通过植核手术将由小片贝外套膜制作的小片和珠核一起植入受体贝的结缔组织中，随后移植外套膜小片形成珍珠囊分泌珍珠质沉积到珠核表面才能形成珍珠。因此，植核贝和小片贝的年龄、活力等生理状态以及植核部位、珠核规格等因素影响所培育的珍珠质量和产量。

大珠母贝［*Pinctada maxima*（Jameson）］，分布在澳大利亚、菲律宾、马来西亚、印度尼西亚、缅甸等国以及我国广东西南部、海南四周和西沙群岛等地的沿海水域。大珠母贝个体大，生长速度快，最大壳长可达 32 cm，体质量 4~5 kg，生产的珍珠直径大多在 10 mm 以上，是培育优质"南洋珠"的理想珍珠贝类。我国的大珠母贝养殖研究始于 20 世纪 70 年代，80 年代成功培育出游离珍珠。经过 50 多年的努力，我国在大珠母贝人工育苗、母贝养殖和植核育珠技术等方面取得了很大进步，但还存在大珠母贝育珠贝留核成珠率低、珍珠质量差的问题。以下讨论大珠母贝植核育珠的相关问题。

二、材料与方法

1. 材料

手术贝：贝龄 2.5~4.0 龄，壳长 12.5~15.5 cm，壳表光洁，无破损，鳞片锐利，经适当的术前处理以降低植核母贝的活力和生殖腺的发育程度。

小片贝：贝龄 2.0~2.5 龄，壳长 11.5~12.5 cm，贝壳内表面珍珠层为金黄色或银白色。

珠核：由淡水丽蚌贝壳研磨而成，正球形，直径 5.0~8.0 mm。

休养笼为锥形笼，底径 30 cm，高 25 cm，网目 3.0 cm×2.0 cm；育珠笼为片状网笼，规格 120 cm×50 cm，网目 3.0 cm×2.0 cm。

2. 方法

细胞小片制作：用解剖刀从小片贝两壳之间插入，切断闭壳肌将贝体打开，将唇瓣下方至肛门之间的外套膜切下，用消毒棉球轻轻抹去黏液，切除外套膜缘触手，以色线为中心按外侧占40%、内侧占60%的比例切成宽度为2.0~2.5 mm的条状，然后切成正方形的细胞小片备用。

植核手术：将待植核贝清洗干净，排贝开壳后栓口，固定于植核台上，用圆口开口刀在足和内脏囊交界处切一口作为送核口，用通道针从切口开始通道至预定核位，采取先送珠核后送小片的方式进行植核手术。植核位置2个，"左袋"位于肠道回曲处前方和缩足肌腹面的地方，"右袋"位于消化盲囊周围至缩足肌背面之间的位置。

休养与育珠：植核手术结束后，按每笼1只施术贝的密度装入休养笼中，吊养于风浪较小、水流畅通的湛江市徐闻县承梧村外海区，每3~5 d检查一次育珠贝的恢复与脱核情况。休养期为1个月，休养期结束后将育珠贝装到片笼进行养殖，片笼每笼装贝9~12只。育珠时间为18个月，根据附着生物的多寡，约每月清洗一次养殖笼外的附着物，同时更换破损的育珠笼。

3. 实验设计

珠核规格对植核育珠的影响：选择2.5龄的大珠母贝，分别植入直径为5.0 mm、6.0 mm、7.0 mm和8.0 mm的珠核。植核位置为"左袋"，每贝植核1粒，先送珠核后送小片。每个组合设3个重复组，每组用贝600只，共用贝2400只。

植核位置和数量对植核育珠效果的影响：选择2.5龄的大珠母贝，分别在"左袋"、"右袋"、"左袋"和"右袋"同时植入直径为6.0 mm的珠核进行育珠。每个植核位置设3个重复组，每组用贝600只，共用贝1800只。

贝龄对大珠母贝植核育珠效果的影响：选择贝龄分别为2.5龄、3.0龄、3.5龄和4.0龄的大珠母贝进行植核育珠。每个贝龄组设3个重复组，每重复组用贝200只，共用贝2400只。珠核直径为6.0 mm，植核位置为"左袋"。

4. 数据统计分析

在休养期（30天）和育珠期（18个月），分别统计育珠贝成活率、成珠率和优质珠率。

休养期成活率＝休养期结束成活贝数量/植核贝数量×100%；育珠期成活率＝育珠期结束成活贝数量/休养期结束成活贝数量×100%；成珠率＝收获商品珍珠数量/成活贝中收获珍珠及珠核数量×100%；优质珠率＝优质珍珠数/收获珍珠数×100%。优质珍珠的判断标准为：具有明亮的珍珠光泽、正圆形、表面光滑细腻、无肉眼可见的褶纹和斑点。

利用单因素方差（ANOVA）比较实验组间的成活率、留核率、成珠率和优质珠率，若差异显著再利用 LSD 方法比较各组间的差异；检验的显著性水平设为 $P<0.05$。

三、结果与分析

1. 珠核规格对植核育珠效果的影响

如表 5-7 所示，休养期结束后，植入不同规格珠核的育珠贝成活率存在显著性差异（$P<0.05$），其中直径 5.0 mm 组的育珠贝具有最高的成活率（90.0%），并且显著大于 8.0 mm 组（60.3%），但与直径 6.0 mm 组相比差异不显著（$P>0.05$）。育珠期，各实验组的育珠贝成活率、成珠率与优质珠率均存在显著性差异（$P<0.05$），珠核直径 6.0 mm 组具有最高的成珠率和优质珠率（84.0% 和 38.0%），并且显著大于 8.0 mm 组（43.3% 和 12.0%），但与珠核直径 5.0 mm 组相比差异不显著。由表 5-7 可见，只有植入合适规格的珠核（6.0 mm），育珠贝才具有最高的成珠率和优质珠率，珠核规格过大或过小均会影响育珠贝的成珠率和优质珠率。由于珠核直径 5.0 mm 组和 6.0 mm 组在育珠贝成活率、成珠率和优质珠率方面差异不显著，同等质量条件下，珍珠颗粒越大价格越高，建议 2.5 龄大珠母贝首次植核使用直径 6.0 mm 珠核。

表 5-7 不同规格珠核的育珠效果

项目	珠核直径（mm）			
	5.0	6.0	7.0	8.0
休养期成活率（%）	90.0 ± 4.0^a	88.0 ± 2.1^a	68.0 ± 2.0^b	60.3 ± 2.1^c
育珠期成活率（%）	80.0 ± 2.0^a	79.0 ± 2.0^a	70.3 ± 2.5^b	68.0 ± 3.0^b
成珠率（%）	82.0 ± 3.5^a	84.0 ± 2.6^a	52.7 ± 3.1^b	43.3 ± 3.5^c
优质珠率（%）	36.0 ± 2.6^a	38.0 ± 2.0^a	16.0 ± 2.0^b	12.0 ± 2.0^b

注：每行内具有相同字母的数值差异不显著（$P>0.05$）。

2. 植核位置对大珠母贝植核育珠效果的影响

如表 5-8 所示，植核位置对育珠贝休养期和育珠期成活率存在显著影响（$P<0.05$），"左袋"植核的育珠贝成活率最高（88.0% 和 78.6%），"左袋"和"右袋"同时植核成活率最低（58.0% 和 65.6%），"左袋"和"右袋"组合与"右袋"差异不显著。不同植核位置的育珠贝成珠率和优质珠率差异显著（$P<0.05$），"左袋"植核的育珠贝成珠率和优质珠率最高

（83.4%和38.0%），其次为"左袋"和"右袋"同时植核组（32.0%和18.0%），最低为"右袋"植核组（20.0%和12.0%）。由表5-8可见，大珠母贝适合植核的部位为"左袋"，"右袋"不适宜进行植核手术。

表5-8 大珠母贝不同植核位置的植核育珠效果

项目	植核位置		
	左袋	右袋	左袋+右袋
休养期成活率（%）	88.0±2.8^a	62.0±3.3^b	58.0±4.0^b
育珠期成活率（%）	78.6±2.5^a	70.0±2.0^b	65.6±2.5^b
成珠率（%）	83.4±3.1^a	20.0±2.0^b	32.0±2.6^c
优质珠率（%）	38.0±2.5^a	12.7±3.1^b	18.0±2.0^b

注：每行内具有相同字母的数值差异不显著（$P>0.05$）。

3. 贝龄对大珠母贝植核育珠效果的影响

休养期结束后，各年龄组育珠贝的成活率差异显著（$P<0.05$），其中，2.5龄组育珠贝成活率最高（92.0%），4.0龄组成活率最低（78.0%），表现出随着育珠贝贝龄的增加，成活率逐步降低。由表5-9可见，在育珠期，不同贝龄组的育珠贝成活率、成珠率和优质珠率差异显著（$P<0.05$），其中2.5龄组的育珠贝成活率、成珠率和优质珠率最高（78.0%、82.0%和37.7%），显著高于4.0龄组（63.0%、66.0%和24.0%），但和3.0龄组育珠贝相比较差异不显著，3.5龄组和4.0龄组相比较差异不显著。大珠母贝适合首次植核的贝龄为2.5龄，贝龄达4.0龄的母贝进行首次植核手术，育珠贝对手术适应性差，死亡率高、成珠率和优质珠率低。

表5-9 不同贝龄大珠母贝的育珠效果

项目	贝龄			
	2.5龄	3.0龄	3.5龄	4.0龄
休养期成活率（%）	92.0±2.0^a	90.0±2.1^a	86.0±2.0^a	78.0±2.1^b
育珠期成活率（%）	78.0±2.0^a	74.7±2.9^a	66.3±2.5^b	63.0±3.0^b
成珠率（%）	82.0±4.0^a	78.0±3.0^a	70.2±2.6^b	66.0±3.6^b
优质珠率（%）	37.7±2.5^a	35.5±2.6^a	28.0±2.0^b	24.0±2.0^b

注：每行内具有相同字母的数值差异不显著（$P>0.05$）。

四、结论与讨论

有核珍珠培育过程中,使用的珠核规格、植核贝的植核位置和贝龄对植核育珠效果产生重要影响。有核珍珠培育使用的珠核规格过小,不能充分发挥育珠贝的产能,但是珠核规格过大,则容易造成育珠贝的组织和器官受伤导致手术贝过量死亡,影响珍珠的收获量。植核位置是否合适不但关系到植核手术对贝体造成的损伤程度,还关系到所形成的珍珠数量和质量,只有适合的植核位置,才能保证植核后育珠贝留核率高,珍珠囊分泌珍珠质速度快,取得良好的育珠效果。贝龄与珍珠贝的珍珠质分泌能力相关,珍珠贝类随着年龄的增加生长速度减慢,珍珠质分泌速度下降,选择贝龄适合的母贝进行植核,有利于多次植核的进行,达到充分利用珍珠贝资源培育大型优质珍珠的目的。

1. 珠核规格对植核育珠效果的影响

珠核规格是影响植核育珠效果的主要因素之一。例如,黄惟灏等(2008)认为,体长120～122 mm的三角帆蚌(*Hyriopsis cumingii*)内脏团植入直径8.00～8.25 mm珠核培育有核珍珠的效果比较理想。[19] Kripa等(2007)认为,使用大规格珠核可使日本珠母贝也就是马氏珠母贝的珍珠收获量减少40%～70%。[20] 符韶等(2010)指出,珠母贝(*Pinctada margaritifera*)首次植核的适宜珠核直径为6.0 mm,珠核规格越大,造成手术贝排斥作用越强烈,对贝体的生理机能破坏越大,手术贝死亡率越高。[21]

该研究表明,不同规格珠核的植核育珠效果不同,随着珠核规格的增大,大珠母贝育珠贝的成活率、成珠率和优质珠率逐渐降低。笔者认为珠核直径越大,在手术的送核过程中对通道周围的组织造成的挤压越大,容易造成通道周围的组织器官受伤,导致植核贝死亡。但是,如果使用的珠核直径过小,虽然不影响植核操作,但培育的珍珠颗粒小、价格低,育珠贝的产能得不到充分发挥,造成母贝资源浪费。珍珠的价格主要由珍珠的大小、光泽、颜色和形状决定,在光泽、颜色和形状相同或相似的情况下,珍珠直径越大价格越高,规格每增大3～4 mm,价格相差几倍甚至几十倍。因此,在保证育珠贝的成活率在一个适合的范围时,应尽可能选择规格较大的珠核进行大珠母贝的植核育珠,同时利用已经形成的珍珠囊进行多次植核育珠,在有限的时间内生产大规格优质珍珠,可以大幅度提高珍珠培育的经济效益。

2. 大珠母贝不同植核位置的育珠效果

实验表明，不同植核位置对大珠母贝育珠贝的成活率、成珠率和优质珍珠率存在显著影响。其中"左袋"植核育珠效果最好，育珠贝成活率、成珠率和优质珠率高；"右袋"植核育珠效果差，育珠贝成活率、成珠率和优质珠率低。笔者认为，生产优质珍珠的主要因素是植核位置要准确，其次是细胞小片的光滑面和珠核表面能够紧密相贴。"左袋"靠近腹嵴末端，首先可容纳珠核的空间大，其次手术开栓口后，"左袋"位置完全显露出来，植核员能够精准地将珠核送到预定位置，并且能够利用送片针调整细胞小片使之和珠核表面紧密相贴，因此育珠贝成活率、成珠率和优质珠率高。"右袋"植核位置，首先栓口后不能完全显露，植核员难以精准确定植核部位。其次在将珠核送到缩足肌和消化盲囊之间的右袋时，缩足肌位于通道中对植核手术造成一定影响。最后，"右袋"核位靠右前方为消化腺，左前方为围心腔，操作稍有偏离就会损伤消化腺或心脏（围心腔），因此植核贝死亡率高，成珠率、优质珠率低。

3. 不同贝龄对植核育珠效果的影响

研究表明，手术贝的贝龄对珍珠贝类的育珠效果存在影响。例如，尹立鹏等（2012）利用2龄和1.5龄的马氏珠母贝进行植核育珠，结果显示贝龄1.5龄的低龄贝植核育珠可以显著提高育珠贝的留核率、成活率和珍珠层厚度。[22]梁飞龙等（2008）指出，企鹅珍珠贝低龄贝植核育珠的成活率显著高于高龄贝。[23]Xu等（2011）认为，蚌龄3～4龄的三角帆蚌分泌珍珠质能力最强，2～3龄次之，5龄后珍珠分泌能力明显下降。[24]研究结果表明，大珠母贝首次植核的适合贝龄为2.5龄，随着贝龄的增加，育珠贝的成活率、成珠率和优质珠率逐渐降低。Yukihira等（2006）指出，大珠母贝首次植核育珠的贝体壳长为12 cm、贝龄约2龄。[25]大珠母贝十分稀少，为了充分利用其育珠产能培育大型珍珠，国外多选择健康的育珠贝进行多次植核，重复利用。大珠母贝首次植核养殖18～24个月后，第一次收获珍珠的同时进行第二次植核，然后再养殖12～18个月，收获第二次珍珠的同时进行第三次植核。如果待大珠母贝生长至4龄才进行首次植核，经过2年育珠期后贝体达6年，进入慢速生长期，若进行二次育珠将延长育珠时间，会增加贝体死亡率和养殖成本。多次植核不但可以提高大珠母贝的利用率，重要的是每多植核一次，收获的珍珠直径较前者大4～5 mm，可以大幅度提高珍珠的价格。如植入直径6.0 mm珠核，18个月后收获的珍珠直径可达8～9 mm，再植入9.0 mm珠核，一年后收获的珍珠直径可达10～12 mm。因此，根据珍珠贝分泌珍珠质的能力变化情况，确定大珠母贝首次植核的合适贝体大小，主要是母贝的年龄，制定多次植核的数量和每次植核后的育珠贝养殖时间，能够提高育珠的绩效。

结论：大珠母贝适宜的植核部位为左袋，首次植核的珠核规格为 6.0 mm，贝龄为 2.5 龄。

第六节 术后休养

一、原理与目的

有核珍珠培育过程的植核手术需要在植核母贝的内脏囊或者植核母蚌的内脏团、外套膜上开切口、通道等操作，使得植核贝内脏囊或者植核蚌内脏团受到创伤。如果受伤后的植核贝处理不当，不但会影响育珠贝成活率，还会影响育珠贝的成珠率和珍珠质量。因此，手术后的育珠贝需要在环境良好、风浪比较小的海区进行 20～30 d 的休养，让手术贝缓慢恢复健康。施术贝休养的目的，一是让手术贝缓慢恢复健康，使其生理活动从术前处理的被抑制状态逐渐恢复到正常状态，防止手术贝死亡；二是使植入受体贝内脏囊的珠核在移植小片形成珠囊之前，不发生或者少发生位置移动，防止脱核、移植小片脱落或者部分脱离珠核，形成没有经济价值的素珠、畸形珍珠。施术贝休养的方法由休养场的环境条件和施术贝的生理状况决定，休养海区水温合适、饵料丰富、水质清澈等环境条件良好，而且施术贝活力比较强的，采取抑制作用比较强的方法，如吊养在比较深的水层、增加养殖密度等，使施术贝缓慢恢复而不是迅速恢复健康。反之，则采取抑制作用比较小的方法，如养殖在比较浅的水层、小幅度增加养殖密度等。

植核贝手术后休养的环境条件，如海水比重、水温、饵料生物丰度、抗生素使用情况、休养方式等对植核贝的手术后恢复状况和珍珠质量具有显著影响。

二、材料与方法

1. 材料

实验贝来源于广东省湛江市雷州市覃斗镇后洪海区养殖的"海选 1 号"养殖群体，贝体壳面光洁，贝壳完整无破损，足丝附着牢固。

手术贝：贝龄 1.5～2.0 龄，壳高 5.5～6.5 cm，经适当的手术前处理以调整贝体活力和性腺发育状况。

小片贝：贝龄1.0龄，壳长5.0～5.5 cm，贝壳内表面珍珠层颜色为虹彩色或者银白色。

珠核：直径5.8～6.2 mm，由海水贝壳研磨而成。

养殖笼具：休养笼为锥形笼，高20 cm、底径35 cm、网径2.0 cm×2.5 cm，笼底套上一个网径2.0 mm×3.0 mm的网布，以回收脱落的珠核。育珠笼为片笼，长方形，长80 cm、宽50 cm、网径2.0～3.0 cm，平均分为4格。

实验水池：长500 cm、宽200 cm、高150 cm。

休养池塘：面积33×10^4 m^2，水深200 cm，依靠潮差自然纳、排水，海水盐度27.8～31.7（比重为1.020～1.023）。

2. 方法

植核手术：植核手术前1～2 h将手术母贝从养殖海区取回清洗干净，排贝处理0.5～1 h，再进行栓口；外套膜小片的切取位置为小片贝唇瓣下方至肛门腹面之间，以色线为中心，按色线内外侧各占一半的比例，先切成条形，再切成2.0 mm×2.0 mm的正方形。采取先送核后送片的方法进行植核，每贝植核1颗，植核位置在腹嵴末端附近，即"左袋"。

术后休养：水池休养。完成植核手术的育珠贝，按照每笼40只的密度腹部向上排放在休养笼中，吊养于水泥池休养，水池水深为100 cm，每3～4 m^2设散气石一个，保持连续充气，育珠贝吊养在离池底20～30 cm的水层中，吊养密度为120只/米^3，休养时间为23 d，每2～3 d检查一次，发现死亡的育珠贝及时清除，休养期结束前3 d，使用天然海水，让育珠贝适应海区环境。手术后第3天开始每天投喂浓度1万～2万细胞/毫升的亚心形扁藻、3～5万细胞/毫升的小球藻和湛江等鞭金藻、2万～3万细胞/毫升的天然海水施肥培育的混合藻。

池塘和海区休养。每笼装贝40只，吊养水深为130～150 cm，笼间距40～50 cm，休养时间23 d，每2～3 d检查一次，手术10 d后每3～5 d检查一次，及时清除死贝、调整养殖密度。休养期结束后，将育珠贝装到片笼中，每笼约60只，移到海区养殖，育珠贝养殖时间为12个月。

3. 实验设计

实验1：设立3个实验组A_1、A_2和A_3，海水盐度分别为22.5、25.1、27.8（比重分别为1.016、1.018和1.020），由天然过滤海水添加井水配制而成。A_0为对照组，天然海水盐度为31.7（比重为1.023），各组每3 d换水1次，换水量为养殖水体的20%～30%，比较盐度对育珠贝成活率、留核率和优质珠率的影响。

实验2：设立4个实验组 B_1、B_2、B_3 和 B_4，分别施用 10 mg/L 的青霉素链霉素合剂（各占50%）、盐酸环丙沙星、头孢克肟和庆大霉素，从第二天起施药量调整为 5 mg/L，每天施用一次，连续施用 5 d，其中 B_0 为对照组，不施用抗生素。比较抗生素对马氏珠母贝育珠贝成活率、留核率和优质珠率的影响。

实验3：设立3个实验组 C_1、C_2 和 C_3，分别在室内水池、池塘和海区进行马氏珠母贝手术后休养，比较休养方式对育珠贝成活率和留核率的影响。

4. 实验数据处理

统计育珠贝休养期间的成活率、留核率和育珠期间的成活率、留核率、成珠率、优质珠率。育珠贝成活率、留核率、成珠率和优质珠率计算方法如下：

（1）休养成活率 = 休养期成活贝数/植核贝数 × 100%。

（2）休养留核率 =（植核数 − 成活贝脱核数 − 死贝脱核数）/休养成活贝数 × 100%，因1个贝植核1颗，死亡1个贝则减去1个核。

（3）育珠成活率 = 育珠期成活育珠贝数/育珠开始时育珠贝数 × 100%。

（4）育珠留核率 = 收珠留核数/育珠成活贝数 × 100%。

（5）成珠率 = 商品珠数/留核数 × 100%。

（6）优质珠率 = 优质珍珠数/商品珍珠数 × 100%。

参照珍珠分级国家标准 GB/T 18781—2008 的规定，优质珍珠判断标准为：珍珠形状 A3 级以上，形状近圆形、圆形和正圆；光泽 C 级以上，反射光明亮，表面能见物体影像；光洁度 B 级以上，表面有非常少的瑕疵，似针点状，肉眼较难观察到；珍珠层厚度 C 级以上，厚度大于 0.4 mm。

利用单因素方差分析比较休养期育珠贝的成活率、留核率，以及育珠期成活率、留核率、成珠率和优质珠率的差异。如果差异显著，再利用最小显著差数（LSD）方法比较各组间平均数的差异，检验的显著性水平设为 $P < 0.05$。

三、结果与分析

1. 海水盐度对育珠贝留核率、成活率和优质珠率的影响

从表 5 – 10 可见，在休养期和育珠期，采用不同盐度海水进行休养的育珠贝成活率与留核率差异不显著（$P > 0.05$），但优质珠率差异显著（$P <$

0.05)。其中，A_2 组育珠贝优质珠率最高（45.2%），对照组 A_0 育珠贝优质珠率最低（30.4%），低盐度组（A_1 与 A_2）育珠贝的优质珠率差异不显著，优质珠率由高到低依次为 A_2、A_1 和 A_3。可见，育珠贝术后经低盐度海水休养后再移到天然海区育珠可以显著提高育珠贝的优质珠率。

表 5-10　不同盐度海水休养的马氏珠母贝育珠效果

组别	A_0	A_1	A_2	A_3
休养成活率（%）	88.0±4.0^a	86.3±2.5^a	89.7±3.1^a	88.3±3.5^a
休养留核率（%）	83.7±2.1^a	85.3±3.5^a	84.0±4.0^a	87.3±2.5^a
育珠成活率（%）	67.3±2.5^a	66.3±3.5^a	68.0±4.0^a	70.0±3.6^a
育珠留核率（%）	74.0±3.0^a	73.3±3.3^a	72.7±3.1^a	75.0±3.0^a
优质珠率（%）	30.4±3.0^b	43.7±4.0^a	45.2±3.7^a	41.5±2.8^a

注：每行内具有相同字母的数值差异不显著（$P>0.05$）。

2. 抗生素对马氏珠母贝成活率、留核率和优质珠率的影响

从表 5-11 可见，植核手术后，在水池休养的育珠贝成活率最高的为 B_4 组（硫酸庆大霉素），留核率最高的为 B_3 组（头孢克肟），成活率和留核率最低的为 B_0 组（对照组）；育珠成活率最高的为 B_3 组（头孢克肟），留核率最高的为 B_2 组（盐酸环丙沙星），优质珠率最高的为 B_4 组（硫酸庆大霉素），成活率最低的为 B_1 组（青霉素链霉素合剂），留核率和优质珠率最低的为对照组（B_0）。单因素方差分析显示，不同处理组之间育珠贝成活率、留核率、优质珠率差异不显著（$P>0.05$）。

表 5-11　抗生素对马氏珠母贝育珠效果的影响

组别	B_0	B_1	B_2	B_3	B_4
休养成活率（%）	84.3±2.5^a	89.0±3.5^a	90.0±4.0^a	89.2±3.0^a	91.3±2.8^a
休养留核率（%）	84.2±3.7^a	86.3±4.1^a	85.0±4.5^a	87.4±3.5^a	86.3±3.8^a
育珠成活率（%）	68.5±4.0^a	67.0±3.6^a	69.2±4.2^a	70.3±3.3^a	68.1±3.7^a
育珠留核率（%）	67.6±4.0^a	70.5±3.2^a	71.0±3.8^a	69.3±3.7^a	68.4±4.1^a
优质珠率（%）	31.2±3.2^a	34.5±3.5^a	33.7±4.2^a	34.0±4.0^a	35.1±3.6^a

注：每行内具含有相同字母的数值差异不显著（$P>0.05$）。

3. 休养方式对马氏珠母贝育珠贝留核率和成活率的影响

从表 5-12 可见，C_1 组（水池休养）的育珠贝成活率（88.5%）、留核率（83.5%）和优质珠率（32.5%）最高，C_2 组（池塘休养）次之（87.7%、82.6% 和 31.4%），C_3 组（海区休养）最低（77.3%、76.6% 和 25.5%），水池和池塘休养的育珠贝成活率和留核率显著高于海区休养的育珠贝（$P<0.05$）。因此，马氏珠母贝手术后在水池或者池塘休养，可以提高育珠贝休养期间的成活率和留核率。休养期结束后，将不同休养方式的育珠贝装笼移到育珠海区养殖，育珠贝成活率和留核率差异不显著。然而，休养方式对优质珠率存在影响，水池和池塘休养的育珠贝优质珠率显著高于海区休养的育珠贝（$P<0.05$）。

表 5-12 休养方式对马氏珠母贝植核贝留核率和成活率的影响

休养方式	C_1	C_2	C_3
休养成活率（%）	88.5 ± 2.7^a	87.7 ± 3.3^a	77.3 ± 3.2^b
休养留核率（%）	83.5 ± 3.5^a	82.6 ± 3.0^a	76.6 ± 3.2^b
育珠成活率（%）	66.7 ± 3.0^a	68.2 ± 2.8^a	66.0 ± 3.5^a
育珠留核率（%）	65.3 ± 3.3^a	64.2 ± 3.1^a	61.5 ± 2.7^a
优质珠率（%）	32.5 ± 2.3^a	31.4 ± 3.4^a	25.5 ± 2.8^b

注：每行内相同字母的数值差异不显著（$P>0.05$）。

四、结论与讨论

1. 休养海水盐度对马氏珠母贝育珠贝成活率、留核率和珍珠质量的影响

白色和粉红色系列珍珠深受消费者欢迎，是优质珍珠的判定因素之一，售价比较高。因此，珍珠生产企业都希望所培育的珍珠中含有比较多的粉红色珍珠。谢忠明等（2004）认为，海水比重较低的海区，饵料生物丰富，育珠贝的珍珠质分泌速度较快，白色系列和粉红色系列珍珠出现率高。[26] Atsumi 等（2014）指出，采用低盐度海水进行马氏珠母贝育珠贝手术后休养，能够显著改善所培育的珍珠质量，低盐度海水休养的马氏珠母贝优质珠率是常规休养方法的 5 倍多。[27] 实验结果和 Atsumi 等的研究相似，但优质珠率的增加幅度只有 10% 以上。低盐度海水休养能够提高马氏珠母贝优质珠率的因素，首先可能是休养水体的微量元素发生了变化，其次是海水渗透压发生了变化，具体原因有待进一步实验验证。马氏珠母贝生长的适宜海水密度为 1.015~1.028（盐度为 21~38），最合适的海水密度为 1.020~1.025（盐度为 27.8~34.3）。马氏珠母贝植核手术时受到创伤，抵抗力降低，为了保持环境条件的相对稳定，以有利于施术贝恢复健康，建议采用密度为 1.018～1.020（盐度为 25～28）的低盐度海水进行马氏珠母贝术后休养。

2. 抗生素对马氏珠母贝育珠贝成活率、留核率和珍珠质量的影响

引起海水养殖贝类致病的细菌主要为革兰氏阴性菌，其中弧菌为其主要组成部分。弧菌是海水养殖动物的主要病原菌之一，是条件致病菌，只有在病原菌达到一定数量，并且养殖动物抵抗力下降时才能致病。因此，使用抗生素抑制弧菌的生长繁殖来控制弧菌的数量，改善养殖环境条件以及优化养殖模式可以预防和控制贝类弧菌病的发生。[28] 常规贝类育苗多使用 1～2 mg/L 的抗生素进行抗病以提高育苗成活率。施术贝为珍珠贝成体，具有手术创口，以及细菌普遍存在的耐药性。因此，本部分研究使用 5～10 mg/L 的常用抗生素，采用室内水池加注过滤海水和连续充气的方式进行植核贝手术后休养。结果显示，使用抗生素与否对育珠贝的成活率、留核率和优质珠率没有产生显著影响。笔者认为，育珠贝在室内水池休养期间使用过滤海水，投喂人工培养的饵料，首先水体中的细菌数量比较少，没有达到致病的数量，其次贝体抵抗力比较强，因此，不施用抗生素也不会导致育珠贝致病。健康的珍珠贝类具有完善的细胞和体液防御能力，贝类只有在环境恶化、细菌数量特别多、抵抗力下降时才会发病。因此，育珠贝休养期间的技术措施是保持良好的环境条件，投喂优质饵料，提高贝体的健康水平。

3. 休养方式对马氏珠母贝育珠贝成活率、留核率和珍珠质量的影响

育珠贝手术后贝体处于恢复和移植细胞小片形成珍珠囊的过程，休养环境不可避免地影响育珠贝的生长和珍珠囊细胞分泌珍珠质的能力。实验结果显示，水池休养的育珠贝成活率、留核率和优质珠率最高，池塘休养次之，海区休养最低。笔者认为，水池风浪、流速小，对贝体刺激小，而且氧气供应充足，可根据贝体的恢复状况投喂优质饵料，池塘休养也具有风浪小的特点，可见水池和池塘休养能为育珠贝手术后恢复提供良好的休养条件。海区休养，育珠贝受到海区风浪、流速、水温以及饵料生物的种类和数量变化的影响，育珠贝休养期间的成活率和留核率变化较大，而休养环境良好时育珠贝成活率和留核率高，反之则低。其次，休养期间稳定的环境条件可使育珠贝快速形成珍珠囊分泌珍珠质，因此，水池和池塘休养的育珠贝优质珠率高。

总之，马氏珠母贝术后休养的目的是采取技术措施，使育珠贝缓慢而不是迅速地恢复健康，从而提高育珠贝的成活率、留核成珠率和珍珠质量。

参 考 文 献

[1] 邓陈茂,童银洪.南珠养殖和加工技术[M].北京:中国农业出版社,2005:7-13.

[2] MAMANGKEY N G F, ACOSTA-SALMON H, SOUTHGATE P C. Use of anaesthetics with the silver-lip pearl oyster, *Pinctada maxima* (Jameson) [J]. Aquaculture, 2009, 288 (3/4): 280-284.

[3] OIHANA L, GILLES L M, MABILA G-M, et al. Influence of preoperative food and temperature conditions on pearl biogenesis in Pinctada margaritifera [J]. Aquaculture, 2017, 479: 176-187.

[4] KY C L, BLAY C, SHAM-KOUA M, et al. Indirect improvement of pearl grade and shape in farmed *Pinctada margaritifera* by donor "oyster" selection for green pearls [J]. Aquaculture, 2014, 432: 154-162.

[5] 李有宁,陈明强,翁雄,等.我国热带海水大型珍珠贝类的珍珠养殖技术现状及对策建议[J].广东农业科学,2013,40(1):136-138.

[6] 张根芳.河蚌育珠学[M].北京:中国农业出版社,2004:38,122-128.

[7] 李晓红,詹毅,虞立,等.包药珠核对提高淡水有核珍珠育珠效果的初步研究[J].淡水渔业,2022,52(2):98-104.

[8] 汤雨晴,叶倩,郑维义.抗生素类药物的研究现状和进展[J].国外医药抗生素分册,2019,40(4):295-301.

[9] 张明发,季珉.国内对头孢克肟的临床研究与评价[J].抗感染药学,2010,7(1):1-9.

[10] 孙舒韵,谢晓虹,刘恩梅.大环内脂类药物对细菌生物膜影响的研究进展[J].儿科药学杂志,2019,25(10):54-58.

[11] 刘亚威,傅蓉,邹宇,等.国产罗红霉素片质量分析[J].中国抗生素杂志,2019,44(6):711-715.

[12] 林银英,黄灿坤,李莉.阿奇霉素药理作用和临床应用效果研究[J].海峡药学,2019,31(6):219-220.

[13] 周永灿.海洋贝类病害及其研究进展[J].海南大学学报(自然科学版),2000,18(2):207-212.

[14] 李国,闫茂仓,常维山,等.我国海水养殖贝类弧菌病研究进展[J].

浙江海洋学院学报（自然科学版），2008，27（3）：327－334.

[15] 李咏梅，王梅芳，李有宁，等.马氏珠母贝育珠细胞小片和珠核处理技术研究Ⅰ：不同处理液在海南陵水育珠的效果［J］.广东海洋大学学报，2010，30（4）：11－16.

[16] 王梅芳，余祥勇，李咏梅，等.马氏珠母贝育珠细胞小片和珠核处理技术研究Ⅱ：不同处理液在广东徐闻的育珠效果［J］.广东海洋大学学报，2010，30（6）：7－13.

[17] 王梅芳，余祥勇，宾承勇，等.马氏珠母贝育珠细胞小片和珠核处理技术研究Ⅳ：不同处理液在广西营盘育珠效果［J］.广东海洋大学学报，2011，31（3）：31－36.

[18] 邓陈茂，蔡英亚.海产经济贝类及其养殖［M］.北京：中国农业出版社，2007：268－272.

[19] 黄惟灏，沈智华，童建民，等.正圆形珠核规格与育珠蚌体长的匹配实验［J］.浙江海洋学院学报（自然科学版），2008，27（1）：37－42.

[20] KRIPA V, MOHAMED K S, APPUKUTTAN K K, et al. Production of Akoya pearls from the Southwest coast of India［J］. Aquaculture, 2007, 262（2/3/4）：347－354.

[21] 符韶，邓陈茂，黄海立，等.珠母贝人工培育黑珍珠的影响因素分析［J］.中国水产科学，2010，17（6）：1340－1345.

[22] 尹立鹏，邓岳文，杜晓东，等.贝龄对马氏珠母贝植核贝生长、成活率和育珠性状的影响［J］.中国水产科学，2012，19（4）：715－720.

[23] 梁飞龙，邓陈茂，符韶，等.企鹅珍珠贝游离珠培育技术的初步研究［J］.海洋通报，2008，27（2）：91－96.

[24] XU Q Q, GUO L G, XIE J, et al. Relationship between quality of pearl cultured in the triangle mussel Hyriopsis cumingii of different ages and its immune mechanism［J］. Aquaculture, 2011, 315（3/4）：196－200.

[25] YUKIHIRA H, LUCAS J S, KLUMPP D W. The pearl oysters, Pinctada maxima and P. margaritifera, respond in different ways to culture in dissimilar environments［J］. Aquaculture, 2006, 252（2/3/4）：208－224.

[26] 谢忠明，张元培，邹乐道，等.人工育珠技术［M］.北京：金盾出版社，2004：216－217.

[27] ATSUMI T, ISHIKAWA T, INOUE N, et al. Post-operative care of im-

planted pearl oysters Pinctada fucata in low salinity seawater improves the quality of pearls [J]. Aquaculture, 2014, 422/423: 232 - 238.

[28] 陆彤霞, 王国良, 尤仲杰, 等. 我国海洋养殖贝类病害研究概况及防治对策 [J]. 浙江海洋学院学报 (自然科学版), 2002, 21 (2): 154 - 159.

第六章 珠 核 溯 源

第一节 珠核射频识别

通常情况下技术人员可以在强光下从视觉上检验珍珠的内部构造，以检查珍珠质的厚度和细小的亚结构。用这种方法，珍珠质以及珍珠的珠核中的任何裂纹、裂缝或污瑕都在一定程度上可见。通过在强光下查看珍珠的内部，或者通过使用 X 光射线照相或者使用光学相干断层扫描（OCT）也可以区分开天然珍珠和养殖珍珠[1]。养殖珍珠在珠核周围会显示狭窄的褐色有机质线，而天然珍珠没有生长环。但是，这些方法需要技能训练或者专门的设备，普通的消费者几乎不会接触到这些。而且，这些方法不能辨别珠核本身是否由良好品质的珠核材料制成，且当珍珠在钻孔期间裂开时，可能会留给消费者自己承担发现这个问题的风险。因此，对于消费者来说，很难提防买到具有劣质珠核的养殖珍珠，尤其是如果养殖珍珠的光泽和形状看起来很吸引人时。

珍珠养殖者可能应该知道什么被用作珠核。但是，现今的大部分珍珠养殖者趋于从珠核制造商处购买珠核，他们自己也可能忽视实际的珠核品质。而且，差的珠核品质的一些影响不会立即显露。不稳定的珠核材料可能会渗漏到珍珠的珍珠质中，而影响珍珠的品质，这种只有经过数年珍珠干掉并收缩时才可能显露。

2019 年中国香港的王俊杰公开了一个发明专利"用于珍珠养殖的珠核及其生产方法"[2]，提出了一种对珍珠的品质、珍珠珠核的品质、珍珠母贝的生长条件或植核人员的技术等予以说明的方法，即射频识别（radio frequency identification，RFID）技术。

射频识别技术，又称无线射频识别，是一种通信技术，俗称电子标签。射频一般是微波，1～100 GHz，适用于短距离识别通信，可通过无线电信号识别特定目标并读写相关数据，而无须识别系统与特定目标之间建立机械或光学接触。RFID 读写器也分移动式的和固定式的，目前 RFID 技术应用很广，如图书馆、门禁系统、食品安全溯源等。

从概念上来讲，RFID 类似于条码扫描，对于条码技术而言，它是将已编码的条形码附着于目标物,并使用专用的扫描读写器利用光信号将信息由条形磁传送到扫描读写器;而 RFID 则使用专用的 RFID 读写器及专门的可附着于目标物的 RFID 标签,利用频率信号将信息由 RFID 标签传送至 RFID 读写器。

射频识别包括 3 个组成部分:标签(tag),由耦合元件及芯片组成,每个标签具有唯一的电子编码,附着在物体上标识目标对象;阅读器(reader),读取(有时还可以写入)标签信息的设备,可设计为手持式或固定式;天线(antenna),在标签和读取器间传递射频信号。

射频识别系统最重要的优点是非接触识别,它能穿透雪、雾、冰、涂料、尘垢和条形码无法使用的恶劣环境阅读标签,并且阅读速度极快,大多数情况下不到 100 ms。有源式射频识别系统的速写能力也是重要的优点,可用于流程跟踪和维修跟踪等交互式业务。

发明专利"用于珍珠养殖的珠核及其生产方法",采用射频识别技术对珠核进行识别。[1]此发明涉及珍珠生产领域,包括用于播种(seeding)和养殖珍珠的珠核以及珍珠识别。在珠核偏离中心的位置钻出一个孔口,将 RFID 标签置于孔口中,再进行植核育珠,生产珍珠。RFID 标签容许读取器识别,RFID 可以与证实珍珠品质和来源的独立记录相匹配。使用 RFID 读取器检测来自珍珠内部的 RFID 标签的信号,从而确定珠核来源、植核人员的技术等信息。如果珍珠被窃取或者遗失,该珍珠可以由 RFID 检测或者识别其信息。

第二节　珠核光电效应无损识别

桂林电子科技大学北海校区朱名日的团队开展了可溯源高免疫珠核制备、珍珠溯源识别方法及装置的研究与开发,获得了多项中国专利授权,通过育珠实验表明,效果明显。

公开了发明专利——可溯源高免疫珠核制备方法。该发明制备的珠核,由于珠核中的离子组织构型不同,每一颗珠核具有唯一的身份信息,如同人眼睛的"虹膜",使得以该发明制备的珠核插核养殖出来的珍珠也具有唯一的身份信息,这就使得生产的珍珠具有防伪溯源标签。[3]

权利要求:

(1)可溯源高免疫珠核制备方法,其特征在于,包括以下步骤:①根据编码需求将硅矿物、钙元素与其他金属元素混合均匀,高温熔炼,获得液态基质,在液态基质中加入文石粉,并搅拌均匀熔炼,获得硅胶水;②将所述硅胶水浇注到珠核成型模具中成形，冷却固化后研磨抛光，即得。

（2）根据权利要求（1）所述的可溯源高免疫珠核制备方法，其特征在于，还包括步骤（3），将珠核抛光后和抗坏血酸溶液置于反应釜中，在 1.2～1.5 个大气压的条件下加热至 90～100 ℃，恒温 2～10 d，恒温时间结束后，快速降温，即得。

（3）根据权利要求（2）所述的可溯源高免疫珠核制备方法，其特征在于，步骤（3）中降温速率为 5～10 ℃/min。

（4）根据权利要求（1）所述的可溯源高免疫珠核制备方法，其特征在于，钙元素、其他金属元素以金属氧化物的形式加入。

（5）根据权利要求（1）所述的可溯源高免疫珠核制备方法，其特征在于，其他金属元素为镁元素、锰元素、铝元素、锌元素、镉元素、铁元素、镍元素、钴元素、钠元素中的一种或多种。

（6）根据权利要求（1）所述的可溯源高免疫珠核制备方法，其特征在于，所述珠核的形状为正圆、水滴状、椭圆、葫芦状、圆角扁块中的任意一种。

（7）根据权利要求（1）所述的可溯源高免疫珠核制备方法，其特征在于，熔炼温度为 750～2000 ℃。

（8）根据权利要求（1）所述的可溯源高免疫珠核制备方法，其特征在于，所述液态基质与文石粉的质量比为（95～99）：（1～5）。

（9）根据权利要求（1）所述的可溯源高免疫珠核制备方法，其特征在于，所述硅矿物、钙元素、其他金属元素的质量比为（12～15）：（1～6）：（0～5）。

（10）根据权利要求（1）所述的可溯源高免疫珠核制备方法，其特征在于，硅矿物为 SiO_2 矿物或者 SiO_4 矿物。

技术领域：该发明属于珍珠养殖领域。更具体地说，该发明涉及一种可溯源高免疫珠核制备方法。

背景技术：目前，养殖珍珠的珠核多采用淡水蚌或砗磲贝制作。一方面，从珠层成膜角度上来看，它们是同类，具有易于亲和的优点，但是从生物遗传角度上讲，对珍珠存活率提高是不利的。例如，把带病毒的珠核插入珠母贝体内，极易导致母珍珠贝生长缓慢，严重的则直接死亡，并传染其他母贝。此外，由于砗磲贝是受保护的海洋生物，已禁止捕捞，因而珠核材料紧缺问题亟待解决。尽管目前国内外也有一些学者尝试研究与母珍珠贝易于亲和的人工合成珠核，但未见有提高珠核免疫功能、插核时免贴套膜小片的新型珠核在珍珠养殖中的应用。由此可见，必须打破常规、研发新的珠核材

第六章 珠核溯源

料,提高珍珠存活率,满足大规模珍珠养殖的需求。

另一方面,工业的发展,使得珍珠养殖海域或内陆河流环境污染日益严重,珠母贝的生存环境受到严重威胁,尤其是在实施人工插核后,处于休养期的珠母贝极易受到病虫害的影响,严重的将导致珠母贝死亡。因此,休养期的护理、养殖环境除菌工艺一直是业界亟待解决的难题。目前通用的除菌方法是在珠核植入母珍珠贝之前,只对珠核进行简单的高温消毒灭菌。然而,由于母珍珠贝养殖于海水中,其本身存在各种病菌和虫害,加之在人工插核时将不可避免地会带入有害病菌,一旦某一颗母珍珠贝遭受感染且处置不及时,将会殃及其他母贝,最终导致大面积死亡,造成重大经济损失。目前,针对母珍珠贝的水环境除菌措施不多,亟须开展相关研究,以增强珠母贝养护期的免疫能力。此外,珍珠身份鉴别及防伪溯源是珍珠加工贸易中的重要环节,是保护珍珠品牌的唯一方法。然而,现有珍珠的身份信息并不具有唯一性,难以对珍珠进行身份鉴别及防伪溯源。

该发明能够有效解决上述问题,提供了一种可溯源高免疫珠核制备方法,能够对珍珠的身份进行准确的鉴别,以便于对珍珠的身份进行溯源。

制作步骤如下:

(1) 根据编码需求将硅矿物、钙元素与其他金属元素混合均匀,高温熔炼,获得液态基质,在液态基质中加入文石粉,并搅拌均匀熔炼,获得硅胶水。

(2) 将所述硅胶水浇注到珠核成型模具中成型,冷却固化后对珠核研磨抛光,即得。

(3) 将抛光珠核和抗坏血酸溶液置于反应釜中,在 1.2~1.5 个大气压的条件下加热至 90~100 ℃,然后恒温 2~10 d,恒温结束后,快速降温,即得。

降温速率为 5~10 ℃/min,钙元素、其他金属元素以金属氧化物的形式加入。其他金属元素为镁元素、锰元素、铝元素、锌元素、镉元素、铁元素、镍元素、钴元素、钠元素中的一种或多种。金属元素的组合不同,获得的珠核具有不同的离子组织构型和颜色,以使珠核获得唯一的身份信息。硅矿物为 SiO_2 矿物或者 SiO_4 矿物。珠核的形状为正圆、水滴状、椭圆、葫芦状、圆角扁块中的任意一种。熔炼温度为 750~2000 ℃。所述液态基质与文石粉的质量比为 (95~99):(1~5)。所述硅矿物、钙元素、其他金属元素的质量比为 (60~85):(5~30):(0~25)。钙元素、其他金属元素质量以金属氧化物的形式计算。

该发明应用取得的有益效果:

（1）该发明制备的珠核，由于每一粒珠核中的离子组织构型均不同，每一颗插核养殖得到的珍珠具有唯一的身份信息，如同人眼睛的"虹膜"，利用该珍珠唯一的身份信息，作为生产珍珠的防伪溯源标签，以实现对珍珠的身份和产地进行溯源。

（2）该发明将珠核和抗坏血酸溶液置于反应釜中，能够在珠核的表面形成一层抗氧化物膜，防止珠核内部-OH流失，提高珍珠的免疫能力，起到了防感染的作用，提高了插核珍珠贝的存活率。

（3）该发明制备的珠核在插核时，无须贴套膜小片亦可使珍珠分泌珠膜。

该发明的其他优点、目标和特征将部分通过下面的说明体现，部分还将通过对该发明的研究和实践而被本领域的技术人员所理解。

高免疫新型珠核插核关键技术实验应用情况：为了大幅提高马氏珠母贝人工养殖成活率、快速鉴别南珠产地，北海市食品药品检验所牵头，联合北海金不换水产有限公司及广西诸宝科技开发有限公司在北海市科学技术局的支持下开展"高免疫珠核"研制，主要研究高免疫可溯源的新型珠核制备、插核、养护期除菌以及珍珠无创溯源检测等关键技术。2021年5月2日，将2600只紫红色"高免疫可溯源"珠核插入原产于广东省湛江市的马氏珠母贝；5月19日又将2000只紫红色"高免疫可溯源"珠核插入广西北海市的马氏珠母贝，插核后投放近海放养实施术后护理。时值高温天气（气温≥31℃），对技术实施是极大的挑战。5月28—29日，技术组对马氏珠母贝进行了第一次护理，测算出在高温天气条件下插核贝的成活率分别高达为89.3%、85.7%。实验证实了"高免疫"珠核具有抗病害交叉感染的作用，能有效提升插核贝的存活率。

该发明公开了一种珍珠溯源识别方法以及装置，将硅、钙和金属元素按照设定比例混合制成珠核，对珠核进行可见光扫描，采集珠核的光电效应信息，将光电效应信息编码为数字代码，使用数字代码与外径信息、颜色信息中的任意一种或多种作为珠核的ID，对待检测珍珠进行同样的可见光扫描和信息采集编码，比对ID，达到溯源识别的目的。装置包括可见光源、传感器、数据采集卡和处理器。可见光源发射光斑对珍珠进行扫描，传感器采集珍珠的光电效应物理特征信息；处理器通过数据采集卡采集传感器的信息数据，并编码为相应的数字代码。该发明的溯源识别方法和装置的识别过程对珍珠无须特殊处理，速度快，识别准确，实用性强。[4]

权利要求：

（1）珍珠溯源识别方法，其特征在于，将硅、钙和金属元素按照设定比例混合制成设定大小的珠核，对珠核进行光扫描，至少采集珠核外径信息、颜色信息以及光电效应信息，将光电效应信息编码为数字代码，使用数字代码作为珠核的 ID，或使用数字代码与外径信息、颜色信息中的任意一种或多种组合作为珠核的 ID，对待检测珍珠进行同样的激光扫描和信息采集及编码，比对 ID，达到溯源识别的目的。

（2）如权利要求（1）所述的珍珠溯源识别方法，其特征在于，所述数字代码为 16 进制代码。

（3）如权利要求（1）所述的珍珠溯源识别方法，其特征在于，所述金属元素为镁元素、锰元素、铝元素、锌元素、镉元素、铁元素、镍元素、钴元素、钠元素中的一种或多种。

（4）如权利要求（1）所述的珍珠溯源识别方法，其特征在于，珠核的 ID 存储于数据库中，珠核植入母贝中培养形成珍珠，将待检测珍珠的 ID 与数据库中的珠核 ID 进行比对，如果待检测珍珠 ID 与数据库的珠核 ID 相同，则属于数据库中的珍珠；如果 ID 不同，则不属于数据库中的珍珠。

（5）珍珠溯源识别装置，用于权利要求（1）所述的珍珠溯源识别方法，其特征在于，包括光源、传感器、数据采集卡和处理器。所述光源发射光对珍珠进行扫描，所述传感器至少采集珍珠的珠核外径信息、颜色信息以及光效应信息；所述处理器通过数据采集卡采集传感器的信息数据，并将光效应信息编码为相应的数字代码。

（6）如权利要求（5）所述的珍珠溯源识别装置，其特征在于，所述传感器为若干光敏半导体器件组成的光效应阵列传感器。

（7）如权利要求（6）所述的珍珠溯源识别装置，其特征在于，所述光效应阵列传感器包括颜色识别模块，颜色识别模块包括若干光敏半导体器件，每个光敏半导体器件对应为一个单元电路，n 个单元电路并联形成颜色识别电路，每个单元电路对应一种颜色或多单元电路组合表示某一种颜色。

（8）如权利要求（6）所述的珍珠溯源识别装置，其特征在于，所述光效应阵列传感器包括光电效应信息感应模块。所述光电效应信息感应模块包括至少 8 个用于检测不同波长的光敏半导体器件，具体为：BA_1 模块对应波长为 750～650 nm 的光电信号；BA_2 模块对应波长为 650～550 nm 的光电信号；BA_3 模块对应波长为 550～450 nm 的光电信号；BA_4 模块对应波长为 450～350 nm 的光电信号；BA_5 模块对应波长为 350～250 nm 的光电信号；BA_6 模块对应波长为 250～150 nm 的光电信号；BA_7 模块对应波长为 150～50 nm 的光电信号；BA_8 模块对应波长为 50 nm 以下的光电信号。

（9）如权利要求（6）所述的珍珠溯源识别装置，其特征在于，所述光源为可见光源，可见光源设置有光强度调节器、滤镜和光斑聚焦器。所述光阵列传感器、可见光源与外壳组装在一起，所述外壳为屏蔽光能的外壳；可见光源的聚焦光斑为 0.005～1.000 mm 范围可调，最大光斑为 1.000 mm，最小光斑为 0.005 mm；波长可变，其变化范围为至 10～750 nm；光效应阵列传感器的最大直径为 20 mm，最小直径为 2 mm。

（10）如权利要求（5）所述的珍珠溯源识别装置，其特征在于，具体包括光效应阵列传感器、可见光源发生器、光斑聚焦器、数据采集卡、处理器、显示器、电源、固定被测珍珠的支撑架以及外壳。所述电源分别与可见光源发生器、光效应阵列传感器、数据采集卡、处理器、显示器连接为之供电；所述处理器与可见光源发生器连接，由处理器控制可见光源发生器产生光束和光束强度，然后聚焦成单一光斑，光斑照射在珍珠上；所述光效应阵列传感器的输出与数据采集卡的输入连接，数据采集卡的输出与处理器的数据输入口连接；所述处理器的数据输出口与显示器连接；所述固定珍珠支撑架与外壳固定连接；所述外壳为避光的金属外壳。珍珠溯源识别装置的未开启激光时和开启激光时的结构示意分别如图 6-1 和图 6-2 所示，而珍珠溯源识别装置的框架结构示意和使用流程分别如图 6-3 和图 6-4 所示。

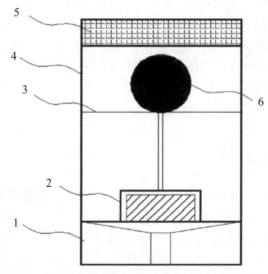

图 6-1 珍珠溯源识别装置的未开启激光时的结构示意
（1：光源底座和传感器；2：光源；3：样品座；4：外壳；5：传感器；6：珍珠）

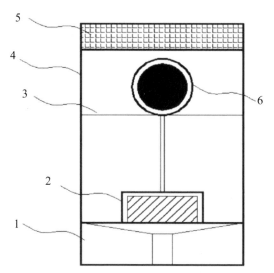

图 6-2 珍珠溯源识别装置的开启激光时的结构示意
（1：光源底座和传感器；2：光源；3：样品座；4：外壳；5：传感器；6：珍珠）

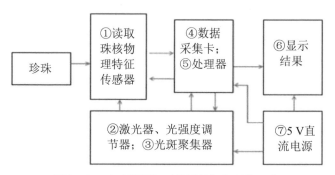

图 6-3 珍珠溯源识别装置的框架结构示意

图 6-4 珍珠溯源识别装置的使用流程

第三节 珠核检查

珠核检查在植核育珠过程中是必要的,检查设备在不断发展中。

近年来,我国的珍珠养殖业有突飞猛进的发展,我国海水和淡水有核珍珠因其大、圆、质优而在世界上享有盛誉,但珍珠的养殖过程不仅复杂而且漫长,一般从人工插核后到开贝取珠,海水珍珠需要1年左右,淡水珍珠需要3~5年的养殖周期,而且产珠率只有30%左右,这就使得珍珠的生产成本很高。经研究发现,产珠率低是因为在人工插核后入水的四周内,约有50%的珠贝将核排出体外,而剩余的其成活率也只有50%左右,因此如何提高产珠率已成为珍珠养殖中亟须解决的问题。有人提出把入水两周内排核的50%珠贝再进行二次插核,无疑能提高产珠率,但这需要有能够无损检测珠贝内有核无核的检查设备,日本珍珠生产普遍使用X光机专业设备,近年来我国才有研制或使用相关设备的报道。

目前已有的X射线诊断设备从理论上是能够完成对珍珠贝的无损诊断的,但这些设备都是医疗、海关检测和工业探伤等领域的专用设备。一般来说,设备体积重量很大,价格昂贵,大多不能明室操作,而能明室操作的均带有影像增强器和电视系统,使得设备价格更高。而且X射线诊断设备难以用于颠簸和海水侵蚀的珍珠养殖环境中。

1999年6月中国科学院西安光学精密机械研究所的吕建成设计的一种珍珠贝的珠核检查装置,获得了中国实用新型专利授权。[5]该装置属于一种X射线无损诊断珠核的专用检查装置,具有体积重量小、便于携带、能明室操作且价格低、对人无伤害、能适用于海上恶劣环境的优点,如图6-5所示。

珍珠贝的珠核检查装置的结构是由上下两个箱体连接构成,在上箱体内设置有X光源、防护罩及被检物通道,下箱体内设置有荧光屏、反射镜及电路系统,在工作面上设置有观察窗,X射线照射通道将被检物成像于荧光屏,并投影在反射镜上,由观察窗能看清被检物内有无珠核。该装置能在明室操作、体积重量小、携带方便、成本低,并能适用于海上恶劣环境,具有结构简单、操作方便、使用安全的优点,适用于珍珠贝人工养殖中珠核的无损检查。

为了达到上述目的,所设计的珍珠贝珠核检查装置由上、下两个箱体固定连接构成,立式的上箱体位于卧式下箱体上的中部。在上箱体内的顶部固定设置X射线源,在上箱体的底部横向设置有洞式检查物通过通道与箱外

第六章 珠核溯源

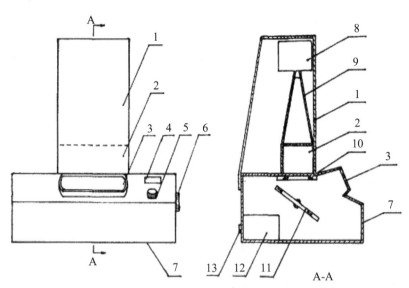

图6-5 珠核检查装置（正面）的结构示意，（右2为左图中A-A剖视）
（1：上箱体；2：被检物通过通道；3：观察窗；4：电压指示；5：调压旋钮；6：反射镜调节旋钮；7：下箱体；8：X射线源；9：防护罩；10：X射线荧光屏；11：反射镜；12：电路系统；13：电源接口）

连通，并与箱体内隔离，在X射线源与通道之间的X射线经过区域的边缘设置有防护罩；在下箱体内的顶部与通道对应的位置固定设置X射线荧光屏，在荧光屏的下方设置有反射镜，下箱体的正面为工作面，其上设置有观察窗、调压旋钮和电压指示；观察窗和反射镜设置的位置和角度的配合，能使人从观察窗看到荧光屏上的成像在反射镜上的投影，在下箱体内固定设置有稳压电源和调压电路，并以线路与X射线源和相应电器连接，在下箱体外还固定设置有电源接口。该实用新型的特征还在于，在防护罩和通道前后壁的表面设置有铅防护层；在反射镜上设有旋转轴伸出箱体外与反射镜倾斜角调节旋钮固定连接。

采用箱体内反射镜的观察设计，形成黑洞效应，可以明室操作；而且因未使用增强器和电视系统，其体积重量小、携带方便，还大大降低了制作成本，其设计合理、结构紧凑、开口环节少、采用特殊材料，从而保证了在海上恶劣环境中的使用；另外，该实用新型还具有结构简单、操作方便、使用安全的优点，达到了发明的目的。

以下结合结构示意和实施方案详细说明该实用新型的具体结构和使用，参见图6-5，该实用新型所设计的珠核检查装置由上、下两个箱体固定连接构成，立式的上箱体1位于卧式下箱体7的中部，箱体1和7可采用薄材焊接而成，要求无缝隙内壁涂黑，在上箱体内的顶部固定设置X射线源8，其管型要求有1mA就足够；在上箱体的底部横向设置有洞式检查物通过通道2与箱外连通，并与箱体内隔离，通道2的四壁选择聚四氟乙烯为材料，在X源8与通道2之间X射线区域边缘设置有防护罩，防护罩的内表面制有铅皮防护层，在通道2的前后壁也制有铅皮保护层，在下箱体7内的顶部与通道2对应的位置固定设置X射线荧光屏10，在荧光屏的下方设置有反射镜11，反射镜上固定有旋转轴伸出箱体7外与调节旋钮6固定连接，下箱体的正面为工作面，其上设置有观察窗3、调压旋钮5和电压指示4；观察窗和反射镜设置的位置和角度的配合能使人从观察窗看到荧光屏上的成像在反射镜上的投影。在下箱体内固定设置有电路系统，包括有稳压电源和调压电路，其以线路分别连接于X源8、调压旋钮、电压指示及箱体7外设置的电源接口13，该装置内电路的选择和连接，一般的技术人员都能够完成。

该实用新型的使用方法：将本装置放在工作台上，并在工作台上架有循环传送带，传送带的承载面穿过通道2进行被检珍珠贝的传送，将电源外接线接于电源接口13，在电源外接线上装有脚踏电源开关以便操作，用脚打开电源开关，先用调压旋钮调整电压，再用调节旋钮6调节反射镜至合适的角度。X源8发出的X射线照射于通道2，受照射的被检物成像在荧光屏上并投影在反射镜上，操作人通过观察窗可看到反射镜上的图像，即可确定珍珠贝内有无珠核，完成无损检查。由于该装置能使用传送带传送被检物，所以非常适合作业式检查，其检查速度快，符合生产需求。另外，在珍珠贝第一次插核后2周内捞出，用该装置进行无核检查，将脱核的50%的珍珠贝分离出，进行第二次插核后再放入海水中养殖，养殖周期不变，可将产珠率由25%提高到37.5%，明显提高了经济效益。

北海市铁山港区生产力促进中心的沈默于2016年2月公开了一种发明专利——海水珍珠养殖检查吐核贝方法[6]，其特征为：经休养后的母贝，装入锥形笼吊养，再用X光机做光检查，去除吐核贝。该发明克服了传统的粗犷简单的养殖方法导致养殖效益低、劳动强度大的缺点，使海水珍珠养殖更为科学化，养殖经济效益更为显著。所用的X光机使用深圳市神飞电子科技有限公司的产品，型号为SF-5030A，如图6-6所示。

第六章 珠核溯源

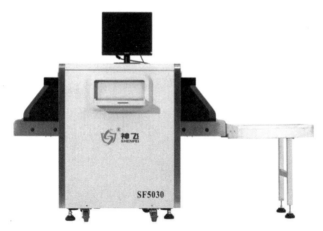

图6-6 SF-5030A 的 X 光机示意

深圳市神飞电子科技有限公司是一家专业从事 X 光安检设备及工业检测设备研发、生产、销售为一体的高新技术企业。该公司管理理念先进，流程体系完善，过程控制严格，建立了一支高素质人才队伍，拥有数十项独立自主的知识产权，公司品牌优势明显，在中国安检设备行业享有一定的知名度和影响力。SF-5030A 的 X 光机具有以下优势：①技术优势。数据采用并行传输技术，较其他同类产品网络运输的速度快 10～20 倍；②功能齐全：不仅具有设备联网、图像储存输出打印等功能，还可根据客户需求定制其他功能模块。③防水功能。通道内特殊处理，少量液体散落无影响，可放心使用。④易学易用。采用简洁人性化的操作界面，方便操作。

第四节　珍珠层厚度检测

随着有核珍珠养殖技术的快速发展，人们对珍珠质量有了更高的要求。珍珠质量因素包括珍珠的大小、形状、颜色、光泽、光洁度和珍珠层厚度等，珍珠层厚度是衡量珍珠价值最重要的指标，亦是珍珠作为珠宝决定其使用长久性的主要指标。珍珠层厚度的快速准确的检测，对于规范市场秩序、提升珍珠品牌形象、促进珍珠产业的发展都具有重要意义。[7]

对珍珠内部结构和珍珠层厚度的检测一直是珍珠产业的重要问题。根据珍珠分级国家标准 GB/T 18781—2008，珍珠按珍珠层厚度分为特厚、厚、中、薄和极薄 5 个等级，珍珠层厚度的测定方法主要有以下 4 种[8]。

（1）比较法。利用一套已知珠层厚度的珍珠标准样品，采用强光照明灯或光纤灯照明，在10倍放大镜或宝石显微镜下，将被检珍珠样品与珍珠标准样品比较，确定被检珍珠样品的珍珠层厚度。

（2）X射线照相法。利用珠核与珍珠层对X光的吸收效应的不同，获得X射线透视图像，确定被测珍珠样品的珍珠层厚度。

（3）光学相干层析成像方法。对珍珠层进行逐层扫描，获得珍珠断层扫描图像，确定被测珍珠样品的珍珠层厚度。

（4）直接测量法（仲裁法）。将被检样品从中间剖开、磨平，用测量显微镜测量珠层厚度，至少测量珍珠层的3个最大厚度和3个最小厚度，并取其平均值，确定被测珍珠样品的珍珠层厚度。

比较法为定性检测方法，不准确。直接测量则属于有损检测，会破坏珍珠样品，一般不采用。X射线照相法和光学相干层析成像方法属于无损检测，为定量检测方法，尤其光学相干层析成像方法被许多研究者采用[9-10]，而且设备和技术还在不断改进和发展中。

X射线测定珍珠层厚度的原理：X射线发射器产生X射线，照射样品台上的珍珠样品，X射线能够透射通过珠核与珍珠层之间的缝隙，再通过平板相机接受透射出来的X射线。成像系统可以将平板相机接收信号转换成珠核与珍珠层的影像，再采用聚焦X射线透射技术形成测量图像。通过CCD/高解析度增强屏和图像传感器采集放大，运用计算机测量软件技术对图像灰度级差进行自动甄别处理，实现无损精确测量珍珠层的厚度，测量精确度<0.02mm。常见X射线测定珍珠层厚度的仪器为美国善思科技SCIENSCOPE X-Scope 1800，如图6-7所示。这种仪器适合于实验室使用，可以观察珍珠的整体图像，并且能够同时检测多粒珍珠的珍珠层厚度。缺点是不便于携带，部分珠核与珍珠层的界限不清晰，不能检测珍珠层厚度。

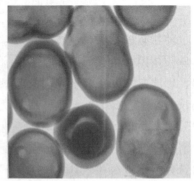

图6-7 X射线珍珠层无损测厚仪示意

断层扫描成像技术测定珍珠层厚度的原理：随着激光技术的不断发展，尤其是超快激光技术的发展，一种新的断层扫描成像技术 OCT 发展了起来，OCT 将半导体和超快激光技术、超灵敏探测、精密自动控制和计算机图像处理等多项技术结合为一体，是继 X 射线、CT 和核磁共振成像（magnetic resonance imaging，MRI）技术之后，又一门新兴的层析成像技术。[11]

作为一种无损伤非介入探测技术，光学相干层析（OCT）成像技术是近年来发展较快的一种新型亚表面纵剖面分析技术，以其分辨率高、非接触无损伤、实时快捷和极高灵敏度等优点，已经广泛应用于生物医学、测量、薄膜、材料检测、玉石和玉器、古陶瓷、壁画及古代艺术品等研究领域。OCT 成像技术通过探测珍珠质的光学反射散射特征来研究其微观结构形态和分布规律，可以评估珍珠内部组织的均匀性和透明度。因无须切割珍珠且方便快捷，OCT 成像技术在珍珠质的定量测量和分析其内部微观组织结构方面具有突出优势，在珍珠的科学研究中也得到了成功的应用，如可以鉴别真假珍珠、定量测量珍珠层的厚度、检测珍珠内部缺陷、评估珍珠的质量以及区分淡水无核珍珠与海水有核珍珠等。近年来，鉴于 OCT 在珍珠珠层厚度无损测量方面的独特优势，国家质量监督检验检疫总局和国家标准化管理委员会已于 2009 年将 OCT 方法列为珍珠珠层厚度测量的基本方法[12]。

大量实验表明，利用 OCT 能够测定有核珍珠珠层厚度。OCT 系统的核心是一个光纤迈克尔逊干涉仪，该干涉仪的一臂装有反射镜作为参考臂，另一臂置于待测珍珠样品上作为测量臂。为获得高分辨率，光源通常采用近红外宽频弱相干光源（超辐射发光二极管或飞秒超快激光器）。由于光源的近红外波段调节比较困难，因此使用 He-Ne 激光器对光路进行初始调节（聚焦和准直）。从光源输出的光耦合进入单模光纤，被 2×2 光纤耦合器均匀分为两束，分别进入干涉仪的测量臂光纤和参考臂光纤。一束光经光纤准直器到达反射镜作为参考光；另一束光经光纤聚焦透镜到达被测珍珠样品，在珍珠表面或内部形成直径很小的光斑。从反射镜返回的参考光与被测珍珠背向散射的测量光在光纤耦合器汇合，当两臂光程差在光源相干长度内时则发生干涉，光电探测器探测到干涉信号，信号强度可反映珍珠的散（反）射强度。纵向移动扫描参考臂，使参考光分别与从珍珠中不同深度和结构反射回来的测量光发生干涉，同时分别记录相应的参考镜空间位置，这些位置便反映了珍珠内不同结构的空间位置，由此可获得珍珠深度方向（Z 轴）的一维测量数据；然后扫描测量平行于珍珠表面（$X-Y$）方向的数据。测得的信号经计算机处理后，根据信号的强弱赋予相应的色度值，即可得到珍珠的彩色图，如图 6-8 所示。

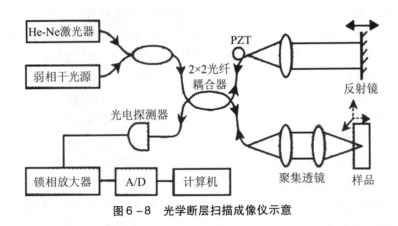

图6-8 光学断层扫描成像仪示意

针对珍珠的研究，对OCT系统进行设计、调制和整合，设备的空间分辨率为3 μm，探测深度达2～3 mm，并可获得珍珠等断层扫描图像。

近年来，国内外许多单位和个人开展珍珠层厚度的研究，不断完善检测方法，取得了多项发明和实用新型专利，推动了珍珠层厚度检测技术的进步。

广西珍珠产品质量监督检验站的何锦锋团队长期开展珍珠层厚度的检测与研究，提出了一种珍珠珠层厚度的无损检测方法[13]，利用X射线放射源逐一照射两个待测物体，得到两个初始图像（图6-9）；依据像素点的灰度值，判断一个像素点是否为边界点，从而从初始图像中识别出待测物体图像的所有边界点；对于标准球体，利用识别出的边界点拟合成一个圆，并以该圆的半径为标准球体图像的半径 R_0；对于待测珍珠，利用识别出的边界点拟合成两个同心圆，其中，以位于中心的一个圆的半径为珠核图像的半径 R_2，以位于最外侧的一个圆的半径为待测珍珠图像的半径 R_1；待测珍珠的半径为 $r_1 = \mu R_1$，珠核的半径为 $r_2 = \mu R_2$，则珠层厚度为 $r = r_1 - r_2$，其中，比例系数 $\mu = r_0/R_0$，r_0 为标准球体的半径。该发明实现了珠层厚度的计算，测量结果更为准确。

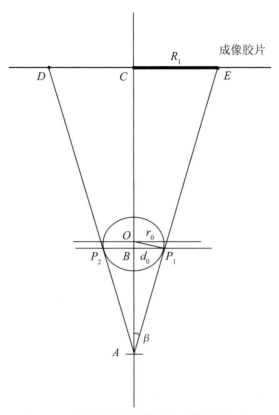

图 6-9　现有技术中的待测珍珠的检测示意

该发明提出的无损检测珍珠层厚的方法包括以下步骤（图 6-10）。

步骤一　利用 X 射线放射源逐一照射两个待测物体，得到两个初始图像，其中，所述两个待测物体包括标准球体和待测珍珠，其中，待测珍珠包括珠核以及环状的珠层，所述珠核位于所述珠层的中心。

步骤二　依次从两个初始图像中识别出两个待测物体图像的边界点，具体过程为：①所述初始图像由多个规则排列的像素点构成，依据各像素点的灰度值对各像素点进行区分，如果一个像素点的灰度值高于灰度阈值，则该像素点为构成待测物体图像的像素点；如果一个像素点的灰度值低于灰度阈值，则该像素点为构成背景的像素点。②检测所有的像素点，在相邻两个像素点中，第一个像素点为构成待测物体图像的像素点，第二个像素点为构成背景的像素点时，以第一个像素点为待测物体图像的边界点，从而识别出待测物体图像的所有的边界点。

步骤三　以标准球体为待测物体时，利用步骤二识别出的边界点拟合成

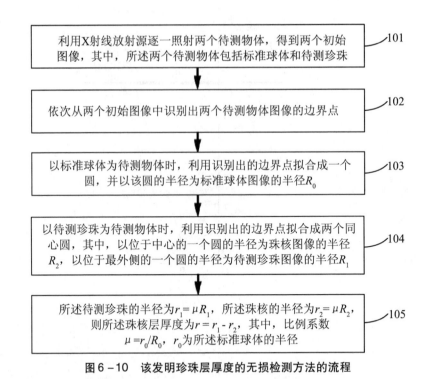

图6-10 该发明珍珠层厚度的无损检测方法的流程

一个圆,并以该圆的半径为标准球体图像的半径 R_0。

步骤四 以待测珍珠为待测物体时,利用步骤二识别出的边界点拟合成两个同心圆,其中,以位于中心的一个圆的半径为珠核图像的半径 R_2,以位于最外侧的一个圆的半径为待测珍珠图像的半径 R_1。

步骤五 所述待测珍珠的半径为 $r_1 = \mu R_1$,所述珠核的半径为 $r_2 = \mu R_2$,则所述珠核层厚度为 $r = r_1 - r_2$,其中,比例系数 $\mu = r_0/R_0$,r_0 为所述标准球体的半径。

所述步骤一中,利用 X 射线放射源逐一照射两个待测物体,得到两个初始图像,具体过程为:①成像设备提供一成像平面,在 X 射线放射源和所述成像平面之间规划一平行于所述成像平面的参考直线,将所述标准球体设置在所述 X 射线放射源和所述成像平面之间,并且使所述标准球体的球心位于所述参考直线上,利用所述 X 射线放射源照射所述标准球体,从而在所述成像平面上得到第一初始图像;②将待测珍珠设置在 X 射线放射源和成像设备之间,并且使所述待测珍珠的球心也位于所述参考直线上,利用所述 X 射线放射源照射所述待测珍珠,从而在所述成像平面上得到第二初始图像。所述步骤一中,所述标准球体的球心位于所述 X 射线放射源到所述成像平面的垂线段上；所述待测珍珠的球心也位于所述 X 射线放射源到所述成像平面的垂线段上；所述 X 射线放射源到所述参考直线的距离 $a \geqslant 20r_0$。利用该发明进行的一个实施例的检测示意如图 6-11 所示。

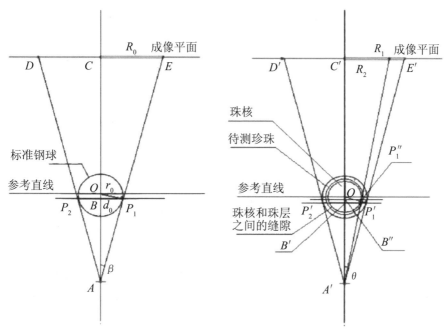

图 6-11 该发明的一个实施例的检测示

（左：标准球体；右：待测珍珠）

广东深圳市的王辉、何永红和马辉于 2006 年 3 月 14 日申请了发明专利——珠宝内部结构检测方法及其装置，经过多次实验验证，可以检测珍珠层厚度和珍珠内部结构。[14] 该发明主要装置包括将时间相干性低的光源发出的光通过分光器件分为第一光束和第二光束，第一光束和第二光束分别照射至一个固定有待测珍珠的样器臂和一个产生光程变化且可反射光的参考臂；调整光程，使得经参考臂的反射光及经样器臂待测珍珠的反射光发生干涉，产生干涉信号；将干涉信号转化为与其相对应的电信号，并将电信号传输至信号处理分析器；改变参考臂光程，得到珍珠层纵深方向的一维反射光强信号；以及对待测珍珠进行扫描，得到待测珍珠二维内部结构的光学切片图像。该发明利用光学干涉原理，将很弱的珍珠内部的背向散射光与较强的参考光产生干涉，从而探测珍珠内部结构构造、检测珍珠层厚度，大大提高了检测信噪比和灵敏度。珠宝内部结构检测装置结构示意如图 6-12 所示。

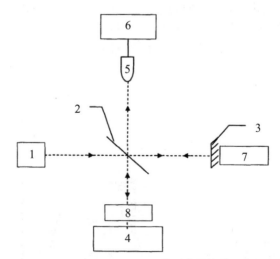

图6-12 珠宝内部结构检测装置结构示意

（1：光源组件；2：分光器；3：参考臂；4：反射镜；5：光电探测器；6：信号处理分析器；7：参考臂反射镜扫描装置）

2016年4月20日公开了深圳市莫廷影像技术有限公司王辉团队发明的一种OCT扫描显示珠珠内部结构的方法[15]，包括如下步骤：扫描装置扫描经过珠珠球心的一圈得到扫描数据，计算机处理所述扫描数据，得到显示有包含整段矩形珠珠珠层的第二OCT图像；计算机将显示有包含整段矩形珠珠珠层的第二OCT图像处理成显示有珠珠内部结构的第一OCT图像。该发明还公布了一种利用OCT计算珠珠外径的方法，通过显示还原珠珠的内部结构的第一OCT图像，分析第一OCT图像，从而可以测量珠珠的外径、珠核直径和珠珠内部不规则缺陷的大小等重要参数，判定珠珠质量的好坏。

该发明提供了一种OCT扫描显示珠珠内部结构的方法，其目的在于解决因为无法还原珠珠内部结构而造成的珠珠的外径测试不准、无法测珠珠珠核外径以及无法判定珠珠内部缺陷的问题。

该发明的有益效果：珠珠转动一圈，扫描探头扫描珠珠一圈，计算机采集了珠珠这一圈的扫描数据，得到包括整段的矩形珠珠珠层的第二OCT图像。该第二OCT图像由W列扫描线、每列扫描线的纵向像素数H组成。将第二OCT图像处理成显示珠珠内部结构的第一OCT图像。通过分析珠珠的第一OCT图像，可以测量出珠珠的外径、珠珠珠核外径和珠珠珠层厚度，直观地看出珠珠珠层厚度和珠珠大小的关系，也可以分析并量化珠珠内部的不规则缺陷，例如：根据珠珠珠层内部的裂纹的深度或宽度，从而判定珠珠品质的好坏。

应该指出的是,两种方法都存在一些缺陷。

X射线照相技术使用X射线穿透待测物,然后使用X射线接收器接收,利用X射线对不同物质的穿透特性差异来形成图像。由于采用照相的方式形成图片,可以直观地同时测量珍珠一周的珠层厚度。但现有的X射线检测技术在珍珠检测上还存在几个重要的技术缺陷:①精度低。检测区域远大于珍珠的大小,而分辨率和精度却达不到检测的需求。②检测范围小。只能测量一个方向的照相图像,而珠层厚度测量一般至少需要X、Y、Z三个方向的照相图像。③图像对比度低或过度曝光。X射线照相普遍存在对比度过低的问题,如果直接做对比度拉伸,则会出现珍珠图像边缘过度曝光的问题,这会导致无法准确地找到珍珠的边界,进而影响珍珠珠层厚度的测量。

光学相干层析技术通过物体表面背向的反射和散射信号,可以检测物体表面浅层剖面的结构信息。但该技术一般只能测量2 mm以下厚度的珍珠层,对目前市场上大量厚度为3 mm左右的爱迪生珍珠等无能为力。该技术测量速度很快,但一次只能测量一个方向的剖面,如要检测珍珠一周的厚度需要的测量时间也会比较长。此外,该技术虽然测量精密度较高,但由于其结果计算中必须使用待测物质折射率的准确数值,有系统性的误差难以消除。

基于上述分析,为了克服上述现有技术中存在的缺陷,上海火逐光电科技有限公司的赵彦牧提出了一种基于X射线的珍珠层厚度测量装置及测量方法,所述测量装置包括依次设置的X射线源、三轴测试盒和X射线探测器,其中,所述三轴测试盒为标准立方体结构,其中心设有样品容纳腔,所述标准立方体的每一面上都开设有镂空窗口。与现有技术相比,该发明具有精度高、测量全面且快等优点。[16] 三轴测试盒的结构如图6-13所示,三轴测试盒的主观示意如图6-14所示,测量过程三轴测试盒的X、Y、Z三个方向示意如图6-15所示。

所述三轴测试盒包括通过转轴连接的样品盒和样品盒盖。接触面呈六边形,该六边形由与所述标准立方体对角两个顶点不相邻的六条棱的中点组成。样品盒上设有卡勾,所述样品盒盖上设有与所述卡勾对应的卡槽。接触面上均设置有弹性薄膜,弹性薄膜通过压圈固定。三轴测试盒为塑料测试盒。X射线源和X射线探测器间的距离满足以下公式:

$$N \leqslant eL/(P + e)$$

其中:N为待测样品中心和X射线探测器间的距离;L为X射线源和X射线探测器间的距离;e为X射线探测器的像素间隔;P为X射线源的焦点的

大小。

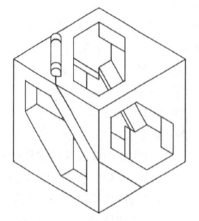

图6-13 三轴测试盒的结构示意

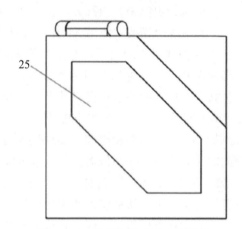

图6-14 三轴测试盒的主视示意

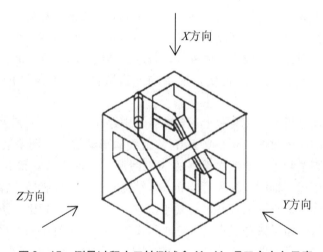

图6-15 测量过程中三轴测试盒X、Y、Z三个方向示意

此外,上海火逐光电科技有限公司的赵彦牧还提供了一种采用所述的基于X射线的珍珠层厚度测量装置的珍珠层厚度测量方法[17],包括以下步骤:

(1) 将装有待测珍珠的三轴测试盒的某一面朝上。

(2) 调节X射线源的管电压至第一电压,该第一电压小于珍珠穿透电压。

(3) 采集X射线探测器获得的第一图像,从该第一图像中提取获得珍珠外轮廓。

(4) 调节X射线源的管电压至第二电压,该第二电压大于珍珠穿透电压。

（5）采集 X 射线探测器获得的第二图像，从该第二图像中通过拟合方式获得珍珠核拟合圆。

（6）基于所述珍珠外轮廓及珍珠核拟合圆计算珍珠层厚度。

（7）重复执行步骤（1）～（6），获得 X、Y、Z 三个方向的珍珠层厚度。

调节测量时间使珍珠核图像最清晰，在珍珠核的边界上标记三个点构成三角形，计算三角形外接圆拟合获得所述珍珠核拟合圆。与现有技术相比，该发明具有如下有益效果：

（1）设计了特殊的三轴测试盒进行检测，三轴测试盒在实现固定珍珠样品的同时，可以完全避免对图像造成影响，解决了一般的测试盒或者夹具无法满足同时在 X、Y、Z 三个轴方向上对珍珠进行成像的问题。

（2）首次使用普通的 X 射线源和牙科用的小型 X 射线探测器搭配，通过公式计算得到了能发挥器件全部性能的最佳距离，使得检测图像能获得很高的强度和清晰度。在牺牲了检测范围后，得到的图像超过了大多数微焦点 X 射线源与平板 X 射线探测器的效果，极大地减小了设备体积并缩减了成本。

（3）采用的二次成像法能够准确测量珍珠的外轮廓和珍珠核的位置，解决了珍珠层厚测量不准确的问题。

（4）三轴测试盒与二次成像法两者相结合，解决了无法准确测量珍珠多个方向珠层厚度的问题，使得对珍珠珠层厚度进行分级成为可能。

（5）设计的三轴测试盒各面上均开设有尽可能大的通孔，有效地避开了切分的部位，并为压圈的放置留出空间，还较为美观。

近年来，桂林电子科技大学北海校区的朱名日和欧传景团队开展了珍珠层厚度检测的研究，发明了一种珍珠类型与珠层厚度的无损识别装置。[18]该实用新型装置为正弦波电信号源的信号源与杯形激磁感抗器连接为之供电；控制中心控制信号源的信号频率；被测珍珠置于杯形激磁感抗器内；紧贴于其底部的电磁波传感器的输出经数据采集卡接入控制中心；杯形激磁感抗器和电磁波传感器悬于铁磁性外壳内。信号源按扫描步长和频率发出不同频率的电信号。珍珠吸收的电磁能与信号源的输出频率呈函数关系，即得到珍珠吸收电磁能图谱，不同珍珠的该图谱不同。该装置的电磁传感器接收到待测珍珠的电磁功率得到其图谱，按特定频率点的电压值识别该珍珠的类型并计算珠层厚度和 ID 码。该装置易于制作、易于使用，且识别快速准确，可用于检出仿真珍珠、识别南珠等。该装置的构成如图 6-16 所示。

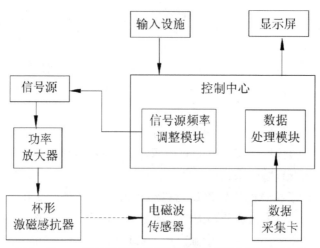

图 6-16 一种珍珠类型与珠层厚度的无损识别装置构成

这种珍珠类型与珠层厚度的无损识别装置,包括外壳和信号源,其特征在于:还包括杯形激磁感抗器、电磁波传感器、数据采集卡和控制中心,所述信号源为正弦波电信号源,与杯形激磁感抗器连接为之供电;信号源与控制中心连接,由控制中心控制其信号频率;空芯圆筒感抗作为杯壁,圆形感抗作为杯底,二者相连接构成杯形激磁感抗器,被测珍珠置于杯内;电磁波传感器为圆盘形线圈,其直径大于杯形激磁感抗器的杯底内径、等于或小于杯底外径,紧贴在杯底;电磁波传感器的输出经数据采集卡接入控制中心;杯形激磁感抗器和电磁波传感器固定为一体,输入端子和输出端子均有硬质外管,内端穿过外壳,杯形激磁感抗器的输入端连接输入端子,输入端子的外管内端固定于杯形激磁感抗器外壁,电磁波传感器连接的输出端连接输出端子,输出端子的外管内端固定于电磁波传感器外壁,输入端子和输出端子的外管固定于外壳,支撑杯形激磁感抗器和电磁波传感器悬于外壳内,杯形激磁感抗器和电磁波传感器与外壳内壁之间有间隙 10~20 mm,输入端子和输出端子与外壳间绝缘;所述外壳为屏蔽磁场的铁磁性外壳。实施例外壳和其内的杯形激磁感抗器、电磁波传感器结构示意如图 6-17 所示,图 6-17 的 A-A 向剖视示意如图 6-18 所示。

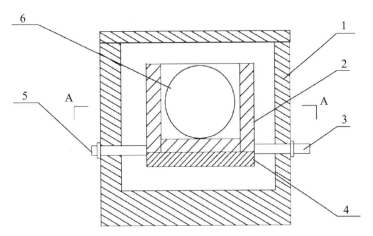

图6-17 实施例外壳和其内的杯形激磁感抗器、电磁波传感器结构示意

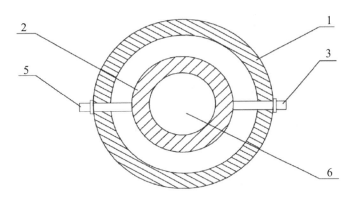

图6-18 图6-17的A-A向剖视示意

所述信号源是信号频率为0.2 MHz～25 GHz的正弦波电信号源；所述信号源含电磁波频谱扫描电路，根据控制中心指令按扫描步长和扫描频率依次发出不同频率的电信号。所述信号源的输出经功率放大器接入杯形激磁感抗器，内腔最大直径为12～18 mm，最大深度为12～18 mm。电磁波传感器是线径为0.5～1.0 mm漆包线绕制的6～12圈的盘式线圈，绕制系数高于0.97。所述控制中心包括信号源频率调整模块和数据处理模块，控制中心还连接显示屏和输入设施；信号源频率调整模块连接信号源控制调节其输出信号频率；数据处理模块连接数据采集卡，接收电磁波传感器得到的待测珍珠在高频电磁场中不同频率点吸收的电磁能值。

参 考 文 献

[1] 童银洪,陈敬中,杜晓东.OCT 在珍珠研究中的应用 [J].矿物学报, 2007,27 (1):69-72.

[2] 王俊杰.用于珍珠养殖的珠核及其生产方法:CN201310359278.3 [P]. 2019-12-10.

[3] 广西诸宝科技开发有限公司.可溯源高免疫珠核制备方法: CN202210365796.5 [P].2022-08-16.

[4] 广西诸宝科技开发有限公司.珍珠溯源识别方法及装置: CN202210367119.7 [P].2022-08-16.

[5] 中国科学院西安光学精密机械研究所.珍珠贝的珠核检查装置: CN98232626.2 [P].1999-06-30.

[6] 北海市铁山港区生产力促进中心.一种海水珍珠养殖检查吐核贝的方法:CN201410352052.5 [P].2016-02-03.

[7] 童银洪,陈敬中,杜晓东.OCT 在珍珠研究中的应用 [J].矿物学报, 2007,27 (1):69-72.

[8] 国家质量监督检验检疫总局,国家标准化管理委员会.珍珠分级:GB/T 18781—2008 [S].北京:中国标准出版社,2008.

[9] 董俊卿,李青会.应用 OCT 成像技术对海水珍珠的无损测量研究 [J]. 红外与激光工程,2018,47 (4):30-40.

[10] 石龙杰,周扬,岑岗,等.基于 OCT 成像的淡水无核珍珠内部缺陷自动检测方法 [J].计量学报,2020,41 (10):1226-1223.

[11] 薛平,陈泽民.光学相干断层扫描成像新技术 OCT [J].物理工程, 2001,11 (3):39-43.

[12] 国家质量监督检验检疫总局,国家标准化管理委员会.珍珠珠层厚度测定方法 光学相干层析法:GB/T 23886—2009 [S].北京:中国标准出版社,2009.

[13] 广西珍珠产品质量监督检验站.一种珍珠珠层厚度的无损检测方法: CN201310477360.6 [P].2016-05-18.

[14] 王辉,何永红,马辉.珠宝内部结构检测方法及其装置: CN200610057546.6 [P].2006-08-09.

[15] 深圳市莫廷影像技术有限公司.OCT 扫描主观显示珍珠内部结构及珍珠外径测试方法:CN201410073529.6 [P].2016-04-20.

［16］上海火逐光电科技有限公司. 一种基于 X 射线的珍珠层厚度测量装置及测量方法：CN202010573340.9 ［P］. 2020 – 09 – 11.

［17］上海火逐光电科技有限公司. 一种基于 X 射线的珍珠层厚度测量装置：CN202021176401.X ［P］. 2021 – 01 – 29.

［18］欧传景. 一种珍珠类型与珠层厚度的无损识别装置和无损识别方法：CN201910114569.3 ［P］. 2019 – 04 – 12.

第七章 珠核质量评价

第一节 珍珠分级

一、珍珠评价体系

国际上,珍珠通过给特定的品质属性划分等级而评级,其由诸如美国宝石学院(Gemological Institute of America,GIA)和欧洲宝石实验室(European Gemological Laboratory,EGL)的权威组织认证。

相对来说,广泛使用的两种主要的珍珠评级体系为:AAA – A体系和A – D体系(塔希提体系)。这两种体系都是基于珍珠的5个品性,也就是光泽、尺寸、形状、颜色和斑点。光泽是指珍珠表面反射光的强度和映像的清晰程度。珍珠的尺寸以毫米测量。按照期望,珍珠的形状可以是圆形、半圆形、椭圆形、水滴形、纽扣形或不规则的(baroque)。斑点是指在珍珠表面上的瑕疵(生长印记和空腔)。

AAA – A体系按照从AAA到A的级别对珍珠进行评级,其中AAA为最高等级。

AAA:最高品质的珍珠,几乎无瑕疵。表面具有很高的光泽,且至少95%的表面没有缺陷。

AA:表面具有很高的光泽,且至少75%的表面没有缺陷。

A:最低珠宝等级的珍珠。低光泽或超过25%的表面示出缺陷。

没有落入某个类别而是在两者之间的珍珠可以相应地评级,例如为A +和A + +。

A – D体系(塔希提体系)按照从A到D的级别对珍珠进行评级,其中A为最高等级。

A:高光泽。在小于10%的珍珠表面上仅仅有小的瑕疵。

B:高或中光泽。表面在不超过其面积的30%上可以有可见的瑕疵。

C:中光泽。表面缺陷不超过其表面面积的60%。

D:与光泽无关。缺陷不超过其表面的60%。

第七章　珠核质量评价

低于 D 等级的珍珠在珠宝中使用被认为是不可接受的。

销售者倾向于以他们自己专设的方式在体系上扩展，诸如通过使用来自评级体系的术语来描述不同于该体系意欲评级的珍珠的品质。一些销售者甚至创建他们自己的等级，诸如"AAAA"，以使其呈现出珍珠超越了最高标准品质。但是，使用这种自己编造的等级可能完全是不诚实的。

这两种评级体系主要关注珍珠的光泽和表面品质，以决定它的等级。但是，珍珠还具有可以对品质做出贡献的其他属性，其在这些体系中没有被考虑。这些品质中的其中一个是养殖珍珠中的珠核的品质。但是，包括珍珠养殖者和消费者在内的大部分人经常忽视珍珠珠核品质的重要性和它对养殖珍珠的影响。

珠核典型地是人造刺激物，其典型地是小的圆形的贝壳片或珍珠母珠。在被称为"成核"、"移植"或"播种"的过程中，将珠核植入珍珠母贝中。具有珠核的珍珠母贝返回到育珠水域中，在此处珍珠母贝将分泌珍珠质包裹住珠核以生产珍珠，且将在数月后收获以取出养殖珍珠。已制定的标准要求珍珠珠核由与珍珠具有相同密度的珍珠质物质制成，优选地由珍珠或贝壳材料制成。最为普遍地，珍珠珠核由在 $1.8\sim6.0$ bu 尺寸范围内的美国密西西比河或中国长江中下游流域的淡水贝壳制成。"bu"是在珍珠产业中使用的用于尺寸的标准，其中 1 bu = 3.03 mm。但是，存在由不合标准的珠核养殖的珍珠，这些珍珠具有差的品质和低的价值。不合标准的珠核材料的实例是砗磲的壳，其结构构造使其非常易碎。由这种易碎的珠核材料养殖的珍珠在给珍珠钻孔用于穿线时通常易于破裂，给所有者造成重大的经济损失。珍珠质的厚度也会影响养殖珍珠的品质，尤其影响前文讨论的 5 个"品性"，并且还决定了珍珠耐用、坚固以及持续多久。

通常地，天然珍珠中的珍珠质的比例大于养殖珍珠中的珍珠质的比例。毕竟天然珍珠由接近 100% 的珍珠质组成，而养殖珍珠由覆盖珠核的珍珠质组成。尽管在 1 年的周期中可能有大约 1500 层的珍珠质沉积在珠核上。为了增大养殖珍珠的尺寸，植入珍珠母贝中的珠核有时甚至大于天然珍珠。普通的消费者可能对此并不知情，且少有或没有办法查看珍珠的内部以确定珠核的尺寸，因此容易受到无德珍珠交易者的欺骗。在某些情况下，甚至珍珠养殖者、珍珠经销商、珠宝商可能也会受到欺骗。

珠核是决定珍珠质量的重要因素。探讨珠核质量，要从珍珠质量入手，先要弄明白目前我国国家标准 GB/T 18781—2008《珍珠分级》[1]。该标准制定时参考了国际珠首饰联合会（CIBJO）制定的《珍珠手册》（1995），以及美国宝石学院（GIA）的珍珠分级、日本真珠振兴会等标准。该标准代替了 GB/T 18781—2002《养殖珍珠分级》。该标准规定了养殖珍珠的术语和定义、分类、质量因素及其级别、等级指标、检验方法和标识的要求。该标准适用于养殖珍珠的生产、贸易、质量评价等活动，不适用于经辐照、染色等处理的养殖珍珠的分级。天然珍珠的分级也可参照执行。

该标准与 GB/T 18781—2002 相比主要变化如下：标准的名称改为"珍珠分级"。

将前言中的"美国珠宝学院（GIA）"修改为："美国宝石学院（GIA）"；将前言中的"日本真珠振兴协会"修改为："日本真珠振兴会"；取消珠层厚度标准样品和光洁度标准样品；取消"淡水有核养殖珍珠形状级别"和"淡水有核养殖珍珠珠层厚度级别"条款；珠层厚度检验方法增加了光学相干层析法，并对 X 射线照相法进行了修改。

在我国，珍珠分级依据 GB/T 18781—2008《珍珠分级》国家标准，概括地说：珍珠分级是根据珍珠的类别（海水珍珠、淡水珍珠），分别从颜色、大小、形状、光泽、光洁度、珠层厚度（有核珍珠）等质量因素进行评价，其中颜色、光泽、光洁度需根据国家标准样品对比给出级别。

再可根据珍珠质量因素级别，将用于装饰的珍珠划分为珠宝级珍珠和工艺品级珍珠两大等级。此外，对于多粒珍珠饰品要进行质量因素级别和匹配性级别确定。

二、珍珠鉴定分类

1. 珍珠鉴定分类定名

依据 GB/T 16552—2017《珠宝玉石　名称》、GB/T 16553—2017《珠宝玉石　鉴定》检测样品，进行鉴定和分类定名。[2-3]包括：

（1）根据生长方式不同，可划分为天然珍珠和养殖珍珠。

（2）根据生长水域不同，可划分为海水和淡水，故有海水养殖珍珠和淡水养殖珍珠、天然海水珍珠和天然淡水珍珠。

（3）根据有无珠核的养殖方式，可划分为有核养殖珍珠和无核养殖珍珠。

（4）根据是否附壳，可划分为游离型养殖珍珠和附壳型养殖珍珠。

（5）检测确定是否经人工处理，如染色、辐照处理。

一句话概括珍珠分级检测的序幕：先检测确定珍珠是天然珍珠或养殖珍珠，未经其他人工处理（如染色、辐照处理），同时确定是海水珍珠还是淡水珍珠。

2. 珍珠鉴定要点

（1）养殖珍珠——简称"珍珠"。根据产出机制，珍珠分为天然珍珠和养殖珍珠。天然珍珠直接定名为"天然珍珠"，英文名称为"natural pearl"；养殖珍珠根据国家标准 GB/T 16552—2017《珠宝玉石　名称》，可以简称为"珍珠"，但英文名称为"cultured pearl"。

（2）检测难点——是否经人工处理。此环节是珍珠分级的准备工作，也是常规珠宝玉石检测鉴定的步骤。目前鉴定的难点：是否经过人工处理，特别是各种颜色的人工处理。经处理的珍珠按 GB/T 16552—2017《珠宝玉石　名称》标准，需在名称上标注，且不再进行分级。

（3）分级级别限定不同，海水、淡水珍珠区分成为必须。根据生长水域的不同，珍珠分为淡水、海水两大类，可称为淡水珍珠、海水珍珠。[5-6]由于生长水域、母贝品种不同，产出的淡水珍珠与海水珍珠品质差异较大。

在珍珠分级标准中，根据基本一致的珍珠质量分级要素如颜色、光泽、光洁度、形状、珠层厚度等方面，分别对淡水珍珠与海水珍珠设定了不同级别限定。因此，正确区分珍珠的生长水域，是珍珠分级必不可少的准备工作。

（4）海水、淡水珍珠鉴定方法。在检测过程中，不仅使用常规放大检查方法观察珍珠的表面生长纹理，还利用 X 荧光能谱仪检测其钙锶比例、锰元素的含量等方法，来综合判定珍珠的生长水域。[7-8]

三、珍珠质量因素

珍珠分级标准中确定的质量因素包括：颜色、大小、形状级别、光泽级别、光洁度级别、珠层厚度级别（海水珍珠）、匹配性级别。其中，要通过以下几种方式予以确定。

观察项目：颜色，通过肉眼观察描述相关颜色类别。

测试项目：珍珠的大小、形状级别、珠层厚度级别需要经过测量、计算得出。

对比观察项目：珍珠光泽、光洁度等，需要与相关标准样品对比，得出相应的级别。

1. 观察珍珠的颜色

珍珠的颜色，用肉眼可以直接观察，实验室分级则在灰白背景下，使用 5500～7000K 日光灯，用肉眼观察珍珠的体色、伴色、晕彩三方面，综合描述评判珍珠颜色。

(1) 珍珠颜色的分类。珍珠的颜色与其生长的水域环境（淡水、海水）、母贝的品种、水中微量元素相关。珍珠的颜色按其体色划分为以下几种。

白色系列：纯白色、奶白色、银白色、瓷白色等，海水、淡水均有产出。海水珍珠以南洋珠和日本珠最为著名，我国一直占据着淡水珍珠养殖的霸主地位。

黄色系列：浅黄色、米黄色、金黄色、橙黄色等，海水、淡水均有产出，以南洋金珠质量最佳。

黑色系列：黑色、蓝黑色、灰黑色、褐黑色、紫黑色、棕黑色、铁灰色等，主要产自海水，以塔希提珍珠最为著名。

红色系列：粉红色、浅玫瑰色、淡紫红色等，主要产自淡水。

(2) 珍珠颜色的评价。颜色的描述以体色描述为主，以伴色和晕彩描述为辅。珍珠颜色的评价，从其颜色的体色和伴色是否纯正、均匀，是否明亮，饱和度是否适宜，晕彩是否明显、灵动等多方面进行，可以采用Lovibond-RT200表面色度计对珍珠颜色参数进行测量，每粒珍珠测量3次取平均值，将 a 值、b 值和 L 值用于表征珍珠颜色[9-10]。珍珠的伴色，可能有如白色、粉红色、玫瑰色、银白色或绿色等伴色。珍珠的晕彩，可划分为晕彩强、晕彩明显、晕彩一般。

以黑珍珠为例：如果一粒珍珠的体色为纯正黑色、具绿色伴色、晕彩明显，与一粒体色为黑色、无伴色、无晕彩的珍珠相比，前者颜色更加丰富多彩、更具灵动的气质。

2. 观测珍珠的形状大小

珍珠形状可划分为正圆、圆、近圆、椭圆、扁圆、异形。其中正圆、圆、近圆形的珍珠，以最小直径来表示；其他形状的珍珠以最大尺寸乘最小尺寸表示，批量散珠可以用珍珠筛的孔径范围表示。

业内以走盘珠形容珍珠的圆度，真正达到正圆（A1）的珍珠可谓是万里挑一。随着大众审美水平的不断提高，消费者不再局限于选购圆珠，从检测的样品可以看到，椭圆形、扁圆形甚至异形珍珠的送检量在逐年增加。

3. 观察对比珍珠的光泽级别

珍珠的光泽受贝类生长水域的环境、温度、母贝健康程度、珠核或插片殖入贝类生物体内的位置、养殖时间、捕捞收获的季节等诸多因素的影响，珍珠的光泽差异较大，即使同一粒珍珠，其各个方向的光泽也可能不尽一致。

(1) 光泽级别：分为极强、强、中、弱4个级别，可分别用A、B、C、

D 来表示。拥有强（B）以上光泽的珍珠会比光泽级别为弱（D）的，更具高贵典雅的气质。

（2）观察要点：珍珠表面反射光的强度及映像的清晰程度。

（3）分级方法：与珍珠分级标准样品进行仔细对比。

检测人员将送检样品与珍珠分级标准样品进行仔细对比，以确定送检样品的光泽级别。对比观察时，仔细地转动样品，全方位地观察被检测样品的明亮及均匀程度、影像的清晰程度，以获得准确的光泽级别。可以采用 Novo-Curve 小孔光泽度仪测量珍珠光泽度，观测其各个方向的光泽强度比例，最终确定该件样品的光泽级别。[11]

对于成串的珍珠饰品，每一粒珍珠的光泽可能不尽相同，检测人员会仔细观察每一粒，以大于 90% 的光泽级别作为该件样品的光泽级别。珍珠光泽的定量表征是今后的发展方向，天津大学的桑胜光开展了有效的研究工作，设计了基于 CIE $L^*a^*b^*$ 的珍珠光泽度与色度的测量方法，搭建了珍珠光泽度与色度测量实验系统，设计了适合珍珠的照明系统，有效地消除了珍珠的局部强光现象，采集到表面照度均匀的彩色珍珠图像。同时，对采集到的珍珠图像进行背景消除和滤波去噪的预处理。通过彩色 CCD 系统获得的图像出现了色度失真，因此研究了色度校正的方法，并对预处理之后的珍珠图像采用 BP 神经网络进行色度校正。将色度校正后的 RGB 色度空间转变到 CIE $L^*a^*b^*$，并利用 L^* 的平均值对珍珠的光泽度等级进行划分，同时对珍珠表面内的分区域进行光泽均匀性与色度均匀性的判断。在此基础上，对珍珠之间的色度均匀性进行测量与分类。[12]

4. 观察对比珍珠光洁度级别

光洁度级别分为无瑕、微瑕、小瑕、瑕疵、重瑕，可以分别用 A、B、C、D、E 来表示。

光洁度即根据珍珠表面瑕疵的程度来评价珍珠表面的光滑、洁净程度。详细来说包括观察瑕疵种类、大小、多少、分布情况等。

在实验室，送检的样品绝大多数是镶嵌成品或珠串饰品。需要检测人员全方位观察珍珠，仔细检查被金属遮挡的位置及两粒珍珠相接触的位置，认真记录表面瑕疵种类、多少及分布情况，并尽可能给出准确的判断。

5. 观测珍珠的珠层厚度级别

对有核珍珠而言，还需要评价珠层厚度级别。珠层厚度是从珠核外层到珍珠表面的垂直距离，可以划分为特厚、厚、中、薄、极薄 5 个级别。

目前珠层厚度检测方法包括 X 光照相法、OCT 光学相干层析法和直接测量法 3 种。从无损、直观、操作安全等因素进行综合比较，OCT 光学相干层析法是目前最佳的方法。

珠层厚度级别是一项非常重要的内在因素。珠层厚度不仅影响珍珠的光泽、颜色、大小，更直接影响其使用寿命。珠层较厚的珍珠，颗粒大、光泽饱满、颜色饱和度高、珠层与珠核结合紧密不易分离。

实验室曾接收到客户送检的一件珍珠饰品，消费者佩戴时间不长，一些白色片状物从样品表面脱落，消费者怀疑购买了仿制品。检测人员仔细检测，检验结论为饰品确实是珍珠，从样品表面脱落的白色片状物是珍珠层，珠层脱落的原因是珍珠层太薄、佩戴存放方法不正确等。

6. 珍珠等级

根据珍珠分级标准，按珍珠质量因素的级别，用于装饰使用的珍珠划分为珠宝级珍珠和工艺品级珍珠两大等级。

(1) 珠宝级珍珠：质量因素的最低级别要求光泽级别为中（C）。光洁度级别为：最小尺寸在 9 mm（含 9 mm）以上的珍珠为瑕疵（D），最小尺寸在 9 mm 以下的珍珠为小瑕（C）。

珠层厚度（有核珍珠）为薄（D）。

(2) 工艺品级珍珠：达不到珠宝级珍珠要求的为工艺品级珍珠。多粒珍珠饰品如珍珠项链，需要从珍珠项链中的总体质量因素级别确定和匹配性级别确定两个方面来确定整体等级。即①确定饰品中各粒珍珠的单项质量因素级别；②分别统计各单项质量因素同一级别珍珠的百分数；③当某一质量因素某一级别以上的百分数不小于 90% 时，则该级别定为总体质量因素级别。

珍珠分级结果各质量因素级别用英文代号表示。珍珠分级结果应按形状、光泽、光洁度、珠层厚度（如果涉及）、匹配性（如果涉及）顺序连续表示。如某件海水珍珠项链的质量因素级别的中文表示是：① 形状级别为圆（A2）；② 光泽级别为极强（A）；③ 光洁度级别为无瑕（A）；④ 珠层厚度级别为中（C）；⑤ 匹配性级别为很好（A）。则质量因素级别的英文代号连续表示是 A2AACA。

因珍珠的有核无核及饰品状态的不同，如单粒珍珠、多粒群镶、项链等多种情况，实际分级结果中则会出现 3～5 个字母级别表示。如单粒无核珍珠有 3 项级别评价，则用 3 个字母表示；单粒有核珍珠则用 4 个字母表示。同样项链则有 4～5 项。

珍珠分级通过对珍珠的质量要素评价，从珍珠各个不同方面展现了珍珠本身的气质。可以充分全面地体现珍珠丰富的颜色、亮丽独特的珍珠光泽等要素和综合等级。

珍珠分级的结果给经营者、特别是消费者提供了翔实的质量信息，以分辨珍珠种类、质量优劣，从而保证消费者有信心确定所要购买的珍珠饰品。珍珠的品质再加上珍珠饰品各种富有想象力、豪华的款式设计和精工制作，更给珍珠的气质增添了无限的风采。

第二节 珠核分级

一、珠核质量因素

参照广东省地方标准 DB44/T 1280—2013《珠核生产技术规范》，商品珠核的产品质量要求为：正圆、洁白、光滑，无裂纹，无平头，核面无凹凸线纹和斑纹。[4]珠核性状、颜色和表面瑕疵的描述和检测按照 GB/T 16552—2017 和 GB/T 18781—2008 的相关规定。珠核行业的分级为：A. 白色，没有裂纹，没有粉层，没有平头，表面光滑；B. 白色，有些色差，没有平头，没有粉层，表面光滑；C. 白色，有色差，没有平头，没有粉层。

按照上文得出，珠核的物质组成、结构构造、颜色光泽、外部形态、表面光泽度、粒径大小对珍珠质量都有影响。

珠核的物质组成决定着珍珠的密度。珍珠原珠一般按斤论价，珠核密度过大或偏小，会引起市场争议。密度过大，育珠母贝在培育珍珠的过程中，包裹珠核的内脏团负荷过重，造成留核率低、尾巴珠率高。

珠核颜色影响着珍珠的颜色，若珍珠层低于 0.2 mm，珠核颜色会透过珍珠层显示出来。彩色珍珠就是这样生产的。

珍珠层厚度是珍珠分泌细胞在珠核表面沉积形成的，与珍珠母贝的分泌能力、生长环境等相关。珠核材料与贝壳内表面越接近，珍珠分泌细胞越快进入正常分泌系列：界面识别，生物矿化，颜色光泽。

珠核结构构造，若珠核与珍珠层差异大或者珠核结构构造不均匀，在后期的钻孔加工过程中，由于热胀冷缩、受力不均匀，会产生破裂。此外，对于珍珠层厚度低于 0.2 mm 的珍珠，珠核的反光亮点、平头、环纹、油花、裂纹等会在珍珠表面显示出来，形成珍珠瑕疵。

珠核外部形态，珠核圆度影响珍珠的圆度。珠核表面若有破口、凹坑，珍珠表面会有平头、凹坑。

表面光泽度影响珍珠光泽强度。

珠核粒径大小影响珍珠的粒径大小。尤其是二次植核，通常植入和取出与珍珠粒径相近的珠核，珠核粒径较大，植入后与已形成的珍珠囊容易吻合，形成粒径较大、质量较好的珍珠。

二、珠核分级的目的意义

世界海水养殖珍珠都是有核珍珠，近年来我国淡水有核珍珠发展迅猛，在珍珠市场中所占的份额越来越多。珠核是珍珠生产必不可少的原材料，珠核分级项目具有良好的技术基础和技术依据。我国不少珍珠相关教学、科研和生产单位长期从事有核珍珠的研究、生产和贸易，熟悉珠核生产工艺、质量检测和标准化工作。十多年以来，开展了珠核原材料调查，研究了珠核安全性、珠核生产技术、珠核钻孔设备、植核后的生物识别作用，发表了系列学术论文，熟练掌握了珠核分类、质量因素和检测方法等关键技术。2013年编制了广东省地方标准《珠核生产技术规范》，广东省质量技术监督局于2013年12月20日批准发布了该标准，自2014年3月20日开始实施。

世界海水养殖珍珠都是有核珍珠，珠核是海水珍珠生产必不可少的原材料。根据中国渔业年鉴可知，我国是世界上的珍珠生产大国，我国的珍珠产量占世界珍珠总产量的95%以上，其中98%以上是淡水珍珠。中国珍珠产业大但不强，是因为淡水珍珠主要是价值较低的无核珍珠，近年来由于技术进步和管理提升，淡水有核珍珠的养殖规模不断增加，珍珠质量和产量也不断提高，已经在质量、数量上对全球名特优珍珠，如日本Akoya珍珠、大溪地黑珍珠和南洋珍珠构成了巨大的挑战。随着全球珍珠产业的发展，对珠核的需求也持续走高。

20世纪80年代以来，随着国内国际上对珠核需求的迅猛增长，我国生产珠核的原料主要是淡水背瘤丽蚌和海水砗磲的贝壳，这二者都是国家保护动物物种。20世纪90年代后期，为了合法地获取珠核原料，不少珠核研究单位和生产企业探索采用非保护动物物种的贝壳、非生物的岩石矿物制作珠核，取得了一些进展；还开发了拼合珠核，其生产工艺是利用普通养殖淡水蚌贝壳，通过切条、切块、磨平、胶水粘合、打角、研磨和抛光工序生产的，适于制作直径6 mm以上规格的珠核。生产大规格珠核，既可以保护野生贝（蚌）资源，又能减少采珠后贝壳固废的产生和浪费，有利于保护自然资源和生态环境。

日本是世界珍珠强国，日本的珍珠养殖和加工技术处于一流水平，在国际珍珠行业上拥有绝对的话语权。我国的拼合珠核出了口近20年，完全能满足黑蝶贝（生产黑珍珠）和白蝶贝（生产南洋珍珠）珍珠养殖所需大规格珠核的质量需求，但因无相关技术标准支撑，近几年被日本珍珠行业打压和不实宣传，我国拼合珠核逐渐失去了国际市场。

珠核的质量直接制约着珍珠的质量和产量。中国已成为国际上最大的珠核生产国，近年来我国珠核的年产量超过了100吨。由于缺乏质量评价和分级标准，珠核原料来源混杂、质量不稳定，严重影响了珍珠质量和产业效益。因此，亟须制定珠核分级的水产行业标准，促进珠核生产的绿色高质量发展，推动我国拼合珠核重新进入国际市场。

珠核分级项目符合《渔业法》、《环境保护法》和《产品质量法》等法律法规，按照《农业部、国家标准化管理委员会关于加快推进农业标准化工作》《市场监管总局农业农村部关于加强农业农村标准化工作指导意见》等文件的要求，贯彻国务院办公厅印发的《关于进一步促进农产品加工业发展的意见》文件精神，立足我国贝类资源优势和特色，着力构建珍珠全产业链和全价值链，可进一步丰富珠核品种、提升产品质量、创建优良品牌，提高珠核产品的国际竞争力。

三、珠核分级的技术内容

本标准技术内容主要为珠核质量要求及其检验方法。其中珠核质量要求包括形状、硬度、密度、表面粗糙度、颜色、反光亮点、平头、环纹、油花和裂纹等。

1. 范围

本标准规定了珠核（nucleus）相关的定义、分类、质量要求、检验方法和质量分级。本文件适用于珠核的生产、贸易、质量评价等活动；本文件不适用于经漂白、染色、药物处理的珠核分级。

2. 规范性引用文件

下列文件中的内容通过文中的规范性引用而构成本文件必不可少的条款。其中，注日期的引用文件，仅该日期对应的版本适用于本标准；不注日期的引用文件，其最新版本（包括所有的修改单）适用于本标准。

GB/T 16553　珠宝玉石　鉴定

GB/T 18781　珍珠分级

GB/T 35940　海水育珠品种及其珍珠分类

GB/T 37063　淡水育珠品种及其珍珠分类

3. 术语与定义

GB/T 16553、GB/T 18781、GB/T 35940、GB/T 37063界定的以及下列术语和定义适用于本标准。

拼合珠核：以薄层马氏珠母贝或淡水蚌贝壳为原料，采用黏结工艺生产的珠核。

油花：珠核由内到外显现的黑色、咖啡色等深色暗纹。

4. 珠核分类

珠核制作原材料宜使用淡水蚌科丽蚌属贝类贝壳，也可用养殖珍珠的淡水蚌科或海水马氏珠母贝贝类制作拼合珠核。

按加工工艺分为天然珠核和拼合珠核。天然珠核是指利用丽蚌属贝类贝壳为原料，通过传统的切条、切块、打角、研磨、抛光工序生产的珠核，适于制作各种规格的珠核，但珠核直径受原料贝壳厚度决定。拼合珠核是指利用养殖珍珠的淡水蚌科或海产马氏珠母贝贝壳通过切条、切块、磨平、胶水黏合、打角、研磨、抛光工序生产的珠核，适于制作直径 6 mm 以上规格的珠核。拼合珠核中可以置入 RFID 标签，后续章节有叙述。

按珠核规格，根据珠核直径大小，可以分为细厘核、厘核、小核、中核、大核、特大核，见表 7-1。

表 7-1 珠核分类

因素	细厘核	厘核	小核	中核	大核	特大核
直径 d（mm）	<3.00	3.00~4.00	4.00~5.00	5.00~7.00	7.00~9.00	≥9.00

注：每一类珠核的直径标准的下限纳入此类规格。

5. 珠核质量要求

形状应正圆球形；硬度宜为 3.5~4.0；密度宜为 2.6±0.2 g/cm³；表面粗糙度 Rz 宜小于 1.6 μm；颜色以白色为佳，黄色、灰色或带有色斑者为次；无反光亮点、无平头、无环纹或环纹不明显；油花无或少；无裂纹。

6. 分级

珠核主要分为 A、B、C 这 3 级，分级标准见表 7-2。

表 7-2 珠核分级标准

因素	A	B	C
形状	正圆球形	正圆球形	正圆球形
摩氏硬度	3.5~4.0	3.5~4.0	3.5~4.0
密度（g/cm³）	2.6±0.2	—	—
表面粗糙度 Rz（μm）	<1.6	<1.6	<1.6

续表

因素	A	B	C
颜色	白	白、浅牛油色	白、黄或有色斑
反光亮点	无	有	有
平头	无	无	无
环纹	无	无	有
油花	无	少于 5 条，色淡	有
裂纹	无	无	<10%

7. 检验方法

大小参照 GB/T 18781 的"7.2 大小"，筛子孔径规格的连续间隔为 0.25 mm。

形状参照 GB/T 18781 的"7.3 形状"。

摩氏硬度参照 GB/T 16553 的"4.1.14 摩氏硬度"。

密度参照 GB/T 16553 的"4.1.8 密度"。

面粗糙度 Rz 参照光切法，是应用光切原理来测量表面粗糙度的一种测量方法。采用光切显微镜对珠核表面进行观测，该仪器适用于车、铣、刨等加工方法获得的金属平面或外圆表面，主要测量 Rz 值，测量范围为 $0.5 \sim 60 \ \mu m$。

颜色按照 GB/T 16553 的 4.1.1 规定的方法执行。

反光亮点按照 GB/T 16553 的 4.1.1 规定的方法执行。

平头按照 GB/T 16553 的 4.1.1 规定的方法执行。

环纹按照 GB/T 16553 的 4.1.1 规定的方法执行。

油花按照 GB/T 16553 的 4.1.1 规定的方法执行。

裂纹按照 GB/T 16553 的 4.1.1 规定的方法执行。

参 考 文 献

[1] 国家质量监督检验检疫总局，国家标准化管理委员会. 珍珠分级：GB/T 18781—2008 [S]. 北京：中国标准出版社，2008.

[2] 国家质量监督检验检疫总局，国家标准化管理委员会. 珠宝玉石名称：GB/T 16552—2017 [S]. 北京：中国标准出版社，2017.

[3] 国家质量监督检验检疫总局,国家标准化管理委员会.珠宝玉石 鉴定:GB/T 16553—2017 [S].北京:中国标准出版社,2017.

[4] 广东省质量技术监督局.珠核生产技术规范:DB44/T 1280—2013 [S].广州:广东省标准化研究院,2013:1-5.

[5] 国家质量监督检验检疫总局,国家标准化管理委员会.海水育珠品种及其珍珠分类:GB/T 35940—2018 [S].北京:中国标准出版社,2018.

[6] 国家质量监督检验检疫总局,国家标准化管理委员会.淡水育珠品种及其珍珠分类:GB/T 37063—2018 [S].北京:中国标准出版社,2018.

[7] 兰延,张珠福,张天阳.X荧光能谱技术鉴别淡水珍珠和海水珍珠的应用 [J].宝石和宝石学杂志,2010,12 (4):31-35,I0002.

[8] 童银洪,刘永.海水和淡水药用珍珠的无损鉴别 [J].农业研究与应用,2021,34 (2):1-4.

[9] 何志然.三角帆蚌金色品系子一代选育效果及生长和色泽性状遗传参数估计 [D].上海:上海海洋大学,2020:8-15,26-32.

[10] 李清清.三角帆蚌紫色选育系 F_5 育珠性状遗传参数估计及环境互作效应 [D].上海:上海海洋大学,2015:27-36.

[11] 李星,吕高伦,郭柏莹,等.三角帆蚌生长性状和内壳光泽度与所育有核珍珠光泽度相关性分析 [J].上海海洋大学学报,2023,32 (2):257-265.

[12] 桑胜光.珍珠光泽度及色度测量方法的研究 [D].天津:天津大学,2009:28-46.

第八章 珍珠产业品牌建设

第一节 品牌概念与内涵

一、品牌定义

品：品质、品位、品尝。牌：牌子、标签。品牌：有品质、有品位、值得品尝的牌子。品牌的英文为 brand，还有烙印的意思，原指烙印在牲畜身上的标记，现指消费者心里的形象和感觉。

狭义品牌是一种标准或规则，通过对理念、行为、视觉和听觉进行标准化和规则化，使之具备特有性、价值性、长期性和认知性的一种企业识别系统（corporate identity system，CIS）。CIS 包含理念识别（mind identity，MI）、行为识别（behavior identity，BI）、视觉识别（visual identity，VI）。CIS 品牌设计是通过整合资源和创新方法创造自身品牌形象的重要手段，是最基本、最关键的品牌化模式。

广义品牌是具有经济价值的无形资产，用抽象化、特有和能识别的心智概念来表现其差异性，在人们的意识中占据一定位置的综合反映。

对于消费者，品牌是影响消费者选择和购买的形象及感觉，作为一种速记符号成为选购商品的线索，能感受到的质量、服务、地位和信誉等评价的综合。

对于拥有者，品牌是激发大众消费潜意识能量的工具，是承诺和保证，通过提供利益优势谋求与消费者建立持久强劲的互利关系，博得消费者的偏好与忠诚。

美国市场营销专家菲利普·科特勒（Philip Kotler）博士对品牌的定义：品牌是一种名称、术语、标记、符号或图案，或是它们的相互组合，用以识别某个或某群销售者的产品或服务，并使之与竞争对手的产品或服务相区别。

我国国家标准 GB/T 27925—2011《商业企业品牌评价与企业文化建设指南》对企业品牌的定义：企业（包括其商品和服务）的能力、品质、价值、声誉、影响和企业文化等要素共同形成的综合形象，通过名称、标识、形象设计等相关的管理和活动体现。

总之,品牌是能带来溢价、产生增值的一种无形资产。载体是区别于其他竞争者的产品或服务的名称、术语、象征、记号或者设计及其组合。品牌源泉是消费者心智中形成的印象。

二、品牌内涵

品牌属性代表着特定商品的属性,是品牌最基本的含义。

品牌利益:体现着某种特定的利益。

品牌价值:体现了生产者的某些价值观。

品牌文化:附着特定的文化。

品牌个性:反映一定的个性。

品牌用户:暗示了购买或使用产品的消费者类型。

品牌的价值,包括品牌用户价值和品牌自我价值。品牌用户价值的内在三要素为:功能、质量和价值。品牌自我价值的外在三要素为:知名度、美誉度和忠诚度。

产品与品牌有着本质的区别,又互相依存。产品是工厂生产的东西。品牌是消费者购买的东西,消费者拥有品牌。每一个品牌必有产品,不是每一产品都会成为品牌。产品和品牌是相互依赖、相辅相成的。产品是品牌的载体,是品牌的一个特殊元素。品牌是产品的灵魂。

产品对品牌塑造的意义:①产品是品牌的生存基础。在品牌塑造过程中挖空心思去塑造品牌个性,提炼品牌的核心价值,提升品牌形象,注重产品的质量和创新。②产品是塑造品牌的前提。产品要满足消费者的基本需求,只有产品被认同,才能不断地塑造品牌。③产品是消费者与品牌建立情感的载体,品牌是在产品基础上的一种情感对接结果的总和。品牌成长的过程就是产品利益挖掘、产品创新与管理、消费者认知和建立情感的过程。要使消费者认同你的品牌,首先要让消费者认同你的产品,在产品利益的挖掘和诉求方面,必须是真实的,让消费者真实地体验和体会到。

商标(trademark)是按法定程序向商标注册机构提出申请,经审查予以核准,并授予商标专用权的品牌或品牌的一部分。商标受法律保护,未经许可,不得仿效或使用。品牌具有丰厚的内涵,是一个标志和名称,蕴含生动的精神文化,体现人的价值观,象征人的身份,抒发人的情怀。商标是品牌的一个组成部分,是品牌的标志和名称,便于消费者记忆识别。

品牌起名字和进行标志设计是品牌建立的第一步。打造品牌,要进行品牌的调研诊断、规划定位、传播推广、调整评估等工作;还要提高品牌的知名度、美誉度、忠诚度,积累品牌资产;更要持之以恒,坚持品牌定位,信守对消费者所作的承诺,使品牌形象深入人心。

商标和品牌都是商品的标记,"商标"是一个法律名词,"品牌"是一个经济名词。品牌只有打动消费者的内心,才能产生市场经济效益。品牌根据《商标法》登记注册后,才能成为注册商标,才能受到法律保护,避免侵权模仿使用。

从归属上说,商标掌握在注册人手中。商标注册人拥有所有权,可转让、许可商标,能通过法律手段打击别人侵权。品牌植根于消费者心中,品牌价值及市场感召力源于消费者对品牌的信任、偏好和忠诚。如果失去信誉和信任,品牌一文不值。

品牌设计原则:造型美观,构思新颖,给人一种美的享受,使顾客产生信任感;能表现出企业或产品特色;简单明显,文字、图案、符号都不冗长、繁复,力求简洁,给人以集中的印象;符合传统文化,为公众喜闻乐见,注意风俗习惯、心理特征、传统文化,切勿触犯禁忌,尤其是涉外商品的品牌设计。

三、品牌分类

按照品牌知名度的辐射区域:地区品牌、国内品牌、国际品牌、全球品牌。

按照品牌产品生产经营环节:制造商品牌、经营商品牌。

按照品牌来源:自有品牌、外来品牌、嫁接品牌。

按照品牌的生命周期长短:短期品牌、长期品牌。

按照品牌产品内销或外销:内销品牌、外销品牌。

按照品牌地位:领导品牌、挑战品牌、跟随品牌。

按照品牌所在行业:电冰箱、电视、微波炉、电饭煲等。

按照品牌的原创性、延伸性:主、副品牌,母、子、孙品牌。

按照品牌的本体特征:个人、企业、城市、国家和国际品牌。

按照品牌层次:企业、家族、产品品牌和品牌修饰。

品牌是产品或企业核心价值的体现,赋予了美好的情感。

品牌是商品的分辨器,可以缩短消费者的购买决策过程。

品牌是质量和信誉的保证，使消费者形成忠诚度、信任度和追随度。

品牌是企业的摇钱树，能助力卖得更贵更多，享有较高的利润空间。

品牌是竞争制胜的法宝。全球经济基本处于买方市场，产品或服务的同质化严重，核心功能差距几乎为零。拥有市场的唯一途径是拥有占据市场主导地位的品牌。

四、品牌理念

要树立正确的品牌理念。

质量是品牌的本质、基础，是品牌的生命。要以高标准、零缺陷和高质量产品创建品牌。

服务是品牌的重要支撑，是商品不可分割的一部分，是市场竞争的焦点。用户永远是对的，品牌要对用户真诚到永远，以优质的服务作为支撑，赢得认可和尊重。

创新是拓展品牌的最好途径，在产品生产、企业管理、营销模式、售后服务等方面都力求创新，扩大品牌内容，延伸品牌价值，增强核心竞争力。

形象是品牌在市场上、消费者心中表现的个性特征，体现了消费者对品牌的评价与认知。

文化价值是品牌的重要内涵，是物质和精神形态的统一，是现代社会的消费心理和人文价值取向的结合。

精细管理是品牌成功的保证和基础，成功的品牌无不依靠管理创立、发展、创新。

品牌力量是无限的，品牌的建设和推广对于珍珠企业的生存发展有着重要意义。在目前的电商时代下，市场营销就是品牌之战，品牌是企业最有价值的无形资产，是占领市场的有效手段。互联网、全球化和资讯科技带来了巨大的市场变化，对珍珠企业的生存环境产生了革命性的冲击。要抓住时机，为企业的品牌经济创造新高度。

五、珍珠产业概况

珍珠产业是生产与利用珍珠的行业，主要包括珍珠养殖，珠核加工，珍珠色泽优化，珍珠首饰与工艺品设计及制作，珍珠化妆品、保健食品与药品生产，珍珠贸易，珍珠教育与科技、文化与旅游，以及珍珠行业管理等产

第八章 珍珠产业品牌建设

业。我国珍珠历史悠久、闻名遐迩，具有特有的装饰、美容和医药价值。珍珠产业涉及第一、二和三产业，产量、质量与珍珠贝的生理生态、生产工艺紧密相关，珍珠养殖和加工相对分散，产业链长，自然和市场风险高。中国是全球最大的淡水珍珠产地和最重要的珍珠消费国。

珍珠按照养殖水域分为海水珍珠和淡水珍珠。根据《2022中国渔业统计年鉴》，2021年我国淡水珍珠总产量为475.086吨，相当于高峰期的20%左右，比2020年增加了4.56%。2021年我国海水珍珠总产量为2.008吨，相当于高峰期的10%左右，比2020年减少了5.33%。[1] 目前我国淡水珍珠的主产地在浙江、江苏、安徽、江西、湖南等省，我国海水珍珠的主产地在广东省湛江市和广西北海市。

品牌是指消费者对产品及产品系列的认知程度。对于消费者，作为一种速记符号成为选购商品的线索，品牌是影响消费者选择和购买的商品形象和感觉，是消费者能感受到的质量、服务、地位和信誉等评价的综合。对于拥有者，品牌是激发大众消费潜意识能量的工具，是承诺和保证，博得消费者的偏好与忠诚。按照我国国家标准GB/T 36680—2018《品牌 分类》，品牌主体是指品牌所依附的对象，包括区域品牌、企业品牌和产品品牌。品牌表现包括知名度、美誉度、市场表现和信誉价值。[2] 知名度是指品牌被社会公众认识和了解的程度；美誉度是指品牌被社会公众信任和赞许的程度；市场表现是指品牌市场覆盖率和占有率；信誉价值，即品牌价值是指在某一时点（年度）上的市场竞争力，反映了该品牌所处的地位。

品牌价值体现了消费需求在各个经济阶段的发展变化。《品牌价值发展理论》提出的品牌价值"有形资产、无形资产、质量、服务、技术创新"五要素模型，揭示了品牌价值形成和发展的内在规律，具有动态性、完整性、兼容性和包容性，为全球品牌价值评价提供了理论支撑。[3] 近年来我国持续加强品牌建设，聚焦品牌价值五要素，准确地构建了品牌建设的内涵，把握了品牌建设的国际潮流。当前我国经济已由高速增长阶段转向高质量发展阶段，我国居民的收入水平持续增长，消费升级趋势加快，生活讲品质，消费讲品牌，品牌已成为推动国家、产业、企业发展的重要战略资源和提升国际影响力的核心要素。

加强品牌建设、打造知名品牌、提升我国珍珠产业的品牌影响力和竞争力，是培育珍珠产业经济增长新动能、激发企业创造创新与消费市场新活力、促进生产要素合理配置、提高全要素生产率，进而塑造国际竞争新优势的重要途径。

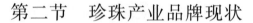

第二节　珍珠产业品牌现状

一、各级党委、政府重视品牌工作，形成珍珠产业品牌建设的良好局面

2014年5月10日，习近平总书记在河南考察时提出"三个转变"的重要指示，即推动中国制造向中国创造转变、中国速度向中国质量转变、中国产品向中国品牌转变。为了更好地发挥品牌引领作用、推动供给结构和需求结构升级，2016年6月10日国务院办公厅发布了《关于发挥品牌引领作用推动供需结构升级的意见》。时任李克强总理在2018年政府工作报告中提出，全面开展质量提升行动，推进与国际先进水平对标达标，弘扬工匠精神，来一场中国制造的品质革命。近年来，各地区、部门贯彻落实党和政府的决策部署，研究出台政策措施，推动实施品牌基础建设。2022年7月29日国家发展和改革委员会等部门提出了《关于新时代推进品牌建设的指导意见》，初步形成了政府积极支持品牌、企业奋力创建品牌、中介机构热情服务品牌、消费者自觉关爱品牌的良好局面。

中国品牌建设促进会于2013年6月18日在北京正式成立，随后我国大多数省（市、自治区）成立了品牌建设促进会，2017年国务院批准设立了5月10日中国品牌日，旨在提升全社会的品牌意识，培育和宣传品牌正能量。2022年11月10日第五届中国国际进口博览会期间，以"打造国际优势品牌　助推珠宝行业高质量发展"为主题的2022国际珠宝高峰论坛在上海举行，提供了交流思想、分享经验、凝聚共识、促进合作的高端对话平台，还举行了国际珠宝品牌联盟成立启动仪式，开启了中国珠宝品牌迈向高质量发展的新征程。2022年8月26日浙江省诸暨市人民政府与中国品牌建设促进会联合成立了国际珍珠品牌中心（诸暨），将重点在珍珠品牌打造、品牌培育、品牌价值提升、知识产权保护、品牌人才培养等领域开展合作，构建全球品牌价值链。

各级品牌建设促进会组织开展了丰富多彩的品牌促进活动，培养品牌意识，增强品牌发展理念；通过报刊、广播、电视、互联网等媒体平台，广泛宣传自主品牌，讲好中国品牌故事，树立消费信心。近年来，在珍珠产业界逐渐形成了产品向品牌转变的共识，以提升品质为根本，不断提升品牌价值。国家贝类产业技术体系自2008年成立以来，先后在广东、广西、浙江、江西、上海和重庆等地的高校和科研院所设置了珍珠贝种质资源与品种改良、养殖与育珠技术岗位和实验站，聚焦珍珠产业需求，培育了多个珍珠贝良种，解决了许多技术难题。

2014年原国家质量监督检验检疫总局发布了《关于同意筹建"全国山下湖珍珠产业知名品牌创建示范区"的函》；2015年浙江省绍兴市人民政府出台了《关于加快发展时尚产业的意见》，发展高档珍珠饰品，培育了一批珠宝首饰知名品牌。为了振兴南珠（中国海水珍珠）产业，2017年以来广西和北海市人民政府颁布了《南珠产业标准化示范基地建设总体方案》和《关于加快振兴南珠产业的意见》等扶持政策，推进南珠一、二、三产业融合发展，南珠产业取得了可喜成效。

二、构建了品牌建设评价和珍珠产业标准体系，为珍珠品牌建设奠定了基础

在国家市场监督管理总局和中国品牌建设促进会的领导和推动下，品牌评价研究、品牌标准制定、信息发布机制建设、品牌标准国际协调等工作取得了重大进展，形成了较为完善的理论和实践成果。我国已颁布了44个品牌评价的国家标准，具有中国特色的品牌建设标准体系已基本建立。

国家市场监督管理总局、国家标准化管理委员会、农业农村部、自然资源部和珍珠主产地省级标准化主管部门批准实施了涉及珍珠的国家、行业和地方标准30多项，包括珍珠分类分级、育珠品种、珍珠养殖、珍珠加工、珠核生产、珍珠贝壳板材生产、质量检测、经营服务、地理标志产品、珍珠粉（层粉）和珍珠提取物等。淡水珍珠蚌鱼混养是一种多营养层次的生态养殖模式，水产行业标准SC/T 1143—2019《淡水珍珠蚌鱼混养技术规范》规范了养殖环境条件、养殖管理、病害防治、尾水处理与排放和管理文件记录等要求[4]，通过饲料养鱼、以鱼促蚌、以蚌净水，达到了营养物质循环利用，实现了养殖尾水达标排放，将推动淡水珍珠养殖业的绿色可持续发展。马氏珠母贝是我国培育海水珍珠的主要品种，水产行业标准SC/T 5802—2021《马氏珠母贝养殖与插核育珠技术规程》规范了马氏珠母贝人工育苗、母贝养成、插核、休养与育珠、收珠和追溯方法等要求[5]，有利于充分利用马氏珠母贝资源，提高海水珍珠产量与质量，提升海水珍珠产品的市场竞争力。中国质量万里行促进会发布了T/CAQP 009—2019《品牌价值评价　珍珠业》团

体标准[6]，有利于指导珍珠企业创建品牌，提高品牌价值。

2021年底浙江欧诗漫和北海南珠宫作为我国珍珠行业的代表，承担了国家级消费品（珍珠）标准化试点项目建设，该项目以增强标准化意识、提高珍珠消费品质量为导向，培养了一批消费品标准化专业人才，创建了一批优秀消费品品牌。

三、开展了形式多样的珍珠品牌推广活动，发布了两次珍珠品牌排行榜

近年来，浙江省诸暨市每两年举办一届珍珠节，开展了珍珠发展高峰论坛、珍珠产品设计大赛、标准化研讨会、云上珍珠节、珍珠电商直播大赛、世界小姐大赛、亚洲超模大赛、中国时装周等一系列活动，扩大了中国珍珠的影响力，还组织参与国际性珠宝展等，与世界高端珠宝品牌共舞。广西北海市不定期举办南珠节暨国际珍珠展，吸引国内外珠宝商参展参会，还举行学术研讨会和招商推介会，探讨南珠产业的发展对策，推动珍珠产业的交流合作。2019年中华人民共和国自然资源部第四海洋研究所编写发布了《全球珍珠行业发展报告》，介绍全球珍珠产业的发展情况，分析珍珠产业中存在的问题，为南珠产业的发展提供决策指引。

在2019年12月5日广西北海南珠节暨国际珍珠展上，中国质量万里行促进会遵循法律法规，依据团体标准，进行了调查研究、专家评价，公开征求消费者和市场的意见，发布了珍珠影响力价值评价排行榜。我国进入国际珍珠产区区域品牌影响力价值十强的是：中国诸暨、中国合浦（北海）、中国湛江和中国渭塘。我国进入国际珍珠企业品牌影响力价值十强的是：阮仕珍珠（第三）、爱迪生珍珠（第五）、欧诗漫（第六）、南珠宫（第七）、千足珍珠（第八）、珍珠美人（第九）、海润珍珠（第十）。

2020年11月13日世界珍珠大会在浙江诸暨开幕，诸暨山下湖成为世界珍珠大会永久会址。胡润研究院基于品牌战略、企业经营、技术实力、可持续发展进行综合评选，发布了《2020胡润全球珍珠企业创新品牌榜》和《2020山下湖淡水珍珠区域品牌价值》，揭晓全球珍珠企业创新品牌50强，2020山下湖淡水珍珠区域品牌的价值估值达560亿元。全球重要珍珠生产和消费国家/地区的近300个品牌参选。50强中，中国24家，日本9家，美国7家，澳大利亚5家，瑞士、法国、英国、加拿大和菲律宾各1家。日本御木本Mikimoto和塔思琦Tasaki位列全球前两名。中国5家企业入围了

全球 10 强：阮仕珍珠、爱迪生珍珠、京润珍珠、欧诗漫和千足珍珠。珍珠行业榜单在我国产生了重大影响，激励珍珠产业坚持新发展理念，促进生产加工模式、产业结构业态和经营渠道的创新和变革。

四、珍珠产品多种多样，专利、商标等知识产权和品牌保护意识逐渐增强

珍珠产品不断推陈出新，品种多，呈系列化，主要类别为珍珠首饰、珍珠及珍珠贝壳工艺品、珍珠护肤品、珍珠粉和珍珠滴眼液等药品。珍珠企业普遍拥有注册商标，关键技术、装备设施和产品等大多申请了专利，珍珠集散地还设立了珍珠检验检测机构，北海市建立了珍珠经营诚信建设红黑名单制度，维护市场秩序，积极引导消费。

珍珠项链、手链、毛衣链、戒指、耳环、吊坠和胸针等珍珠首饰丰富多彩。广州祺福珍珠加工有限公司、广西北海市恒兴珠宝有限责任公司和深圳魅力饰珠宝首饰有限公司等专业设计生产18K金、925银、彩色宝玉石、钻石和锆石等镶嵌珍珠首饰，有数千个产品模具，花色品种齐全，紧贴国际首饰时尚潮流，充分发掘出珍珠与宝玉石的搭配之美。广东荣辉珍珠养殖有限公司开发了珍珠贝壳工艺品，包括珍珠动物肖像、仿古船、挂画、首饰盒、相框、纸巾盒等五花八门的工艺品，还于2015年4月17日创造了世界最长的海水珍珠项链，31万颗珠宝级珍珠做成项链，总长度达到2278.5 m，获得了吉尼斯世界纪录证书。江西兆骏实业解决了珍珠贝壳从切割、密拼到抛光等工艺，推出了珍珠贝壳装饰材料、家居产品和新派螺钿艺术品，受到市场热捧。海南京润珍珠生物技术有限公司以优质珍珠粉为原料，研制出300多款珍珠化妆品、保健食品，获得了23项专利技术，注重在传承中创新，其珍珠美容养颜汉方于2017年4月18日被批准成为海南省非物质文化遗产。2018年3月30日浙江欧诗漫集团有限公司长6.19 m、宽1.89 m、高5.98 m，镶嵌了2002447颗珍珠的珍珠船获得了吉尼斯世界纪录证书。浙江欧诗漫集团有限公司按照药品生产质量管理规范（good manufacturing practice，GMP）标准建成了珍珠化妆品生产线，全面推进数字化、网络化、智能化的5G智能珍珠工厂建设，提升了生产能力和效率。

五、珍珠文化涵养品牌，文化与旅游结合，线上销售新模式不断涌现，提高了珍珠产业的影响力和认知度

中国珠宝玉石首饰行业协会珍珠分会、浙江省珍珠行业协会、江苏省珍珠行业协会、深圳市珍珠行业协会、北海市珍珠商会等社团组织和龙头企业推出了珍珠宣传语公开征集、珍珠哲理诗《天珠》、珍珠诗朗诵《珍珠》、珍珠歌曲《女人的珍珠》、南珠文化纪录片《南珠春秋》和歌曲《南珠之歌》等文化艺术作品。

2021年广东海洋大学精心打造了向建党100周年献礼话剧《熊大仁》。熊大仁教授是著名珍珠研究专家和教育家，是我国现代珍珠养殖创始人。该话剧以熊教授事迹为原型改编而成，讲述了他坚韧不拔、无私奉献的故事，让社会大众感受珍珠前辈的师者风范和爱国情怀，激励年青一代弘扬科学求真、艰苦奋斗的精神，努力为实现珍珠强国贡献力量。

珍珠主产区、集散地、大型龙头企业纷纷建立了珍珠博物馆（院），文化与旅游结合，用文化点亮品牌。浙江省德清县是世界珍珠养殖技术的发源地，2017年将淡水珍珠传统养殖与利用系统申报成为中国重要农业文化遗产。浙江欧诗漫集团有限公司建立了规模宏大的珍珠博物院，开展珍珠研学、珍珠溯源、漾上采珠和寻宝课堂等珍珠文旅活动，推进珍珠文化遗产的传承与发展。浙江省诸暨市是西施故里，山下湖镇于20世纪60年代末开始珍珠养殖，是中国最大的淡水珍珠养殖、加工和交易基地，拥有全国最大的珍珠专业市场，是中国珍珠之都。其以珍珠特色小镇建设为载体，将人文底蕴、生态禀赋和产业特色相结合，推动珍珠经济转型升级。广西北海市是南珠之乡，合浦珠还的成语故事源远流长。北海南珠宫集团是中国创办最早的海水珍珠企业，是我国第一颗海水养殖珍珠的诞生地。其建成了集南珠历史、南珠民俗风情、南珠生产过程和产品为一体的中国南珠博物馆，详细描绘了三千年的南珠文化历史，收藏有中国最大天然海水珍珠"南珠王"、上海世博会南珠文化展品"海之皇冠"和镶嵌50000颗南珠的明代珍珠龙袍等南珠精品，吸引了众多中外游客慕名而来，感知三千年南珠真谛。

珍珠产业适应新潮流，运用数字技术开展了线上营销，直播电商风生水起，培育了网红直播、跨境电商、微信直播等线上珍珠销售新模式，打造数字珍珠交易平台基地，目前珍珠线上年销售额达到千亿元，成为珍珠产业发展的新增长极。

第三节　珍珠产业品牌建设存在的问题

一、顶层设计缺乏，品牌建设合力不够，缺乏体制机制保障

近年来，国家发展和改革委员会、工业和信息化部等有关部委以及省级政府出台了促进品牌发展的指导性文件，但我国珍珠产业的品牌建设缺乏总体战略规划，顶层设计不够，珍珠产量呈现下滑趋势。我国没有专门的珍珠产业品牌建设机构，由于政府各部门工作重点、职责、考核机制不同，协作、互动性不强，珍珠品牌建设、服务和监管等方面难以形成合力。

二、政府投入不足，企业重视不够，品牌专业人才缺乏

珍珠主产区政府对品牌政策扶持资金少，政策措施不尽完善。在品牌培育上，政府大多采取对获得名牌产品、著名商标、质量奖的企业给予奖励，缺少创新式驱动。企业对品牌认识不到位，品牌观念落后，缺乏品牌战略和推广策略。

我国在珍珠品牌的研究、策划、评价、推广、传播等方面人才紧缺，品牌管理人员缺乏品牌专业能力，珍珠品牌建设缺少系统性和全面性。

三、产品同质化普遍，品牌正面宣传不足，网络销售较混乱，假冒伪劣屡禁不止

珍珠初级产品多，缺少精品、极品，普遍存在产品同质化，新型经营主体的品牌与知识产权保护意识也较为薄弱，著名商标被抢注、品牌被仿冒的现象时有发生。法制保障与市场监管跟不上，维权难度较大、成本较高，严重挫伤了企业创建自主品牌的积极性。

现行网络直播带货存在平台、主播、经纪公司、商家、厂家等多个主体，缺乏规范管理。珍珠在不同的灯光背景下，颜色、光泽、伴彩和瑕疵等差异很大。主播为了激发消费冲动实现商业交易总额（gross merchandise volume，GMV）的增长，可能会存在展示珍珠产品不规范、标识产品欠规范、以次充好、售后服务含糊不清等现象，损害了珍珠产业的形象。

四、科技支撑、检测鉴定、品牌评价落后，品牌榜单发布存在不合理

我国的珍珠养殖、植核育珠、珍珠色泽优化和副产品深加工技术等与发达国家还有一定差距，产品质量和生产效率相对落后。珍珠检验检测市场鱼龙混杂、假冒国家级质检机构扰乱市场的问题也比较突出。

珍珠产地鉴定、品质分级和鉴定评价尚不能满足市场的需要。目前，日本珍珠鉴定证书在珍珠产业形成了绝对的话语权，消费者十分信任日本对天女、花珠、真多麻等珍珠的鉴定证书。我国关于珍珠的产地鉴定、品质分级标准欠缺或不完善，科学性、权威性不足，国内鉴定机构不能出具相关证书。我国迄今仅于2019年和2020年发布了两次珍珠品牌榜单，尚未建立省级和市级珍珠品牌榜发布机制。

第四节 珍珠产业品牌发展策略

一、加快制定珍珠产业品牌发展战略规划，做好顶层设计

要加强政策引导，发挥政府职能，运用行政手段推进珍珠产业的品牌建设发展，在资金、宣传、税费、金融、贸易上大力扶持。实施珍珠养殖风险资金补贴机制，帮助企业化解风险，保证珍珠产量和品质。破除体制机制障碍，在优化品牌发展环境、搭建公共服务平台、促进品牌资源集聚上下功夫，加大注册商标和自主知识产权保护力度，为珍珠产业品牌建设保驾护航。市场监督管理部门牵头，联合珍珠行业协（商）会制定珍珠产业品牌发展战略规划，指导推进品牌建设。

珍珠科技工作要瞄准关键核心，破解产业堵点，释放创新活力。要推广珍珠母贝优良品种的应用，统筹珍珠养殖水域与生态环保，稳定淡水珍珠产量，适当提高海水珍珠品种和产量。要推动珍珠产业数字化转型、智能化提升和融合式发展。要做好国际珍珠品牌中心（诸暨）的建设，打造集科技、文化、价值、体制机制和资本创新于一体的品牌新平台，推动广西、广东等地珍珠品牌中心的建立。通过召开珍珠品牌研讨会、制定珍珠品牌评价政府标准、每年发布珍珠品牌榜、促进珍珠品牌贸易，实现我国珍珠产业的品牌提升。

二、大力培训珍珠产业品牌知识,提高从业人员的品牌意识

品牌引领消费,珍珠产业结合实际,组织开展品牌日特色活动,营造节日氛围,激发消费热情,扩大国内外消费。在珠宝学院开设品牌建设相关课程,在珠宝职业教育中增加品牌相关内容,包括品牌定义、分类、内涵、标识、设计、建设、评价、作用和意义等。

培训和引导树立正确的品牌理念。质量是品牌的本质、基础,是品牌的生命。服务是品牌的重要支撑,是市场竞争的焦点。创新是拓展品牌的最好途径,在产品生产、企业管理、营销模式、售后服务等方面都力求创新,延伸品牌价值,增强核心竞争力。形象是品牌在市场上、消费者心中表现的个性特征,体现了消费者对品牌的评价与认知。文化价值是品牌的重要内涵,是物质和精神形态的统一,是消费心理和人文价值的结合。精细管理是品牌成功的保证和基础。

三、打造珍珠地理标志区域品牌,传承珍珠文化,树立品牌信心

按照我国国家标准 GB/T 36678—2018《区域品牌价值评价 地理标志产品》,地理标志产品是国家地理、历史人文传承的物质载体,是产自特定地域、以地理名称命名的产品,是优质品质的代表。[7] 打造珍珠区域品牌,有助于提升知名度和美誉度,充分发挥产业集群的凝聚力和向心力,促进区域经济提质增效。

广东流沙南珠和广西合浦南珠是我国具有地理标志的产品。以地理标志品牌提升、品质保障等方面为工作重点,通过开展地理标志讲座、设点咨询、现场调研等活动,带动新技术、新知识、新理念等向珍珠养殖村镇流动,培训新型职业珠农。同时,加大对珍珠价值的发掘和利用,以质量和消费者口碑来赢得市场,扩大地理标志珍珠产品的影响力。浙江省诸暨市山下湖是珍珠特色小镇,具有珍珠产业集聚区域基础,要全面助推山下湖珍珠小镇建设,提升山下湖珍珠知名度和美誉度。

对珍珠传统文化进行挖掘、归纳、整理并且系统化,以推进珍珠产业的品牌推广,提高影响力。发挥浙江德清淡水珍珠传统养殖与利用重要农业文化遗产、广西合浦白龙珍珠城、广东遂溪县乐民珍珠城等文化遗产在传承珍珠历史文化、发展珍珠旅游方面的重要作用,做大做强珍珠文化旅游产业,

推进德清珍珠养殖系统申请全球重要农业文化遗产。改进珍珠博物馆（院）的建设和运营机制，充分展示珍珠文化传承与创新、珍珠工艺、装备和产品，传播珍珠品牌未来发展的新方向。

2023年5月20日，以"见珍爱，见未来"为主题的2023世界珍珠大会在浙江诸暨正式启幕。

2023世界珍珠大会为期三天，陆续举办了2023世界珍珠大会——诸暨国际珠宝展览会、"情定西施故里·爱在浣纱江畔"520结婚登记集体颁证仪式、西施·珍珠嘉年华活动、"百场万企"电商拓市场行动·2023绍兴市跨境电商服务季暨绍兴特色产业跨境电商发展峰会，以及2023世界珍珠发展论坛暨"珍爱"首饰设计大赛启动仪式等一系列活动，充分发挥以节会聚人气、以展会打品牌、以合作促共赢的积极作用，全面展示诸暨珍珠产业高质量发展的活力与特色，为推进诸暨与全球珠宝业界的资源互通、产业链畅通、商贸融通，构建利益共享的全球价值链，培育惠及各方的全球大市场积蓄蓬勃势能，让"世界珍珠小镇""串珠成链"，更显"珠光宝气"。本届展会集结了众多优秀珠宝品牌，展现了中国珠宝品牌的科技与创新。

为了助力2023世界珍珠大会，中国珍珠文化推广大使、著名企业家金苏琴携乐教女神、青年歌唱家玄音应邀参加本届盛会，为本届盛会贡献了九首珍珠歌曲向全球传播珍珠文化，玄音在珍珠企业家欢迎晚宴上演唱了《中国珍珠》《珍珠婚》等歌曲。

中国珍珠文化推广大使金苏琴说："到目前为止，我已经和著名教育家邹中棠先生联手出品了9首珍珠歌曲，本次大会推出了8首。我们出品的每一首歌曲都有着不同的文化诉求：《女人的珍珠》是告诉天下女人，珍珠是为天下女人而生的全世界唯一由生命孕育的宝贝，我们希望天下女人一定要懂得珍珠的文化，更要戴珍珠做珍珠女人，这首歌的引领价值在于如何做珍珠女人；《珍珠表达我的爱》是告诉天下恋人、爱人、情人，用珍珠表达您最珍贵和纯洁的爱，我们要知道珍珠具有信物的价值，这首歌在于引领男人懂得借珍珠表达爱情；《珍珠成人礼》是父母献给天下姑娘的爱，希望通过《珍珠成人礼》来引领天下姑娘的珍珠人生，这首歌曲赋予了珍珠献礼18岁姑娘的成长的价值；《珍珠新娘》是引领天下姑娘、天下新娘如何做合格的让人仰望的珍珠新娘；《中国珍珠》是借珠爱国的正能量歌曲，赋予了珍珠赞美祖国、歌颂祖国的文化，本歌的引领价值在于要懂得爱国和弘扬珍珠文化；《珍珠婚》是引领幸福婚姻的极致歌曲；《珍珠心情》是引领天下女人如何从女人到"女神"的乐教歌曲；《当黄金爱上珍珠》是引领极致爱情的哲学歌曲；《珍珠母亲礼》是引领孝道和懂得感恩母亲的乐教歌曲。"

史洪岳先生评价道:"金苏琴女士不愧是中国珍珠文化的推广大使,最近七年来,她联手著名教育家邹中棠、乐教女神玄音和著名作曲家张宏光、赵洁、李毅等人创造了世界珍珠界的传奇,以一己之力推出了九首珍珠文化歌曲,实在是值得钦佩和赞美。她用歌曲来弘扬珍珠文化是一大创举,真值得珍珠界同仁学习,目前为止,世界上没有一家珍珠企业和个人如此地钟情珍珠文化的推广,客观地说,她已经创造了世界传奇。"

深圳市珍珠行业协会会长涂兴财评价金苏琴道:"她不仅是我们中国珍珠界的骄傲,也是世界珍珠界的骄傲,因为她用大量文化作品为珍珠文化的推广做出了巨大贡献。一个行业的复兴和伟大离不开文化的引领,她不愧是社会化的企业家,更是我们中国式现代化企业家的典范,最关键的是她的境界很高,她做的不是企业的文化,而是我们整个珍珠界的珍珠文化,所以,她是值得尊敬的企业家。"

著名教育家、哲学家邹中棠先生说:"任何行业的崛起和繁荣都离不开文化,否则不能引领人类的高质量发展和高品质追求,以歌载道是珍珠文化全球一体化的高尚语境。放眼世界,我们中国的文化是世界第一,因此,我们一定要赋予珍珠文化灵魂,只有这样,我们中国的珍珠品牌才能成为引领世界的第一品牌。我们中国的珍珠企业家任重道远啊,我们必须要有文化自信,文化自信是我们的底气,品牌自信是一时的,文化自信是永恒的,金苏琴在珍珠文化上发力和推广其价值是深远和传世的,我相信其文化价值一定会产生世界级影响。"

四、增强珍珠企业发展能力,锻造卓越珍珠企业品牌

培育和扶持珍珠龙头企业,向珍珠养殖、加工、销售的集约化、规模化、产业化方向发展,牢固树立质量第一的发展理念,不断增强珍珠企业品牌的发展能力和竞争力,推广先进质量理念,推行科学质量管理方法,提高品牌经营业绩。

按照我国国家标准 GB/T 27925—2011《商业企业品牌评价与企业文化建设指南》,企业品牌是指企业(包括其商品和服务)的能力、品质、价值、声誉、影响和企业文化等要素共同形成的综合形象,通过名称、标识、形象设计等相关的管理和活动体现。[8]企业品牌是文化或精神的载体,强大的品牌,需要起到激励人的作用,传递奋进的价值取向。在互联网、大数据、云计算等技术不断涌现的新时代,企业品牌需要建立起打通各种市场渠道、直抵顾客的能力。企业品牌从本质上来讲就是信任、责任和承诺,责任

品牌表现出明确的利他倾向,赋予产品和服务丰富的道德和伦理内涵,带来的就是美誉度和忠诚度。

引导大型企业运用卓越绩效等先进质量管理方法,助力企业降本增效提质,持续提升运营能力,增强核心竞争力,赶超国际珍珠品牌;扶持珍珠中小微企业发展成为专精特新企业,提高技术创新和融资能力,注重产品质量、发展速度和社会效益;倡导珍珠个体商户诚信经营、精细服务,用信誉赢得市场。

五、提升科技含量,提高产品附加值,创新珍珠产品品牌

产品是品牌的生存基础,是塑造品牌的前提。产品是消费者与品牌建立情感的载体,品牌是在产品基础上的一种情感对接的总和;品牌成长的过程就是产品利益挖掘、产品创新与管理、消费者认知和建立情感的过程。积极塑造品牌个性,提炼品牌的核心价值,提升品牌形象;运用创新新产品,提高附加值,优化产品结构,拓展市场途径。弘扬工匠精神,精雕细琢,精心做好珍珠首饰设计,融合中华传统吉祥图案和符号,让花丝、珐琅、镂空、螺钿和增材工艺大放异彩。

淡水紫色珍珠、淡水黑珍珠、海水南海大珍珠、海水蓝灰色珍珠已有一定前期科研和实验基础,与国际上南洋金珠、澳白珍珠、大溪地黑珍珠构成互补,要抓紧技术攻关,加快形成产业化规模。相对于淡水珍珠,海水珍珠含有较高的锶,锶能够有效改善骨替代材料的力学性能,促进体内成骨和成血管能力,今后应予以重视。[9]辐照加工可以优化珍珠贝壳板材的色泽,显现彩虹效应,具有良好的市场前景,应引起珍珠产业的关注。[10-11]

浙江天使之泪珍珠股份有限公司研发的珈白丽珍珠(Gablily pearl)是一种淡水有核珍珠,正圆率高、光泽强、珠层厚、光洁度好。其非人工调色,珠光却与 Akoya 中高品质的花珠媲美,价格仅是 Akoya 的 20%,是喜爱 Akoya 和澳白的年轻人能轻松拥有的平替,成为国内珍珠饰品的一大突破。伊纱曼妮(广州)生物科技有限公司开发的天然海洋珍珠原料:纳米级多肽珍珠粉和海洋珍珠母液,经过 SGS 和水中银-小鱼亲测等权威机构检测,具有明显美白、抗氧化、抗皱紧致和修复功能,在护肤美容、保健食品和医药领域应用前景广阔。浙江欧诗漫集团有限公司自研革新美白成分"珍白因 Pro",从体内外测试数据、表现遗传等多机理、多靶点验证了其美白功效。其自研成分"珍珠酵粹",采用天然生物发酵技术,集舒缓、修护屏障、抗衰于一体,是化妆品新规后首个成功申报珍珠类的新原料,给珍珠

化妆品、保健食品带来了创新机遇,诠释了品牌硬实力。

六、构建珍珠品牌评价、检测检验和监管服务体系,维护市场秩序

支持珍珠品牌评价中心大力开展珍珠品牌建设、品牌培育、咨询培训、品牌评价等活动,培育珍珠品牌大市场。宣传报道在珍珠品牌建设过程中的成功经验、典型案例和感人故事,树立卓越品牌形象。引导珍珠企业以知名品牌为标杆,把握品牌价值的核心要素和品牌内在的发展规律,真正实现中国产品向中国品牌转变。

市场监管部门要加强督促网络销售平台,强化经营主体责任,对平台商家、主播要加以资质审查和内容监管。针对检验检测(鉴定)证书的有效性和真实性进行专项研究,做到唯一性识别、一物一证,保障网络珍珠类商品的质量,维护消费者利益。2021年6月美国吉尔德宝石实验室推出了针对高品质珍珠的分级体系,按照珍珠质量五大因素对珍珠进行评价并出具珍珠分级证书,值得学习借鉴和推广。要加强检验检测机构的能力建设,应用数字化科学表征珍珠颜色、光泽、珍珠层厚度和表面光洁度,提供值得市场信赖的珍珠分级和产地鉴定证书。

2022年10月21日由浙江省珍珠行业协会发布实施了首个珍珠行业主播团体标准T/ZJZZ 003—2022《珍珠商品电子商务直播销售员服务规范》,明确了直播销售员的基本要求、行为规范和服务评价等。[12]该标准要求主播介绍珍珠商品时,应准确告知商品名称、尺寸、颜色、价格等信息,要有实物图片,且需要在自然光或白色灯光下从3个以上不同方向进行拍摄,充分展示其质量特性。要加强此团标的培训宣贯工作,扩大标准实施范围,助推珍珠直播电商的健康发展。

总之,品牌是高质量发展的重要特征,是企业与国家综合竞争力的具体体现,品牌发展承载着人民对美好生活的向往。当今世界已经进入了品牌经济时代,国际市场已由价格竞争、质量竞争上升到品牌竞争。新时代对中国珍珠品牌建设提出了新的更高要求,迫切需要根据形势发展变化,立足自身优势,转变发展理念,加强统筹协调,从产地、质量、创新、文化等方面入手,倾力打造一批既有中国特色又有国际水准的珍珠区域和企业品牌,加快建设珍珠品牌强国。

建设珍珠产业品牌任重道远,需要日积月累、脚踏实地。要充分发挥中国品牌日、品牌发展论坛、品牌博览会等节庆和平台作用,传播品牌发展理

念、凝聚品牌发展共识、营造品牌发展氛围，聚力推进珍珠品牌创建行动，努力创造更多设计新颖、性能优异、质量卓越的珍珠品牌产品。

参 考 文 献

［1］ 农业农村部渔业渔政管理局，全国水产技术推广总站，中国水产学会. 2022中国渔业统计年鉴［M］. 北京：中国农业出版社，2022.

［2］ 国家市场监督管理总局，国家标准化管理委员会. 品牌 分类：GB/T 36680—2018［S］. 北京：中国标准出版社，2018.

［3］ 刘平均. 品牌价值发展理论［M］. 朱秋玲，等译. 北京：中国质检出版社、中国标准出版社，2016.

［4］ 中华人民共和国农业农村部. 淡水珍珠蚌鱼混养技术规范：SC/T 1143—2019［S］. 北京：中国农业出版社，2019.

［5］ 中华人民共和国农业农村部. 马氏珠母贝养殖与插核育珠技术规程：SC/T 5802—2021［S］. 北京：中国农业出版社，2022.

［6］ 中国质量万里行促进会. 品牌价值评价 珍珠业：T/CAQP 009—2019［S］. 南宁：广西产品质量检验研究所，2019.

［7］ 国家市场监督管理总局，国家标准化管理委员会. 区域品牌价值评价 地理标志产品：GB/T 36678—2018［S］. 北京：中国标准出版社，2018.

［8］ 国家质量监督检验检疫总局，国家标准化管理委员会. 商业企业品牌评价与企业文化建设指南：GB/T 27925—2011［S］. 北京：中国标准出版社，2011.

［9］ 童银洪，刘永. 海水和淡水药用珍珠的无损鉴别［J］. 农业研究与应用，2021，34（2）：1-4.

［10］ 童银洪，尹国荣，刘永. 辐照加工优化珍珠蚌贝壳板材色泽的研究［J］. 农业研究与应用，2020，33（1）：31-34.

［11］ 张骏，尤奇，邹刚，等. 锶元素在骨组织工程研究中的应用与进展［J］. 中国组织工程研究，2019，23（18）：2936-2940.

［12］ 浙江省珍珠行业协会. 珍珠商品电子商务直播销售员服务规范. T/ZJZZ 003—2022［S］. 北京：中国标准出版社，2022.

附　　录

以下标准为广东和广西地方标准，为了节省篇幅，去除了封面、前言和目录，只列出了范围、规范性引用文件、要求、工艺过程和检验方法等内容。

1. 广东省地方标准《珠核生产技术规范》（DB44/T 1280—2013）。
2. 广东省地方标准《马氏珠母贝养殖技术规范　插核技术操作规程》（DB44/T 330—2006）。
3. 广东省地方标准《淡水有核珍珠养殖技术规范》（DB44/T 1020—2012）。
4. 广东省地方标准《淡水附壳珍珠培育技术规范》（DB44/T 1281—2013）。
5. 广西壮族自治区地方标准《企鹅贝附壳珍珠养殖技术规范》（DB45/T 1445—2016）。
6. US Patent-Coated nucleus for a cultured pearl（English）（Issued on February 4, 2003）。
7. 美国专利-养殖珍珠所用包覆珠核（中文）（2003年2月4日公布）。

附录1 珠核生产技术规范
（DB44/T 1280—2013）

1 范围

本标准规定了珠核生产环境、机器设备、原料、生产工艺和质量的技术要求。

本标准适用于珠核生产。

2 规范性引用文件

下列文件对于本文件的应用是必不可少的。凡是注日期的引用文件，仅所注日期的版本适用于本文件。凡是不注日期的引用文件，其最新版本（包括所有的修改单）适用于本文件。

GB/T 16552 珠宝玉石名称

GB/T 18781 珍珠分级

3 生产环境

生产车间要光线明亮，通风良好；切片车间要有吸尘装置，需配备供生产人员使用的眼镜、口罩和头巾等防尘劳保用品；切片、倒角和磨圆车间要有自来水供给和循环使用系统。

4 机器设备

4.1 切割机，配置转盘锯，配备排尘装置。

4.2 倒角机，转速为2800 rpm。

4.3 磨圆机，配置SiC同心沟磨盘，转速为1400 rpm。

4.4 抛光机，配置木质或塑料抛光桶，转速为40～50 rpm。

5 原料

珠核生产原料为海水砗磲贝、淡水丽蚌类贝壳（经过管理部门批准，可使用边角末料），或粒径小于0.1 mm的白色白云岩。

6 生产工艺

6.1 切块

用切割机，将珠核生产原料依次切割为片、条和方块。工序余量为1.2±0.3 mm。用筛机分选方块大小，筛片的规格间隔为0.5 mm。

6.2 倒角

对淡水丽蚌类贝壳珠核生产原料，通过磨削倒角，制得毛胚；对海水砗磲贝类贝壳珠核生产原料，将之切成方块后，装入倒角机中进行倒角。方块体积占倒角机桶的 1/5～1/4，开启倒角机，2～3 min 后，取出，制得毛胚。

6.3　磨圆

6.3.1　粗磨

将毛胚均匀铺满在 40 目（SiC 粒径为 0.640 mm）磨盘上。将上、下磨盘合上，用手转动活动磨盘（即上盘）1～2 圈，开启磨圆机，2～3 min 后，关闭电源，取出粗磨后的珠核。工序余量为 0.8±0.2 mm。

6.3.2　中磨

将粗磨后的珠核均匀铺满在 80 目（SiC 粒径为 0.178 mm）磨盘上。将上、下磨盘合上，用手转动活动磨盘（即上盘）1～2 圈，开启磨圆机，2～3 min 后，关闭电源，取出中磨后的珠核。工序余量为 0.3±0.1 mm。

6.3.3　细磨

将中磨后的珠核均匀铺满在 200 目（SiC 粒径为 0.074 mm）磨盘上。将上、下磨盘合上，用手转动活动磨盘（即上盘）1～2 圈，开启磨圆机，2～3 min 后，关闭电源，取出细磨后的珠核。工序余量为 0.1±0.1 mm。

6.4　抛光

6.4.1　漂光

将细磨后的珠核倒入抛光桶中（珠核体积不超过抛光桶的 2/3），加入温度为 65±5 ℃ 的自来水，自来水的水面高于珠核所在平面约 1 cm；开启抛光机电源，抛光桶的转速为 40～45 rpm，采用点滴方式，不断地将 0.1 mol/L 的 HCl 溶液加入抛光桶中，40～50 min 后关闭抛光机电源。重复进行 3～4 次。

6.4.2　上光

将漂光后的珠核倒入抛光桶中（珠核体积不超过抛光桶的 2/3），加入温度为 80±5 ℃ 的自来水，自来水的水面高于珠核所在平面；开启抛光机电源，抛光桶的转速为 40～45 rpm，采用点滴方式，不断地将 1 mol/L 的 $FeCl_3$ 溶液（先将 $FeCl_3$ 溶解于适量 HCl 饱和溶液中）加入抛光桶中，20～30 min 后关闭抛光机电源。

6.5　晾干

将抛光后的珠核，洗净，铺着在塑料膜上，自然晾干。

6.6　分选

采用玻璃平板，挑出有平头的珠核，重复 6.3～6.5 的工艺过程；再按大小、颜色、表面瑕疵等进行分选和分类。

7 质量要求

商品珠核,要求为正圆、洁白、光滑、无裂纹、无平头,核面无凹凸线纹和斑纹。珠核性状、颜色和表面瑕疵的描述和检测按照 GB/T 16552 和 GB/T 18781 的相关规定。

附录2 马氏珠母贝养殖技术规范 插核技术操作规程（DB44/T 330—2006）

1 范围

本标准规定了马氏珠母贝（*Pinctada martensii*）插核操作的术前处理、排贝、栓口、外套膜细胞小片的制备和植核操作规程。

本标准适用于马氏珠母贝的插核操作。

2 规范性引用文件

下列文件中的条款通过本标准的引用而成为本标准的条款。凡是注日期的引用文件，其随后所有的修改单（不包括勘误的内容）或修订版均不适用于本标准，然而，鼓励根据本标准达成协议的各方研究是否可使用这些文件的最新版本。凡是不注日期的引用文件，其最新版本适用于本标准。

GB/T 18781—2002　养殖珍珠分级

DB44/T 329—2006　马氏珠母贝养殖技术规范　母贝养成技术

DB44/T 328—2006　马氏珠母贝养殖技术规范　育珠贝养殖技术

3 术语和定义

下列术语和定义适用于本标准。

3.1

处理贝　gonad-inhibited oyster

经术前处理的贝。

3.2

手术贝　operation oyster

用来植入珠核和外套膜细胞小片的贝。

3.3

小片贝　donor oyster

专门供应外套膜细胞小片的贝。

4 术前处理

4.1 抑制性腺发育的方法

4.1.1 塑料桶处理法

塑料桶呈圆锥形，上直径37 cm，下直径33 cm，高15 cm，桶四周密布长方形（2.0 cm×0.5 cm）的小孔96个，桶的底部有37个小圆孔（直径0.8 cm）。在植核手术前30～40 d，将母贝清洗干净，装入塑料桶中，每桶装贝100～130只，视母贝个体大小而定，30 g的贝装130只，35 g的贝装

110 只，40 g 的贝装 100 只，然后盖上塑料盖，移到风平浪静的海区吊养，吊养水深 2.5～3.0 m。若在冬季水温低时，还应在塑料桶周边放置一圈塑料薄片以减少水流。

4.1.2　箩筐处理法

箩筐用竹片编制而成，高 80 cm，直径 40 cm，四周有小孔，孔径 1 cm 左右。处理时把贝装入箩筐，装贝量约占箩筐的七成，每箩筐装贝 400 只左右，用筐盖盖住扣紧，吊养于浮筏下 2.5～3.0 m 水层。

4.1.3　网笼处理法

用孔径 2 mm 聚乙烯网布缝制成网布袋，长 100 cm，宽 50 cm。用网布袋套住贝笼，每袋套 2 笼贝，每笼装 40 只贝，吊养于浮筏下 2.5～3.0 m 水层。

4.2　催熟与催产方法

4.2.1　变层法

春季水温回升到 17 ℃后，将疏养的母贝吊养在水温较高的 1.5 m 水层，促进生殖腺成熟，到水温 22～24 ℃后，清贝后放入网目较小的网笼中，吊养在 5 m 水层，使其处于静止状态。在晴天施术前，改换在 1 m 水层，不久即排放精卵，次日又将其降到 5 m 深处经 5～7 d 后，在气候海况适宜时，再进行第二次浅吊催产，这时有 60%～80% 的贝可供施术。暂时用不上的，可存放在 5 m 以下水层，以防生殖腺再度发育，到使用前一天提上 2 m 水层进行催产。

4.2.2　夜间催产法

在白天水温过高、处理无效时，可将贝剪去足丝，在日落前一小时吊养在 1.5 m 水层，0.5～1.0 h 后便开始排放精卵，经过一个晚上则可排放完毕。

4.2.3　水池催产法

在天气晴朗时，下午把贝取上岸，先阴干 3～4 h，然后放在已加满海水的水泥池中，充气。在傍晚或夜间，贝会大量排放精卵。

4.2　贝的休整

贝经过处理后，应经过 6～8 d 的休整，让贝得到适当的恢复。

5　插核季节

应在每年 3 月水温升到 18 ℃以上时进行，在水温超过 30 ℃、盐度低于 20 时应暂停插核。

6　排贝和栓口

6.1　清洗

排贝前 14～20 d 要清除附着物，排贝时先洗去浮泥。

6.2 排贝时间

排贝时间为 2～4 h，排贝时间不足，不得强迫开口栓贝。不得为了方便插核而剪掉贝壳边缘。

6.3 检查分类

栓口后检查贝的质量，严格把关，凡不符合插核标准的，立即拔去木楔按病、弱、肥、伤分类集中，放回海中。

7 小片贝的选择

2～3 龄、壳高 7 cm 以上，贝壳内面珍珠层为银白色，外套膜厚薄适中，边缘色素和白斑不多，无病虫害的贝。

8 外套膜细胞小片的制备

8.1 外套膜正面和反面

8.1.1 外套膜正面的特征

在外套集束和外套膜缘之间，有一条深褐色的色线；比较光滑。

8.1.2 外套膜反面的特征

一般有白色斑点，比较粗糙。

8.2 取片

从唇瓣下方至鳃末端之间，以色线为基线，按内、外各一半比例进行取片，边缘触手必须切除干净。

8.3 抹片

取 4 层纱布浸湿后平铺于解剖盘中，取片后将正面朝下逐条摆放在纱布上，反面朝上，抹片时用湿棉花抹反面，动作要轻，注意不能损伤小片的正面细胞。

8.4 小片的大小

按所用珠核直径决定小片大小：珠核直径大于 9 mm，小片一边长为 3.0～3.5 mm；珠核直径为 7～9 mm，小片一边长为 2.5～3.0 mm；珠核直径为 5～7 mm，小片一边长为 2.0～2.5 mm。

8.5 药物处理和染色

常用聚乙烯吡咯烷酮（PVP）海水溶液浸泡 3 min。先核后片插法的，小片染色液是用红汞水配成的海水溶液。

8.6 小片正、反面的方向

采用先片后核法时，小片正面向上；采用先核后片法时，小片正面向下。

8.7 放置时间

小片切好后应保持湿润，从取片至使用完毕，不应超过 40 min。

8.8 小片制备的程序

取片→平铺于湿纱布上→抹片→切成长条形→在 PVP（或其他药品）和红汞混合液中浸泡 3 min→切成正方形（先核后片法正面朝下，先片后核法正面朝上）→过滤海水养片→备用。

9 手术贝的选择

手术贝以 1.5～2.0 龄为宜，壳高 7 cm 以上，凡属下列贝，不宜插核：未经术前处理、活力没调整好的；生殖腺处在成熟期和放出前期的，生殖腺不多但软体部稀松的；生殖腺萎缩呈橘红色的；软体部呈水肿状态的；外套膜离开贝壳、足部萎缩变硬、闭壳肌受损、鳃大部分已脱落或已腐烂的；左右两边贝壳都膨胀、两壳几乎对称的；受凿贝才女虫侵害较严重的；排贝时间过长或排贝两次以上，壳口破损超过 1 cm^3 的。

10 植核

10.1 切口位置

贝体右侧切口应在足的基部（即黑白交界处），贝体左侧（插下足核位时）切口应该在距足基部 1 mm 处，刀口呈弧形，宽度稍小于珠核直径，刀口要薄，不要割伤足丝腺。

10.2 通道

通道的宽度略小于珠核直径，深度不要超过核位。

10.3 核位

10.3.1 左袋

位于缩足肌腹面、腹崤与肠突之间。

10.3.2 右袋

位缩足肌背面、围心腔与泄殖孔之间。

10.3.3 下足

位于唇瓣末端与泄殖孔之间，偏近泄殖孔的鳃轴外缘正下方，此核位视具体情况可插可不插。

10.4 送小片

送小片时小片针要刺在小片前端 1/3 处。小片的正面一定要全部紧贴在珠核上，不要有间隙或折角，小片不要贴在向着缩足肌的一侧。不要在核位表皮外面调整小片。

10.5 送核

送核时当珠核进入切口之后，用小号送核器或通道针将珠核送到核位。珠核应略低于核位表皮的平面。不要在珠核表皮外面调整珠核位置。

10.6 手术工具

手术工具包括平板针、开口刀、通道针、送核器和小片针。手术工具要用75%的酒精进行消毒。

10.7 珠核

珠核要求正圆形,核面光滑洁白,不要有裂纹或平头。新珠核在使用前用过滤海水清洗。休养期间回收的珠核应及时洗净并经消毒后才可使用。

10.8 植核规格和数量

应符合附表2-1的规定。

附表2-1 手术贝的壳高与植入珠核的规格、数量

手术贝的壳高 (cm)	珠核规格(mm)	
	左袋	右袋
10以上	9～10	*
8～9	8～9	(7～8)
7～8	7～8	(6～7)

注:有*者视具体情况,可植也可不植。

10.9 植核后的处理

插核完毕进行复检后,将贝轻放于水槽中或大盆中暂养,水槽要求有活水,如没有自流装置,应多换水。施术贝应尽快送休养池或风平浪静的海区中吊养,吊养的海区海水水质应符合NY 5052的规定。

11 插核室的管理

插核室应保持清洁卫生,保持安静,应有专人负责检查工作质量,协调各道工序,并建立工作日志。

附录3 淡水有核珍珠养殖技术规范
（DB44/T 1020—2012）

1 范围

本标准规定了淡水有核珍珠的养殖环境条件、母蚌的选择与养成、植核手术、术后休养、放养、育珠管理和收珠等操作规程。

本标准适用于采用三角帆蚌（*Hyriopsis cumingii*）、池蝶蚌（*Hyriopsis schlegeli*）、褶纹冠蚌（*Cristaria plicata*）等淡水珍珠蚌作为育珠贝养殖的淡水有核珍珠。

2 规范性引用文件

下列文件对于本文件的应用是必不可少的。凡是注日期的引用文件，仅所注日期的版本适用于本文件。凡是不注日期的引用文件，其最新版本（包括所有的修改单）适用于本文件。

GB 11607　渔业水质标准

NY 5051　无公害食品　淡水养殖用水水质

3 环境条件

3.1 养殖水质

水源水质应符合 GB 11607 的规定，养殖水质应符合 NY 5051 中的有关规定。

3.2 养殖场地

淡水流域的池塘、沟涧、水塘、水库、河道，水源充足，水质清新，排灌方便，水深为 1.5～8.0 m。

3.2.1 物理因子

养殖池主要物理因子和指标见附表 3-1。

附表 3-1　养殖池主要物理因子指标

养殖季节	透明度（cm）	水温（℃）	水色
4—11 月	25～35	5～34	浅褐色或绿色
12 月至第二年 3 月	30～50		

3.2.2 化学因子

养殖池主要化学因子和指标见附表3-2。

附表3-2 养殖池主要化学因子指标

项目	pH	DO（mg/L）	Ca^{2+}（10^6）	NH_3-N（mg/L）	H_2S（mg/L）	BOD（mg/L）
指标	6.5～7.8	>3	25～30	<2	<0.3	10～15

3.2.3 生物因子

养殖池主要生物因子为：浮游植物（硅藻、绿球藻等）的生物量为8～30 mg/L；浮游动物生物量≤5 mg/L；底栖动物生物量≤4000 mg/m²；防止凶猛性敌害，如白鳝、水老鼠、水蜈蚣等。

4 母蚌的选择

育珠母蚌主要选用河蚌优良品系，具备以下要求：蚌体宽、壳厚、腹缘中间至出水口处饱满呈椭圆形；珍珠层光泽明亮、鲜艳；软体部健壮、饱满，外套膜肥厚。

5 母蚌养成

在蚌苗培育中，一般在培苗池培育的蚌苗生长至1.5 cm以后便移至大水体养成。可采用网笼底铺垫塑料膜加泥土，播入蚌苗吊养，当蚌苗生长至约8 cm后便弃土换笼吊养，使蚌苗的外套膜适当增厚，壳高约9 cm开始植核育珠。

在实施植核育珠使用的母蚌中，第一年可以参照上述植片培育无核珍珠母蚌的培育方法；第二年当蚌苗生长至12 cm后，必须使用网夹片笼装放，将蚌腹朝上竖立吊养，促使蚌体增宽，外套膜增厚。从繁殖育苗开始，至母蚌养成约两周年时间，当母蚌生长至壳高15 cm以上便可以提供植核育珠。

6 植核手术

6.1 手术季节

手术植核在每年的3—6月和9—11月，水温18～32 ℃之间，最适水温为22～26 ℃。

6.2 小片处理

先配制养片液：水温在22 ℃以下使用5%葡萄糖注射液；水温在22 ℃以上使用9×10^{-3} NaCl注射液做溶剂，加以相关药物配制成养片液。再用养片液保养小片10～20 min。

6.3 术前处理

使用动物麻醉剂浸泡植核母蚌或在内脏注射动物麻醉剂。

6.4 珠核处理

手术植核之前必须将珠核残留的酸性物质和重金属离子除去。然后，将珠核涂上一层相关药膜。

6.5 植核步骤

6.5.1 开壳

开壳宽度 0.8 cm 左右，且前端较小，后端可稍大，以不损伤闭壳肌为宜。

6.5.2 植核

植核的大小和数量是根据手术蚌和珠核的大小而定。2 龄母蚌体长达 15 cm 时，选用直径为 6～7 mm 的珠核，植核数量 10 粒/只。核位错位排列，分布示意图见附图 3-1。

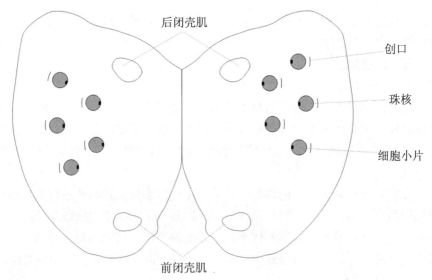

附图 3-1　植核位置分布

6.6 植核手术注意事项

（1）无论是先送片后送核或先送核后送片，细胞小片一定要紧贴在珠核表面。

（2）手术后的创口可采用脱脂棉擦干，用医用生物黏合胶黏合，避免休养池池水大量进入创口。

（3）保持良好的卫生条件，手术工具等都要经过严格消毒，要用盛有消毒液的水杯装放，每半天收工时必须清洗干净，开工时再用消毒液装放。

7 术后休养

7.1 育珠前的准备

在吊养育珠蚌前 15～20 d，有条件时要进行干塘消毒，清除周边水草和埂边旱草后，用生石灰按 1125～1500 kg/hm² 的用量消毒，曝晒 3～5 d 后，加满新鲜水，施用经充分发酵后的有机肥料培育浮游植物。

7.2 休养方式

育珠蚌手术后，休养期一般为 20～30 d，用网夹片笼吊养，腹缘朝上，以降低脱核率。休养期过后，采用笼养或网箱吊养。

8 放养

8.1 放养季节

常年放养，最适宜时间为 4—10 月。

8.2 放养方法

8.2.1 网笼吊养

网笼长 0.8 m、宽 0.4 m，上、下二层共 10 个小袋，总共可以装放 10 只育珠蚌，吊养笼距 0.2 m，行距 2.0～2.5 m。

8.2.2 放养密度

池塘、沟涧为 800～1000 个/公顷²；山塘、水库库湾为 500～900 个/公顷²。

9 育珠管理

9.1 水质调节

9.1.1 物理方法

可采用排、加水的换水方式调节透明度。对于池塘、沟涧养殖类型，春、夏季每天换水量为 10%～20%，秋、冬季每天换水量为 5%～10%。

9.1.2 化学方法

（1）当养殖用水 pH 值在 6.5 以下时，可泼洒生石灰，每次用量为 225 kg/hm²，直至 pH 达到 6.5～7.8。

（2）4—11 月，水体透明度为 25～35 cm；12 月至第二年 3 月，水体透明度为 30～50 cm，适当减少换水量，并施用经发酵消毒后的农家肥料，用量为 600～800 kg/hm²。

（3）钙离子浓度低于 25×10^{-6} 时，可施用过磷酸钙 60～80 kg/hm²，直至钙离子浓度达到 25×10^{-6}～30×10^{-6}。

9.1.3 生物方法

为预防浮游植物的大量繁殖而引起"水华"，可放养适量的滤食性鱼类。投放体长 13～15 cm 的鲢鱼 300～450 尾/公顷²、鳙鱼 750～900 尾/公顷²。

9.2 日常管理

(1) 每天早、晚测定养殖水体的 pH，观察水质变化，根据实际情况采取相应的水质调节措施。

(2) 每2天检查育珠蚌的生长情况，挑出病蚌、死蚌。

(3) 每 15～20 d 测一次钙离子浓度。

(4) 按季节调节吊养水层：春天为 20 cm，秋天为 30 cm，夏天和冬天均为 40 cm。

10 病害防治

三角帆蚌、池蝶蚌和褶纹冠蚌等的主要病害和防治方法见附表 3-3。

附表 3-3 常见病害防治方法

病 名	霉 病		蚌瘟病	肝管腐烂病
	血鳃霉病	水霉病		
症状	鳃丝肿大，发白或发黑糜烂，附有泥沙污物并有大量黏液，闭壳肌松弛、闭壳无力	鳃、斧足等因寄生虫的侵袭、机械损伤等使水霉菌寄生，呈灰白棉絮状"毛"	由病毒引起。排水孔与进水孔纤毛收缩，鳃轻度溃疡，外套膜轻度脱落，晶杆萎缩或消失	肝管呈发白或发黑溃烂状，肌肉松弛、水肿，双壳闭合无力
发病季节	多发生在夏秋两季	多发生在阴雨、低温的春季	多发生在夏秋两季，尤其是气候环境突变时	7、8 月为发病盛期
防治方法	对患病的育珠水域，用生菖蒲 30 kg/hm^2 研汁，加食盐 7.5 kg/hm^2，并掺 25～100 kg/hm^2 农家肥料，全池泼洒 5～7 d，注意定期更换水	应避开在该季节施行人工植核手术。用 1～2 mg/L 的 PVP 碘，全池泼洒 5～7 d	对于病蚌要严加隔离。用 1～2 mg/L 的 PVP 碘，全池泼洒 5～7 d	育珠蚌吊至离水面 60 cm 以下或者泼洒 30 kg/hm^2 脱凝的家畜血液或 10～20 kg/hm^2 CuSO$_4$

11 收珠

用小刀将育珠蚌的闭壳肌割断，打开蚌壳，刮去蚌肉，取出珍珠后用清水洗净，用软布擦干或自然晾干，分类保存。育珠周期长短应根据育珠蚌珍珠质分泌速度和植核手术情况而定。植核后一次性收获珍珠的育珠周期是 2～3 年，选择在水温较低的 11 月、12 月和第二年 1 月较为适宜。

附录4 淡水附壳珍珠培育技术规范
（DB44/T 1281—2013）

1 范围

本标准规定了淡水附壳珍珠培育的环境条件、母蚌的选择、植核手术、术后休养、放养、育珠管理和收珠等操作规程。

本标准适用于采用褶纹冠蚌（*Cristaria plicata*）和三角帆蚌（*Hyriopsis cumingii*）等河蚌培育淡水附壳珍珠。

2 规范性引用文件

下列文件对于本文件的应用是必不可少的。凡是注日期的引用文件，仅所注日期的版本适用于本文件。凡是不注日期的引用文件，其最新版本（包括所有的修改单）适用于本文件。

GB 11607　渔业水质标准

NY 5051　无公害食品　淡水养殖用水水质

3 环境条件

3.1 养殖水质

水源水质应符合 GB 11607 的规定，养殖水质应符合 NY 5051 中的有关规定。

3.2 养殖场地

淡水流域的池塘、沟涧、水塘、水库，水源充足，水质清新，排灌方便，水深为 1.5～8.0 m。

3.2.1 物理因子

养殖池主要物理因子和指标见附表 4-1。

附表 4-1　养殖池主要物理因子指标

养殖季节	透明度（cm）	水温（℃）	水色
4—11月	25～35	5～34	浅褐色或浅绿色
12月至第二年3月	30～50		

3.2.2 化学因子

养殖池主要化学因子和指标见附表 4-2。

附表 4-2　养殖池主要化学因子指标

项目	pH	DO (mg/L)	Ca^{2+} (10^6)	NH_3-N (mg/L)	H_2S (mg/L)	BOD (mg/L)
指标	6.5～7.8	3～6	25～30	<2	<0.3	10～15

3.2.3　生物因子

养殖池主要生物因子为：浮游植物（硅藻、绿球藻等）的生物量为 8～30 mg/L；浮游动物生物量≤5 mg/L；底栖动物生物量≤4000 mg/m²。

4　母蚌的选择

育珠母蚌主要选用河蚌优良品种，具备以下条件：壳高 15 cm 以上，蚌体宽、壳厚、腹缘中间至出水口处饱满呈椭圆形；珍珠层光泽鲜艳；软体部健壮、饱满，外套膜肥厚；闭壳有力。

5　植核手术

5.1　手术季节

手术植核在每年的 4—10 月，水温 18～32 ℃之间。

5.2　术前处理

5.2.1　模核选择

模核表面光滑、底面平坦、边缘无缺刻，对蚌体外套膜刺激小、无毒害。所植模核大小以河蚌外套膜能完整覆盖模核为宜。模核先用常用洗洁精和清水冲洗干净，再用 10～20 mg/L 金霉素或 15～30 mg/L 四环素的水溶液浸泡 10 min 后取出，然后用消毒纱布包裹备用。

5.2.2　河蚌处理

把河蚌贝壳外表面的附着物刷洗干净，放入清水中浸泡 1 d，换水 2～3 次，使用饱和氯化镁溶液浸泡 30 min。

5.3　植核步骤

5.3.1　植核位置确定

开壳宽度 0.8 cm 左右，且前端较小，后端可稍大，以不损伤闭壳肌为宜。

5.3.2　固定与栓口

把河蚌固定在手术台上，壳口朝向作业人员，用开口器撬开壳口并用楔子栓口，再用 10～20 mg/L 金霉素或 15～30 mg/L 四环素的水溶液冲洗净壳内污物。三角帆蚌开壳宽度为 0.8～1.4 cm、褶纹冠蚌为 1.0～1.6 cm。

5.3.3　植核作业

在河蚌壳缘中央偏前端的位置，用创口板沿着蚌壳轻轻地揭开外套膜，根据植入模核大小形成一形状相当的通道口，一只手用镊子夹起通道口边缘的外套膜，另一只手用镊子夹起模核，模核正面朝向蚌体外套膜，小心地往通道口送入，再慢慢将其推入蚌壳中央偏后方的位置，使模核基部紧贴蚌壳内面，接着在创口处滴加保养液，做消毒保养处理。植核完成后，记下已植核的一面和日期，然后固定好蚌壳，避免因斧足伸缩而影响模核固定。将完成植核的一面朝下平放于网笼中暂养，约1个月后，再按同样的方法在另一面植入造型模核。也可以采用两面贝壳同时完成手术作业的做法。

5.4 植核作业注意事项

（1）保持洁净卫生的环境，手术工具都要经过严格消毒，要用盛有 10～20 mg/L 金霉素或 15～30 mg/L 的四环素的水溶液的水杯装放，每半天收工时必须清洗干净。

（2）植核通道口可用医用生物黏合胶黏合，避免休养池池水大量进入。

（3）河蚌两边都可以进行植核，根据河蚌大小和生理状况确定植入模核的大小和数量。

6 术后休养

6.1 休养笼具

圆锥形绞丝网笼，直径 30 cm，网目 3 cm×3 cm。

6.2 休养方式

将河蚌施行植核的一面朝下平放于圆网笼吊养，吊养密度保持 10000～12000 个/公顷^2，休养期一般为 20～30 d。

6.3 休养期管理

河蚌在植核后的前 5 d，每天早上检查一次，5 d 后，每两天检查一次，清除死贝，回收脱落的模核。

7 放养

7.1 放养时间

常年可放养，最适时间为 4—10 月。

7.2 放养方法

7.2.1 吊养笼具

网片笼，宽 90 cm，高 40 cm，网目 3 cm×3 cm。每个网片笼分两层，每层 5 格，共可装育珠蚌 10 只。

7.2.2 吊养方式

采用延绳平行吊养的方法，延绳行距为 2.0～2.5 m，笼距 0.2 m。

7.2.3 放养密度

池塘、沟涧为 15000～22500 个/公顷^2；山塘、水库库湾为 12000～18000

个/公顷^2。

8 育珠管理

8.1 水质调节

8.1.1 换水法

可采用排、加水的方式调节透明度。对于池塘、沟涧,春、夏季每天换水量为10%～20%,秋、冬季每天换水量为5%～10%。

8.1.2 化学法

(1) 当养殖用水 pH 值下降到 6.5 以下时,可泼洒生石灰,每次用量为 225 kg/hm^2,直至 pH 达到 6.5～7.8。

(2) 4—11 月透明度为 25～35 cm,12 月至第二年 3 月透明度为 30～50 cm 时应当减少换水量,并适当施用经发酵消毒后的农家肥料,用量为 600～800 kg/hm^2。

(3) 钙离子浓度低于 25×10^{-6} 时,可施用过磷酸钙 60～80 kg/hm^2,直至钙离子浓度达到 25×10^{-6}～30×10^{-6}。

8.1.3 养鱼法

为预防浮游动植物的大量繁殖而引起"水华",可通过放养适量的滤食性鱼类来调节浮游生物量。放养鱼类及密度为:鲢鱼 300～450 尾/公顷^2,鳙鱼 750～900 尾/公顷^2。

8.2 日常管理

(1) 每天做好巡塘工作,早晚观察水质变化,采取相应的措施调节水色;防止敌害生物侵害育珠蚌,如鳗鲡、水老鼠、水蜈蚣等。

(2) 每 2 d 抽查育珠蚌的生长情况,挑出病蚌、死蚌。

(3) 每 15～20 d 测一次钙离子浓度。

(4) 按季节调节吊养水层(水面以下):春天为 20 cm,秋天为 30 cm,夏天和冬天均为 40 cm。

9 病害防治

三角帆蚌、褶纹冠蚌的主要病害和防治方法见附表 4-3。

附表 4-3　常见病害防治方法

病害	血鳃霉病	水霉病	蚌瘟病	肝管腐烂病
发病季节或病症	多发生在夏秋两季	多发生在春季或阴雨低温天气	由病毒引起。排水孔与进水孔纤毛收缩，鳃轻度溃疡，外套膜轻度脱落，晶杆萎缩或消失	7、8 月为发病盛期
防治方法	对患病的育珠水域，用生菖蒲 30 kg/hm² 研汁，加食盐 7.5 kg/hm²，并掺 25～100 kg/hm² 农家肥料，全池泼洒 5～7 d	避开在该季节施行人工植核手术	聚维酮碘（有效碘 1%）全池泼洒，每立方米水体用 1～2 g	育珠蚌吊至离水面 60 cm 以下或者泼洒 30 kg/hm² 脱凝的家畜血液或 10～12 kg/hm² $CuSO_4$

10　收珠

用小刀割断育珠蚌两端的闭壳肌，打开蚌壳，刮去蚌肉，取出附壳造型珍珠后用清水洗净，用软布擦干或自然晾干，分类保存。育珠周期长短应根据育珠蚌珍珠质分泌速度和植核手术情况而定，一般为 1～3 年。收珠时间宜选择在水温较低的 11 月、12 月和第二年 1 月。取出附壳造型珍珠后的蚌肉可用于制作肥料。

附录5 企鹅贝附壳珍珠养殖技术规范
（DB45/T 1445—2016）

1 范围

本标准规定了企鹅贝附壳珍珠养殖的术语和定义、养殖海区的环境条件、植核贝的选择、植核的定位、模核和模核材料、植核操作、植核后休养以及育珠期的管理等内容。

本标准适用于企鹅贝附壳珍珠的养殖。

2 规范性引用文件

下列文件对于本文件的应用是必不可少的。凡是注日期的引用文件，仅所注日期的版本适用于本文件。凡是不注日期的引用文件，其最新版本（包括所有的修改单）适用于本文件。

GB 11607 渔业水质标准

3 术语和定义

下列术语和定义适用于本标准。

3.1
植核贝 seeded oyster

用来植模核的企鹅贝。

3.2
模核 nucleus model

用于粘贴或固定在企鹅贝贝壳内表面上不同形状的模型珠核。

3.3
企鹅贝附壳珍珠 blister pearl of *Pteria penguin*

在企鹅贝贝壳内表面珍珠层上，人工固定模核养成的珍珠。

3.4
植核 nucleus implantation

将各种形状的模核固定在企鹅贝贝壳内表面上的操作过程。

4 环境条件

4.1 养殖海区的选择

潮流畅通、水深大于 5 m，饵料生物丰富、藤壶等附着生物少的海区。

4.2 水质条件

水质应符合 GB 11607 的规定，海水透明度 3～5 m，盐度 26～36，水温 15～30 ℃，pH 7.8～8.3。

5 植核贝的选择

用于植核的企鹅贝贝龄宜达 1.5 龄以上，壳高 12 cm 以上，形状规则，贝壳无分层脱落现象，无病虫害，足丝粗壮，附着与闭壳有力。

6 植核的定位

（1）植核处要选择在企鹅贝贝壳内表面比较平坦的位置，确保模核与企鹅贝贝壳内表面紧密结合，不形成缝隙。

（2）模核应固定在距离黑色的棱柱层和彩虹色的珍珠层交界处 2 cm 左右的企鹅贝贝壳内表面上。

（3）左右两壳的模核粘贴位置要错开，以免影响企鹅贝贝壳的闭合。

7 模核和模核材料

模核表面要光滑、底面平坦、边缘无缺损，对企鹅贝外套膜刺激小。模核材料宜选用亚克力（有机玻璃）、聚乙烯塑料或其他可用于植核的材料等，应无毒。模核大小以企鹅贝外套膜能完整覆盖模核为宜。

8 植核

8.1 排贝

植核开始前 1 d，将待植核贝从养殖海区取回，清洗干净，吊养在室内水池中，水深 80～100 cm，充气暂养，植核前 1～2 h 进行排贝处理，即将待植核贝腹部向上密排在工具筐中。

8.2 栓口

植核开始前，从工具筐中取出 1～2 个待植核贝，将贝体放松，待贝自然开口，用开口钳插入两壳之间缓慢用力张大贝壳开口，在两壳之间插入木楔，栓口宽度 2～3 cm。

8.3 植核操作

8.3.1 植核季节

3—5 月和 8—11 月，适宜水温为 20～30 ℃，海水盐度不低于 26。

8.3.2 植核

用平板针或自制竹片，将植核贝外套膜轻轻挑起，再用镊子夹住涂有黏合剂的模核一次性放到粘贴部位，停顿 3～5 min，使粘贴牢固。或不使用黏合剂，将植核贝外套膜拨离贝壳后，用钻孔机在贝壳上打孔，然后用铜丝或尼龙丝穿过小孔将模核固定在贝壳上。左壳粘贴模核 2～3 个，右壳 1～2 个。

9 植核后休养

9.1 休养笼具

锥形笼，底部直径 35～40 cm，高 15～20 cm，网目 2 cm×3 cm。

9.2 休养方式

9.2.1 室内池休养

植核后的植核贝按每笼 4～5 个的密度装到休养笼中,移到室内池连续充气休养,休养池水深 80～100 cm,休养密度为 3～4 笼/米^2,休养时间为 7～10 d。休养期间,日投喂单细胞藻早晚各一次,每次投喂量为扁藻 1.5×10^4 cells/mL～2×10^4 cells/mL,或金藻 5.0×10^4 cells/mL～8.0×10^4 cells/mL。

9.2.2 池塘休养

植核贝休养密度为每笼 4～5 个,每亩吊养殖核贝少于 1000 个,池塘水深 2 m 以上,吊养前 7～10 d 施 $2 \times 10 \sim 5 \times 10^{-6}$ g/m^3 尿素培养基础饵料生物。水色为黄褐色或绿色,环境比较稳定,经约 10 d 的休养,移至海区进行育珠。

9.3 休养期管理

植核贝在植核后,每天早上检查一次,清除死贝,回收脱落的模核,清洗休养池,休养池塘水质发生变化时,及时将植核贝移到室内水池或海区吊养。

10 育珠管理

植核贝休养结束后,移到海区进行育珠管理,笼间距为 50 cm,贝笼离水面 2～3 m。下海一个月内,每隔 8～10 d 检查一次,清除死贝并调整养殖密度为每笼 4～5 个。随后每隔 2～3 个月,根据附着生物的多寡,进行清理换笼一次。

11 附壳珠收获

11.1 育珠时间

育珠期为 12 个月以上,当珠层厚度达到 1 mm 以上即可收获附壳珍珠。

11.2 收获季节

一般在每年的 12 月、1 月、2 月采收。

11.3 收获方法

用小刀将贝体的闭壳肌割断,打开贝壳;除去贝肉,用清水洗净附壳珍珠,再用软布擦干或自然晾干,分类保存。

附录 6　US Patent-Coated nucleus for a cultured pearl (English)
(Issued on February 4, 2003)

Abstract

The present invention is a coated nucleus for a cultured pearl whose surface is coated with water soluble polymer, characterizing over 25% of total coated amount of said water soluble polymer is dissolved by soaking said coated nucleus into seawater of 15 ℃ temperature for 30 min.

Claims

What is claimed is:

1. A coated nucleus for cultured pearl whose surface is coated with a water soluble polymer, wherein over 25% by weight of the total coated amount of said water soluble polymer coating is dissolvable by soaking said coated nucleus in seawater at a temperature of 15 ℃ for 30 min.

2. The coated nucleus for a cultured pearl of claim 1, wherein a substance that has antibacterial activity is added to the water soluble polymer.

3. The coated nucleus for a cultured pearl of claim 1, wherein the water soluble polymer is a natural polymer.

4. The coated nucleus for a cultured pearl of claim 2, wherein the substance that has antibacterial activity is an antibiotic.

5. The coated nucleus for a cultured pearl of claim 1, which is prepared by soaking the nucleus for cultured pearl in a solution containing the water soluble polymer and drying the coating.

6. The coated nucleus for a cultured pearl of claim 1, which is prepared by spraying a solution of the water soluble polymer over the surface of the nucleus for a cultered pearl and drying the coating.

7. The coated nucleus for cultured pearl of claim 1, wherein the water soluble polymer is a synthetic polymer.

8. The coated nucleus for cultured pearl of claim 1, wherein the water soluble polymer coating has a thickness of 1 mm or less.

9. The coated nucleus for cultured pearl of claim 1, wherein over 25% by weight to 67% by weight of the total coated amount of said water soluble polymer is dissolvable in seawater at a temperature of 15 ℃ for 30 min.

10. A coated nucleus for cultured pearl whose surface is coated with a water soluble polymer, wherein over 25% by weight of the total coated amount of said water soluble polymer coating is dissolvable by soaking said coated nucleus in seawater at a temperature of 15 ℃ for 30 min, wherein the polymer is selected from the group consisting of collagen, gelatin and derivatives of collagen and gelatin.

11. The coated nucleus for a cultured pearl of claim 1, wherein a substance that has antibacterial activity is added to the water soluble polymer.

12. The coated nucleus for a cultured pearl of claim 1, wherein the water solu-ble polymer is a natural polymer.

13. The coated nucleus for a cultured pearl of claim 11, wherein the substance that has antibacterial activity is an antibiotic.

14. The coated nucleus for a cultured pearl of claim 10, which is prepared by soaking the nucleus for cultured pearl in a solution containing the water soluble polymer and drying the coating.

15. The coated nucleus for a cultured pearl of claim 10, which is prepared by spraying a solution of the water soluble polymer over the surface of the nucleus for a cultured pearl and drying the coating.

Description

BACKGROUND OF THE INVENTION

The present invention related to a nucleus to be inserted into shellfish at the cultivation of the cultured pearl.

DESCRIPTION OF THE PRIOR ART

It is well-known that, when a particle of solid such as sand or others is inserted into the specific kind of shellfish, a small grain of pearl is produced naturally. However, the production of natural pearl is uncertain, and the size of an obtained natural pearl is not so large and also the shape of it is indefinite. About one hundred years ago, the technique to culture a pearl by inserting a nucleus artificially into a mother shellfish such as pearl oyster, white-lip pearl oyster, black-lip pearl oyster, penguin wing oyster, abalone, hyriopsis schlegel, mussel, anodonta woodiana, or fresh water pearl mussel was developed in Japan. This technique is gradually improved, and now it becomes possible to culture a large size pearl certainly. Recently, almost 100% of ornamental pearls are produced by said culture technique.

However, recently, the environment surrounding an aqua farm for cultivation are gradually becoming worse, and by the conventional culture technique, the breeding of mother shellfish for several years after inserting of nucleus becomes very difficult. Further, by the affect of breeding environmental pollution, survival ratio of mother shellfish is remarkably deteriorated.

BRIEF SUMMARY OF THE INVENTION

The object of the present invention is to improve the yield of large size pearl and reduce the ratio of death of mother shellfishes.

The inventors of the present invention have found that above mentioned problems can be solved by the use of a coated nucleus for a cultured pearl whose surface is coated with water soluble polymer, characterizing over 25% of total coated amount of said water soluble polymer is dissolved by soaking said coated nucleus into seawater of 15 ℃ temperature for 30 min, and accomplished the present invention.

By the use of a coated nucleus of this invention, when said coated nucleus is inserted into a mother shellfish, the load to the mother shellfish can be reduced, because water soluble polymer that coats a nucleus is partially dissolved and the friction and resistance at the inserting action is weakened. Consequently, the yield of large size pearl can be improved, and the ratio of death of mother shellfishes can be reduced. Further, the present invention contains a substance that has antibacterial activity as a part of coating component. Said substance having antibacterial activity dissolves together with a coating material and acts to an incised part of the mother shellfish to insert the coated nucleus and prevent the infection due to said antibacterial activity. Thus, the coated nucleus of this invention can further reduce the ratio of death of mother shellfishes.

DETAILED DESCRIPTION OF THE INVENTION

The important point of a coated nucleus for a cultured pearl of this invention is illustrated in detail as follows.

That is, the coated nucleus of this invention is a nucleus for culture whose surface is coated by water soluble polymer, and after coated, it is necessary that over 25% of total coating amount of said water soluble polymer is dissolved when placed in the seawater of 15 ℃ temperature, that is a culture condition of a mother shellfish, for 30 min. The solubility of the coated polymer depends on a kind of coated material, coating amount and a coating method. However, in any case it is necessary that over 25% of total coating amount is dissolved, and if the dissolving ratio is under 25%, the reduction of the friction and resistance at the inserting action is not sufficient.

As the water soluble polymer, although any kinds of natural or synthetic polymer can be used, especially, natural water soluble polymer is desirably used. As the natural polymer, protein, polysaccharide or lipid can be mentioned. As the concrete example, collagen, gelatin, casein, albumin, elastin, alginic acid, pectin, arabic gum, arrageenan, xanthane gum, pullulan, starch or derivatives of these compound for example, succinyl collagen, methyl collagen, acetyl collagen, phthalic collagen, succinyl gelatin, methyl gelatin, acetyl gelatin, phthalic gelatin, carboxymethyl starch, methylhydroxy starch, methyl cellulose, ethyl cellulose, hydroxyethyl cellulose and carboxymethyl cellulose can be mentioned. Still more, synthetic water soluble polymer can be used, and concretely, polyvinyl alcohol, polyvinyl pyrrolidone, carboxyvinyl polymer, polyacrylic acid and salt thereof, polyacrylamide, polyethylene glycol and these derivatives can be mentioned. And, the combination of these compounds, concretely mixed solution of these compounds is used. After coating a layer, another layer can be coated over the layer. Thus the multiple layers can be prepared by coating a layer one by one.

The substance that has antibacterial activity can also be contained in a coating layer. As the substance having antibacterial activity, any kinds of substance that has antibacterial activity including bacteria controlling activity can be used and not restricted. Concretely, an antibiotic, a silver containing compound, a preservative or a conservative can be mentioned, and especially an antibiotic is desirably used. As the concrete examples, tetracycline, tetracycline hydrochloride, kanamycin, sulfamonomethoxyne, sodium salt of sulfamonomethoxyne or ampicillin, which are ordinary antibiotic in the marine products industries can be mentioned. Necessary amount to be added to a coating layer of each substance having antibacterial activity are depending to the intensity of it's antibacterial activity, therefore, the concrete amount to be added is not definite, however, in a case of antibiotic, the desirable amount to be added is 0.1 – 20 times to the amount of coated material.

In this invention, a method for coating is not restricted, and whole surface of a nucleus can be coated homogeneously or partially. As the concrete coating method, for example, following methods can be mentioned. A method to soak a nucleus into the solution containing coating materials then dried up, or a method to spray the solution containing coating materials over the surface of a nucleus then dried up can be mentioned. Actually, a coating apparatus which is on the market (for example, HIGH COATER; product of Froint Industries Co., Ltd.) can be used.

The concentration, pH or temperature of aqueous solution of water soluble polymer is not restricted. However, in regard to the concentration, the viscosity of solution affects largely the coating process and when the viscosity is too high, the coating becomes very difficult. Concretely, it is necessary for the coating solution to have a viscosity as measured by following method. That is, when a container containing said coating solution is inclined, contained solution which has adequate viscosity must be flown along with the motion of the container.

pH value of the aqueous solution of water soluble polymer used for the coating of this invention is also not restricted. In general, as a nucleus to be inserted into mother shellfish, a small grain cut from a shell of shellfish then processed is used, whose main component is calcium carbonate. Therefore, if the pH value of the solution is smaller than 1, it is not desirable because the nucleus can be dissolved in the solution. And when the nucleus is inserted in the mother shellfish, pH of the inserted nucleus becomes same to the body fluid of the shellfish because the body of shellfish surrounds it. In a case, if a water soluble polymer which has strong electric charge is used, it is desirable to use the solution whose pH is near the neutral range.

The temperature of the solution is not restricted as long as the temperature affects the nucleus. And, it is possible to raise the temperature of solution to reduce the viscosity, or to expedite the drying. According to the kind of water soluble polymer, sometimes the temperature of solution is restricted. Actually, it is necessary to adjust the temperature of solution in the limit in which contained water soluble polymer is not denatured or decomposed by the effect of the temperature. Further, it is possible to add the component which does not give any effects to the mother shellfish.

The coated amount of water soluble polymer is not restricted, however, if the coating amount is too small, the sufficient effect can not be expected. And if the coated amount is too much, the inserting action of a nucleus becomes difficult because of high viscosity of water soluble polymer. Concretely, it is desirable that the coated part of a nucleus is bigger than 30% of the total surface area of a nucleus and the thickness of most thick part of coated layer is thinner than 1 mm.

As the kinds of material to be coated, one kind of water soluble polymer can be used alone or various kinds of water soluble polymer can be used together with. Further, after the first layer is coated, another layer composed of different kind of water soluble polymer can be accumulated.

Example

The present invention will be more minutely illustrated along with the Examples, however, not intend to limit the scope of the claims of this invention.

EXAMPLE 1

0.2% aqueous solution (pH 3) of succinyl atero collagen, which is prepared by succinyl denaturation of enzyme solubilizated collagen (aterocollagen) by means of conventional method, is coated over the surface of a nucleus using a coating apparatus (product of Froint Industries Co., Ltd., HCT-MINI) wherein spraying pressure is adjusted to 1 kg/cm^2 and rotating speed of pan is adjusted to 20 rpm. In this example, 300 mL of succinyl aterocollagen aqueous solution is used to 600 g of nucleus, and a coated nucleus for cultured pearl is obtained.

After soaking 100 g of said obtained coated nucleus for cultured pearl into seawater of 15 ℃ temperature for 30 min, the amount of collagen contained in said seawater is measured by a burette quantitative analytical method. The collagen content in said seawater is 37 mg. Meanwhile, 100 g of coated nucleus for cultured pearl specimen is separately soaked into seawater, then raise the temperature of said seawater to 60 ℃ and left for 15 min so as to dissolve all amount of coated collagen. The total amount of collagen is measured and the result is 87 mg. According to the above mentioned results, the calculated amount of collagen extracted into 15 ℃ seawater during 30 min is 43% to the total coated weight.

EXAMPLE 2

Succinyl aterocollagen used in Example 1 is heated to 60 ℃ and denatured and succinyl gelatin is obtained. 10% aqueous solution of the obtained succinyl gelatin (pH 3.5) is coated over the surface of a nucleus using a coating apparatus (product of Froint Industries Co., Ltd., HCT-MINI) by same condition to Example 1, and a coated nucleus for cultured pearl is obtained.

After soaking 100 g of said obtained coated nucleus for cultured pearl into seawater of 15 ℃ temperature for 30 min, the amount of gelatin contained in said seawater is measured by a burette quantitative analytical method. The gelatin content in said seawater is 64 mg. Meanwhile, 100 g of coated nucleus for cultured pearl specimen is separately soaked into seawater, then raise the temperature of said seawater to 60 ℃ and left for 15 min so as to dissolve all amount of coated gelatin. The total amount of gelatin is measured and the result is 93 mg. According to the above mentioned results, the calculated amount of gelatin extracted into 15 ℃ seawater during 30 min is 67% to the total coated weight.

EXAMPLE 3

To 0.1% aqueous solution (pH 3) of succinyl aterocollagen atero used in Example 1, same amount of tetracycline hydrochloride as collagen is added, and the aqueous solution for coating is prepared. Using this aqueous solution, and by same condition to Example 1, a coated nucleus for cultured pearl is obtained.

After soaking 100 g of said obtained coated nucleus for cultured pearl into seawater of 15 ℃ temperature for 30 min, the amount of collagen contained in said seawater is measured by burette quantitative analytical method. The collagen content in said seawater is 20 mg. Meanwhile, 100 g of coated nucleus for cultured pearl specimen is separately soaked into seawater, then raise the temperature of said seawater to 60 ℃ and left for 15 min so as to dissolve all amount of coated collagen. The total amount of collagen is measured and the result is 47 mg. According to the above mentioned results, the calculated amount of collagen extracted into 15 ℃ seawater during 30 min is 43% to the total coated weight.

EXAMPLE 4

To 0.1% aqueous solution (pH 3) of alkali solubilizated aterocollagen, same amount of tetracycline hydrochloride as collagen is added, and the aqueous solution for coating is prepared. Using this aqueous solution, and by same condition to Example 1, a coated nucleus for cultured pearl is obtained.

After soaking 100 g of said obtained coated nucleus for cultured pearl into seawater of 15 ℃ temperature for 30 min, the amount of collagen contained in said seawater is measured by a burette quantitative analytical method. The collagen content in said seawater is 20 mg. Meanwhile, 100 g of coated nucleus for cultured pearl specimen is separately soaked into seawater, then raise the temperature of said seawater to 60 ℃ and left for 15 min so as to dissolve all amount of coated collagen. The total amount of collagen is measured and the result is 46 mg. According to the above mentioned results, the calculated amount of collagen extracted into 15 ℃ seawater during 30 min is 43% to the total coated weight.

EXAMPLE 5

After 600 g of nucleus grains are soaked into 500 mL of 0.2% aqueous solution (pH 3) of succinyl aterocollagen used in Example 1, said nucleus grains are took out and dried up by blowing 50 ℃ hot air with shaking the nucleus grains. Thus, a coated nucleus for cultured pearl is obtained.

After soaking 100 g of said obtained coated nucleus for cultured pearl into seawater of 15 ℃ temperature for 30 min, the amount of collagen contained in said seawater is measured by a burette quantitative analytical method. The collagen content in said seawater is 124 mg. Meanwhile, 100 g of coated nucleus for cultured pearl specimen is separately soaked into seawater, then raise the temperature of said seawater to 60 ℃ and left for 15 min so as to dissolve all coated collagen. The total amount of collagen is measured and the result is 322 mg. According to the above mentioned results, the calculated amount of collagen extracted into 15 ℃ seawater during 30 min is 39% to the total coated weight.

EZAMPLE 6

To 100 mL of 5% pectin aqueous solution (pH 3.5) half as much amount of tetracycline hydrochloride as pectin is added, and the solution for coating is prepared. Using this aqueous solution, and by same condition to Example 1, a coated nucleus for cultured pearl is obtained.

After soaking 100 g of said obtained coated nucleus for cultured pearl into seawater of 15 ℃ temperature for 30 min, the amount of pectin contained in said seawater is measured by carbazole-sulfuric acid quantitative analytical method. The pectin content in said seawater is 0.89 g. Meanwhile, 100 g of coated nucleus for cultured pearl specimen is separately soaked into seawater, then raise the temperature of said seawater to 60 ℃ and left for one hour so as to dissolve all amount of coated pectin. The total amount of pectin is measured and the result is 2.4 g. According to the above mentioned results, the calculated amount of pectin extracted into 15 ℃ seawater during 30 min is 37% to the total coated weight.

EZAMPLE 7

By same process to Example 6 except using alginic acid instead of pectin, a coated nucleus for cultured pearl is obtained.

After soaking 100 g of said obtained coated nucleus for cultured pearl into seawater of 15 ℃ temperature for 30 min, the amount of alginic acid contained in said seawater is measured by carbazole-sulfuric acid quantitative analytical method. The alginic acid content in said seawater is 0.71 g. Meanwhile, 100 g of coated nucleus for cultured pearl specimen is separately soaked into seawater, then raise the temperature of said seawater to 60 ℃ and left for one hour so as to dissolve all amount of coated alginic acid. The total amount of alginic asid is measured and the result is 2.0 g. According to the above mentioned results, the calculated amount of alginic acid extracted into 15 ℃ seawater during 30 min is 36% to the total coated weight.

EZAMPLE 8

To 100 mL of 5% polyvinyl alcohol solution (pH 3.5) half as much amount of tetracycline hydrochloride as polyvinyl alcohol is added, and the solution for coating is prepared. Using this aqueous solution, and by same condition to Example 1, a coated nucleus for cultured pearl is obtained.

After soaking 100 g of said obtained coated nucleus for cultured pearl into seawater of 15 ℃ temperature for 30 min, the amount of polyvinyl alcohol contained in said seawater is measured by HPLC analytical method. The polyvinyl alcohol content in said seawater is 0.71 g. Meanwhile, 100 g of coated nucleus for cultured pearl specimen is separately soaked into seawater, then raise the temperature of said seawater to 60 ℃ and left for one hour so as to dissolve all amount of coated polyvinyl alcohol. The total amount of polyvinyl alcohol is measured and the result is 2.3 g. According to the above mentioned results, the calculated amount of polyvinyl alcohol extracted into 15 ℃ seawater during 30 min is 31% to the total coated weight.

EZAMPLE 9

By same process to Example 8 except using polyethylene glycol instead of polyvinyl alcohol, a coated nucleus for cultured pearl is obtained.

After soaking 100 g of said obtained coated nucleus for cultured pearl into seawater of 15 ℃ temperature for 30 min, the amount of polyethylene glycol contained in said seawater is measured by HPLC analytical method. The polyethylene glycol content in said seawater is 0.92 g. Meanwhile, 100 g of coated nucleus for cultured pearl specimen is separately soaked into seawater, then raise the temperature of said seawater to 60 ℃ and left for one hour so as to dissolve all amount of coated polyethylene glycol. The total amount of polyethylene glycol is measured and the result is 2.0 g. According to the above mentioned results, the calculated amount of polyethylene glycol extracted into 15 ℃ seawater during 30 min is 46% to the total coated weight.

Experiments of nucleus for cultured pearl are carried out using the specimen of coated nucleus for cultured pearl obtained in Example 1 to Example 9 in comparison with a not coated nucleus. As the mother shellfish a pearl oyster is used. After a nucleus is inserted into a mother shellfish, the mother shellfish is cultured for one year. After one year, a cultured pearl is taken out from the mother shellfish, and the quality of pearl and the survival ratio of mother shellfishes are investigated and compared. The obtained results are summarized in Table 1. As clearly understood from Table 1, from the view points of quality and survival ratio, the coated nucleus for cultured pearl of this invention shows better results than that of not coated one.

The quality (index) in Table 1 is calculated as follows. That is, all obtained pearls are classified to several classes, and give a specified numerical point to each class. The specified numerical point is multiplied by number of pearls belonging to each class, obtained points of each class are summed and total number of points indicates the quality (index).

Table 1 Comparition of the quality of cultured pearl and the survival rate of mother oysters

TABLE 1

kind of nucleus of cultured pearl	survival ratio of shellfish (%)	quality of cultured pearl (index)
Example 1	82	164
Example 2	86	155
Example 3	92	170
Example 4	80	123
Example 5	82	141
Example 6	86	110
Example 7	92	109
Example 8	90	107
Example 9	82	109
not coated nucleus (comparison)	70	100

EFFECT OF THE INVENTION

As illustrated above, the coated nucleus for a cultured pearl of this inventionmakes it possible to obtain large size and high quality cultured pearls by high yield, by satisfying following important point. That is, when said coated nucleus is soaked into seawater of 15 ℃ for 30 min, over 25% of total coated amount of water soluble polymer is dissolved, and by satisfying this point, the friction and resistance at the inserting action of nucleus tomother shellfish is weakened.

附录 7　美国专利 – 养殖珍珠所用包覆珠核（中文）（2003 年 2 月 4 日公布）

摘要

本发明是一种养殖珍珠用包覆珠核，其表面包覆水溶性聚合物，其特征在于所述包覆珠核是在 15 ℃的海水中浸泡 30 min，质量分数占总包覆量的 25% 以上的水溶性聚合物会发生溶解。

权利要求如下：

1. 一种养殖珍珠用包覆珠核，其表面包覆有水溶性聚合物，将所述包覆珠核在 15 ℃的海水中浸泡 30 min，质量百分数占总包覆量的 25% 以上的水溶性聚合物会发生溶解。

2. 如权利要求 1 所述的养殖珍珠用包覆珠核，其中，在所述水溶性聚合物中添加了具有抗菌活性的物质。

3. 如权利要求 1 所述的养殖珍珠用包覆珠核，其中，所述水溶性聚合物是天然聚合物。

4. 如权利要求 2 所述的养殖珍珠用包覆珠核，其中，所述具有抗菌活性的物质为抗生素。

5. 如权利要求 1 所述的养殖珍珠用包覆珠核，通过将养殖珍珠用珠核浸泡在含有水溶性聚合物的溶液中并干燥涂层而制备。

6. 如权利要求 1 所述的养殖珍珠用包覆珠核，其通过将所述水溶性聚合物的溶液喷洒在养殖珍珠用珠核的表面上并干燥涂层而制备。

7. 如权利要求 1 所述的养殖珍珠用包覆珠核，其特征在于，所述水溶性聚合物为合成聚合物。

8. 根据权利要求 1 所述的养殖珍珠用包覆珠核，其中，所述水溶性聚合物包覆层的厚度为 1 mm 以下。

9. 根据权利要求 1 所述的养殖珍珠用包覆珠核，在 15 ℃的温度下在海水中溶解 30 min，所述水溶性聚合物质量百分数占总包覆量的 25% 以上至 67% 以下会发生溶解。

10. 一种养殖珍珠用包覆珠核，其表面包覆有水溶性聚合物，其中所述水溶性聚合物质量百分数占总包覆量的 25% 以上，可通过将所述包覆珠核浸泡在 15 ℃的海水中而溶解、持续 30 min，其中聚合物选自胶原蛋白、明胶以及胶原蛋白和明胶的衍生物。

11. 如权利要求 1 所述的养殖珍珠用包覆珠核，其中，在所述水溶性聚合物中添加了具有抗菌活性的物质。

12. 权利要求 1 所述的养殖珍珠用包覆珠核，其中，所述水溶性聚合物是天然聚合物。

13. 如权利要求 11 所述的养殖珍珠用包覆珠核，其中，所述具有抗菌活性的物质是抗生素。

14. 据权利要求 10 所述的养殖珍珠用包覆珠核，是通过将养殖珍珠用珠核浸泡在含有水溶性聚合物的溶液中并干燥涂层而制备。

15. 根据权利要求 10 所述的养殖珍珠用包覆珠核，是通过将所述水溶性聚合物的溶液喷洒在养殖珍珠用珠核的表面上并干燥所述涂层而制备。

说明书

发明背景

本发明涉及在养殖珍珠时插入贝类的珠核。

以往情况说明

众所周知，当沙子等固体颗粒插入特定种类的贝类中时，自然会产生一粒珍珠。然而，天然珍珠的产量是不确定的，尺寸不大，形状也是不确定的。大约一百年前，日本人通过人工将核植入珍珠母贝、白蝶贝、黑蝶贝、企鹅珍珠贝、鲍鱼、池蝶蚌、贻贝和背角无齿蚌等贝类或淡水珍珠蚌。这种技术逐渐改进，现在可以明确地养殖大颗粒珍珠。最近，几乎 100% 的装饰用珍珠都是通过这种养殖技术生产的。

但是，最近水产养殖场周围的养殖环境逐渐恶化，通过以往的养殖技术，在插入珠核后数年的母贝养殖变得非常困难。此外，受养殖环境污染的影响，珍珠母贝的成活率显著下降。

发明主要内容

本发明的目的是提高大规格珍珠的产量，降低母贝死亡率。

本专利发明人发现，将表面包覆有水溶性聚合物的包覆珠核用于养殖珍珠，可以解决上述问题，其特征在于将所述包覆珠核在 15 ℃温度的海水中浸泡 30 min，质量分数占总包覆量的 25% 以上的水溶性聚合物会发生溶解。

通过使用本发明的包覆珠核，将包覆珠核插入母贝体内时，可以减少母贝的负荷，因为包覆珠核的水溶性聚合物部分溶解，并且在插入时拮抗反应减弱。因此，可以提高大规格珍珠的产量，降低母贝的死亡比例。此外，本发明包含具有抗菌活性的物质作为涂层组分的一部分。所述具有抗菌活性的物质与包覆材料一起溶解并作用于母贝的手术切开部分，防止细菌感染。因此，本发明的包覆珠核可进一步降低母贝的死亡比例。

发明详述

本发明的养殖珍珠的包覆珠核的要点详细说明如下。

即本发明的包覆珠核是一种表面包覆有水溶性聚合物的珠核,包覆后,当置于15°C海水中30 min后,所述水溶性聚合物的总包覆量的25%以上会发生溶解。包覆聚合物的溶解度取决于包覆材料的种类、包覆量和包覆方法。然而,在任何情况下都需要溶解超过总涂层量的25%,如果溶解率低于25%,则插入珠核时摩擦和阻力的降低是不够的。

作为水溶性聚合物,尽管可用任何种类的天然或合成聚合物,但特别地,尽量使用天然水溶性聚合物。作为天然聚合物,可以是蛋白质、多糖或脂质。具体如胶原蛋白、明胶、酪蛋白、清蛋白(白蛋白)、弹性蛋白、海藻酸(褐藻酸)、果胶、阿拉伯胶、卡拉胶、黄原胶等化合物的衍生物,例如琥珀胶原、甲基胶原、乙酰胶原、邻苯二甲酸胶原、琥珀明胶、甲基明胶、乙酰明胶、邻苯二甲酸明胶、羧甲基淀粉、甲基羟基淀粉、甲基纤维素、乙基纤维素钠盐、羟乙基纤维素和羧甲基纤维素。更进一步,可以使用合成水溶性聚合物,具体地,可用聚乙烯醇、聚乙烯吡咯烷酮、羧乙烯基聚合物、聚丙烯酸及其盐、聚丙烯酰胺、聚乙二醇和这些衍生物。并且,这些化合物的组合,具体地可用这些化合物的混合溶液。在涂覆一层之后,可以在该层上涂覆另一层。因此,可以通过一层一层地涂覆来制备多层。

具有抗菌活性的物质也可以包含在涂层中。作为具有抗菌活性的物质,没有限制,可以使用具有抗菌活性的任何种类的物质。具体地,可以包括抗生素、含银化合物、防腐剂或稳定剂,并且特别地可使用抗生素。具体地,有四环素、盐酸四环素、卡那霉素、磺胺单甲氧基、磺胺单甲氧基或氨苄西林钠盐,属于在海产品行业中的普通抗生素。每种具有抗菌活性的物质在涂层中的必要添加量取决于其抗菌活性的强度,因此,具体的添加量并不确定,但是,理想的抗生素添加量是添加量为包覆材料量的0.1~20倍。

在本发明中,对包覆的方法没有限制,珠核的整个表面可以被均匀地或部分地包覆。作为具体的涂覆方法,例如,可以采用以下方法:可以采用将珠核浸入含有涂层材料的溶液中然后干燥的方法,或者将含有涂层材料的溶液喷洒在珠核表面上然后干燥的方法。实际上,可以使用市售的涂布装置(例如 HIGH COATER-Froint Industries 有限公司的产品)。

水溶性聚合物的水溶液的浓度、pH值或温度不受限制。但是,就浓度而言,溶液的黏度对包覆过程影响很大,当黏度过高时,包覆变得非常困难。具体而言,涂布液必须具有通过以下方法测量的黏度。即当容纳所述涂布溶液的容器倾斜时,具有足够黏度的容纳溶液必须随着容器的运动而流动。

用于本发明涂层的水溶性聚合物的水溶液的 pH 值也没有限制。一般而言，作为插入母贝的珠核，使用从贝壳切下后加工制作的小颗粒，其主要成分为碳酸钙。因此，如果溶液的 pH 值小于 1，则是不可取的，因为核可以溶解在溶液中。当珠核插入母贝时，插入的珠核的 pH 值与贝类的体液相同，因为贝类的身体包围着它。在使用具有强电荷的水溶性聚合物的情况下，期望使用 pH 接近中性范围的溶液。

溶液的温度不受限制。并且，可以提高溶液的温度以降低黏度，或加速干燥。根据水溶性聚合物的种类，有时会限制溶液的温度。实际上，需要将溶液的温度调节在所含水溶性聚合物不会因温度的影响而变性或分解的限度内。此外，可以添加对母贝不会产生任何影响的成分。

水溶性聚合物的包覆量没有限制，但是，如果包覆量太小，则不能达到足够的效果。并且，如果涂布量过多，由于水溶性聚合物的高黏度，珠核的插入作用变得困难。具体地，希望珠核的包覆部分大于核总表面积的 30%，并且包覆层最厚部分的厚度小于 1 mm。

作为被覆材料的种类，可以单独使用一种水溶性聚合物，也可以与多种水溶性聚合物并用。此外，在涂覆第一层之后，可以堆积由不同种类的水溶性聚合物组成的另一层。

举例

本发明将与实施例一起更详细地说明，然而，并不打算限制本发明的权利要求的范围。

示例 1

用常规方法将酶溶胶原琥珀酰变性制备的 0.2% 琥珀酰水溶液（pH 3）用包覆装置包覆在珠核表面（Froint Industries 有限公司的产品，HCT-MINI），其中喷洒压力调整为 1 kg/cm^2，锅的转速调整为 20 rpm。本实施例中，对 600 g 珠核使用 300 mL 琥珀酰胶原水溶液，得到养殖珍珠包覆珠核。

将上述得到的 100 g 养殖珍珠的包覆珠核在 15 ℃ 的海水中浸泡 30 min 后，通过滴定管定量分析法测定该海水中的胶原蛋白含量。该海水中的胶原蛋白含量为 37 mg。同时，将 100 g 养殖珍珠包覆珠核样品分别浸泡在海水中，然后将海水温度升至 60 ℃，放置 15 min，使包覆的胶原蛋白全部溶解。测定胶原蛋白总量，结果为 87 mg。根据上述结果，15 ℃ 海水中浸泡 30 min 提取的胶原蛋白质量分数为总包覆物的 43%。

示例 2

将实施例 1 中所用的琥珀酰四肽胶原加热至 60 ℃，得到变性琥珀酰明胶。使用包覆装置（Froint Industries 有限公司的产品，HCT-MINI）以与实施例 1 相同的条件将所获得的琥珀酰明胶的 10% 水溶液（pH 3.5）包覆在珠核的表面上，即得养殖珍珠的包覆珠核。

将上述得到的 100 g 养殖珍珠包覆珠核在 15 ℃温度的海水中浸泡 30 min 后通过滴定管定量分析法测定该海水中的明胶含量。所述海水中的明胶含量为 64 mg。同时，将 100 g 养殖珍珠包覆珠核样品分别浸泡在海水中，然后将海水升温至 60 ℃，放置 15 min，使包覆明胶全部溶解。测定明胶总量，结果为 93 mg。根据上述结果，15 ℃海水中浸泡提取 30 min 的明胶质量分数为总包覆物的 67%。

示例 3

向实施例 1 使用的 0.1% 的琥珀酸盐溶液的水溶液（pH 3）中加入等量的盐酸四环素，制备包覆用水溶液。使用该水溶液，在与实施例 1 相同的条件下，得到养殖珍珠的包覆珠核。

将上述得到的 100 g 养殖珍珠包覆珠核在 15 ℃温度的海水中浸泡 30 min 后通过滴定管定量分析法测定该海水中的胶原蛋白含量。该海水中的胶原蛋白含量为 20 mg。同时，将 100 g 养殖珍珠包覆珠核样品分别浸泡在海水中，然后将海水温度升至 60 ℃，放置 15 min，使包覆的胶原蛋白全部溶解。测定胶原蛋白总量，结果为 47 mg。根据上述结果，15 ℃海水中浸泡 30 min 提取的胶原蛋白质量分数为总包覆物的 43%。

示例 4

向 0.1% 碱溶性胶原蛋白的水溶液（pH 3）中加入与其等量的盐酸四环素，制备包覆用水溶液。使用该水溶液，在与实施例 1 相同的条件下，得到养殖珍珠的包覆珠核。

将上述得到的 100 g 养殖珍珠包覆珠核在 15 ℃的海水中浸泡 30 min 后，通过滴定管定量分析法测定该海水中的胶原蛋白含量。该海水中的胶原蛋白含量为 20 mg。同时，将 100 g 养殖珍珠包覆珠核样品分别浸泡在海水中，然后将海水温度升至 60 ℃，放置 15 min，使包覆的胶原蛋白全部溶解。测定胶原蛋白总量，结果为 46 mg。根据上述结果，15 ℃海水中浸泡 30 min 提取的胶原蛋白质量分数为总包覆物的 43%。

示例 5

将 600 g 珠核浸入 500 mL 实施例 1 中所用的 0.2% 琥珀酰胶原蛋白水溶液（pH 3）后，取出珠核，采用 50 ℃热风吹干，同时摇动珠核，获得养殖珍珠的包覆珠核。

将上述得到的 100 g 养殖珍珠包覆核珠在 15 ℃ 的海水中浸泡 30 min 后，通过滴定管定量分析法测定该海水中的胶原蛋白含量。该海水中的胶原蛋白含量为 124 mg。同时，将 100 g 养殖珍珠包覆珠核样品分别浸泡在海水中，然后将海水温度升至 60 ℃，放置 15 min，使包覆的胶原蛋白全部溶解。测定胶原蛋白总量，结果为 322 mg。根据上述结果，15 ℃ 海水中浸泡 30 min 提取的胶原蛋白质量分数为总包覆物的 39%。

示例 6

向 100 mL 的 5% 果胶水溶液（pH 3.5）中加入果胶一半的盐酸四环素，制备包覆溶液。使用该水溶液，在与实施例 1 相同的条件下，得到养殖珍珠的包覆珠核。

将上述得到的 100 g 养殖珍珠包覆珠核在 15 ℃ 温度的海水中浸泡 30 min 后，采用咔唑-硫酸定量分析法测定该海水中果胶的含量。所述海水中果胶含量为 0.89 g。同时，分别将 100 g 养殖珍珠包覆珠核样品浸泡在海水中，然后将海水升温至 60 ℃，放置 1 h，使包覆果胶全部溶解。测定果胶总量，结果为 2.4 g。根据上述结果，15 ℃ 海水中提取浸泡 30 min 提取的果胶的质量分数为总包覆物的 37%。

示例 7

除用海藻酸代替果胶外，同实施例 6，得到养殖珍珠包覆珠核。

将上述得到的 100 g 养殖珍珠包覆珠核在 15 ℃ 温度的海水中浸泡 30 min 后，采用咔唑-硫酸定量分析法测定该海水中海藻酸的含量。所述海水中海藻酸的含量为 0.71 g。同时，分别将 100 g 养殖珍珠包覆珠核浸泡在海水中，然后将海水升温至 60 ℃，放置 1 h，使包覆海藻酸全部溶解。测量海藻酸的总量，结果为 2.0 g。根据上述结果，15 ℃ 海水中浸泡 30 min 提取的海藻酸的质量分数为总包覆物的 36%。

示例 8

向 100 mL 的 5% 聚乙烯醇溶液（pH 3.5）中加入相当于聚乙烯醇一半的盐酸四环素，配制成包覆溶液。使用该水溶液，在与实施例 1 相同的条件下，得到养殖珍珠的包覆珠核。

将上述得到的 100 g 养殖珍珠包覆珠核在 15 ℃ 的海水中浸泡 30 min 后，通过 HPLC 分析法测定该海水中聚乙烯醇的含量。所述海水中的聚乙烯醇含量为 0.71 g。同时，分别将 100 g 养殖珍珠包覆珠核样品浸入海水中，然后将海水升温至 60 ℃，静置 1 h，使包覆聚乙烯醇全部溶解。测量聚乙烯醇的总量，结果为 2.3 g。根据上述结果，15 ℃ 海水中浸泡 30 min 提取的聚乙烯醇的质量分数为总包覆物的31%。

示例9

除用聚乙二醇代替聚乙烯醇外，其余同实施例8，得到养殖珍珠包覆珠核。

将上述得到的100 g养殖珍珠包覆珠核在15 ℃的海水中浸泡30 min后，通过HPLC分析法测定该海水中聚乙二醇的含量。所述海水中聚乙二醇的含量为0.92 g。同时，将100 g养殖珍珠包覆珠核样品分别浸泡在海水中，然后将海水升温至60 ℃，静置1 h，使包覆聚乙二醇全部溶解。测定聚乙二醇的总量，结果为2.0 g。根据上述结果，在15 ℃海水中浸泡30 min提取的聚乙二醇的质量分数为总包覆物的46%。

使用实施例1至例9中获得的有涂层的养殖珍珠珠核的样品与未涂层的珠核进行比较，进行养殖珍珠的实验。使用珍珠贝作为母贝，将珠核插入母贝后，将母贝培育一年。一年后，从母贝中取出一颗养殖珍珠，考察比较珍珠质量和母贝成活率，所得结果总结在表1中。从表1中可以清楚地看出，从质量和成活率的角度来看，本发明的有涂层的养殖珠核显示出比未涂层的珠核更好的结果。

附表7-1中的质量（指标）计算如下。也就是说，所有获得的珍珠都被分为几个等级，并给每个等级一个指定的数值点。将指定的数值点乘以属于各等级的珍珠数，再将各等级所得的点数相加，总点数表示品质（指标）。

附表7-1 养殖珍珠质量和母贝成活率比较

养殖珍珠珠核的种类	母贝成活率（%）	养殖珍珠质量（指标）
示例1	82	164
示例2	86	155
示例3	92	170
示例4	80	123
示例5	82	141
示例6	86	110
示例7	92	109
示例8	90	107
示例9	82	109
未包覆的珠核（对照组）	70	100

发明实施效果

如上文所述,本发明的养殖珍珠包覆珠核通过满足以下要点,能够以高产量获得大规格、高品质的养殖珍珠。即将所述包覆珠核在 15 ℃的海水中浸泡 30 min 后,水溶性聚合物的质量分数为总包覆物的 25% 以上,通过满足这一点,核插入时的摩擦阻力减小,母贝的拮抗强度减弱。